# Wilson Peñaherrera

## Inteligencia Artificial

**Wilson Peñaherrera**

# Inteligencia Artificial

## Un Enfoque Práctico

**Editorial Académica Española**

**Imprint**
Any brand names and product names mentioned in this book are subject to trademark, brand or patent protection and are trademarks or registered trademarks of their respective holders. The use of brand names, product names, common names, trade names, product descriptions etc. even without a particular marking in this work is in no way to be construed to mean that such names may be regarded as unrestricted in respect of trademark and brand protection legislation and could thus be used by anyone.

Cover image: www.ingimage.com

Publisher:
Editorial Académica Española
is a trademark of
Dodo Books Indian Ocean Ltd. and OmniScriptum S.R.L publishing group

120 High Road, East Finchley, London, N2 9ED, United Kingdom
Str. Armeneasca 28/1, office 1, Chisinau MD-2012, Republic of Moldova, Europe
Printed at: see last page
**ISBN: 978-613-9-40700-2**

# INTELIGENCIA

# ARTIFICIAL

## Un Enfoque Práctico

**ING. WILSON PEÑAHERRERA MGTR.**

**Autor**

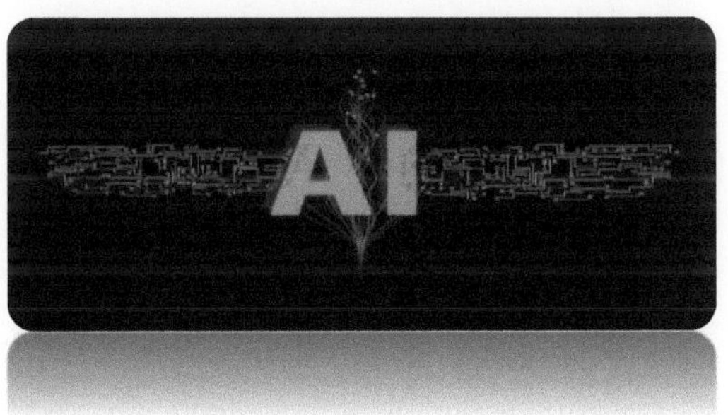



**Agosto 2024**

# DEDICATORIA

Este libro está dedicado a mi maravillosa esposa, Janina, sin quien este libro no sería posible. También estoy en deuda con mis padres Wilson y Saida, quienes me inculcaron el deseo de aprender y maravillarme.

# EXPRESIONES DE GRATITUD

Al momento de escribir este Libro, al estar celebrando mis 20 aniversario de casado. Era agosto del 2015 cuando investigadores se reunieron en el Proyecto de Investigación de Verano sobre Inteligencia Artificial en la ciudad de Quito – Ecuador con el objetivo de crear máquinas inteligentes. En los próximos años siguientes, la IA se ha convertido en un auténtico campo de estudio, pero el camino no ha estado exento de obstáculos.

Reconocer a todos aquellos que han contribuido a la IA llenaría un libro mucho más grande que este. Pero me gustaría reconocer personalmente a Sergio Montes por introducirme en la IA en 2010 (en el Proyecto de Software Libre)

# Tabla de contenido

# Capítulo 1

## LA HISTORIA DE LA IA

En este capítulo, exploraremos la tumultuosa historia de la IA y también brindaremos una introducción resumida a cada uno de los capítulos de este libro.

## ¿QUÉ ES LA INTELIGENCIA?

Para crear software que se considere inteligente, resulta útil comenzar con una definición de inteligencia. La inteligencia se puede definir simplemente como un conjunto de propiedades de la mente. Estas propiedades incluyen la capacidad de planificar, resolver problemas y, en general, razonar. Una definición más simple podría ser que la inteligencia es la capacidad de tomar la decisión correcta dado un conjunto de entradas y una variedad de acciones posibles.

Usando esta simple definición de inteligencia (tomar la decisión correcta), podemos aplicarla no solo a los humanos, sino también a los animales que exhiben un comportamiento racional. Pero la inteligencia que exhiben los seres humanos es mucho más compleja que la de los animales. Por ejemplo, los humanos tienen la capacidad comunicarse mediante el lenguaje, pero también lo hacen algunos animales. Los humanos también podemos resolver problemas, pero lo mismo puede decirse de algunos animales. Entonces, una diferencia es que los humanos encarnan muchos aspectos de la inteligencia (la capacidad de comunicarse, resolver problemas, aprender y adaptarse), mientras que los animales normalmente encarnan una pequeña cantidad de características inteligentes y, por lo general, en un nivel mucho más bajo que los humanos.

Podemos utilizar la misma analogía con la IA aplicada a los sistemas informáticos. Por ejemplo, es posible crear una aplicación que juegue una partida de ajedrez de talla mundial, pero este programa no sabe nada del juego de damas ni de cómo preparar una buena taza de té. Una aplicación de minería de datos puede ayudar a identificar el fraude, pero no puede navegar en un entorno complejo. Desde esta perspectiva, las aplicaciones más complejas e inteligentes pueden considerarse inteligentes desde una perspectiva, pero carecen incluso de la inteligencia más simple que se puede ver en el menos inteligente de los animales.

El famoso autor Isaac Asimov escribió una vez sobre su experiencia con las pruebas de aptitud en el ejército. En el ejército obtuvo puntuaciones muy por encima de lo normal. Pero lo que se dio cuenta fue que podía obtener buenos resultados en pruebas que eran desarrollado por otros que compartían sus inclinaciones académicas. Opinó que, si las pruebas hubieran sido desarrolladas por personas involucradas en la reparación de automóviles, habría obtenido una puntuación muy baja. El problema es que las pruebas se desarrollan en torno a un núcleo de experiencia, y obtener una mala puntuación en una de ellas no indica necesariamente una falta de inteligencia.

## LA BÚSQUEDA DE INTELIGENCIA MECÁNICA

La historia está llena de historias sobre la creación de máquinas inteligentes. En el año 800 a. C., la Ilíada describió al Talos alado, un autómata de bronce forjado por Hefesto para proteger Creta. No se describió el funcionamiento interno de Talos, excepto que era de bronce y estaba lleno de icor (o sangre de un dios griego). Un ejemplo más reciente es Frankenstein de Mary Shelley, en el que la científica recrea la vida antigua. En 1921 se estrenó la obra de Karel Capek "Rossum's Universal".

Robots" introdujo el concepto de mano de obra barata a través de la robótica.
Pero una de las aplicaciones más interesantes de la inteligencia artificial, en forma no robótica, fue la del HAL 9000 presentado por Arthur C. Clark en su novela "2001: Una odisea en el espacio". HAL era una inteligencia artificial inteligente que ocupaba la nave espacial Discovery (en ruta a Júpiter). HAL no tenía forma física, sino que administraba los sistemas de la nave espacial, observaba visualmente a los ocupantes humanos a través de una red de cámaras y se comunicaba con ellos con una voz humana normal. La moraleja detrás de la historia de HAL era la de la programación moderna. El software hace exactamente lo que uno le dice que haga y puede tomar decisiones incorrectas al intentar centrarse en un único objetivo importante. Obviamente, HAL no se creó teniendo en mente las tres leyes de la robótica de Isaac Asimov.

# LOS PRIMEROS DÍAS (PRINCIPIOS DE LOS AÑOS 50)

Si bien el término inteligencia artificial aún no se había concebido, la década de 1950 fueron los primeros días de la IA. Se estaban construyendo los primeros sistemas informáticos y comenzaban a tomar forma las ideas de construir máquinas inteligentes.

**Alan Turing:** En 1950 fue Alan Turing quien preguntó si una máquina podía pensar. Turing no mucho antes había introducido el concepto de su máquina abstracta universal (llamada Máquina de Turing) que era simple y podía resolver cualquier problema matemático (aunque con cierta complejidad). Partiendo de esta idea, Turing se preguntó si la respuesta de una computadora fuera indistinguible de la de un ser humano, entonces la computadora podría considerarse una máquina pensante. El resultado de este experimento se llama Prueba de Turing.

En la prueba de Turing, si la máquina podía engañar a un humano haciéndole creer que también era humano, entonces pasaba la prueba de inteligencia. Una forma de pensar en la prueba de Turing es comunicándose con el otro agente a través de un teclado.
Se hacen preguntas al par a través de texto escrito y las respuestas se proporcionan a través de la terminal. Esta prueba proporciona una manera de determinar si se creó inteligencia.

Considerando la tarea en cuestión, el interlocutor inteligente no sólo debe contener el conocimiento necesario para tener una conversación inteligente, sino que también debe ser capaz de analizar y comprender el lenguaje natural y generar respuestas en lenguaje natural. Las preguntas pueden implicar habilidades de razonamiento (como la resolución de problemas), por lo que imitar a los humanos sería una hazaña.

Una realización importante de Turing durante este período fue la necesidad de empezar poco a poco y hacer crecer la inteligencia, en lugar de esperar que se materializara. Turing propuso lo que llamó la Máquina Infantil en la que se crearía un agente menos inteligente y luego se lo sometería a un curso de educación. En lugar de suponer que podríamos desarrollar la inteligencia de un adulto, primero construiríamos la inteligencia de un niño y luego le inyectaríamos conocimiento.

Esta idea de empezar poco a poco y en niveles inferiores se corresponde con ideas posteriores de los pensadores llamados "desaliñados". El cerebro humano es complejo y no completamente

entendido, en lugar de esforzarnos por imitar esto, ¿por qué no empezar desde el nivel más pequeño del niño (o incluso del organismo más pequeño) y avanzar hacia arriba? Turing llamó a esto el argumento de las hojas en blanco. Un niño es como un cuaderno lleno de hojas en blanco, pero es un mecanismo mediante el cual se almacena el conocimiento.

La vida de Alan Turing terminó a una edad temprana, pero se le considera el fundador del campo de la IA (aunque el apodo no se aplicaría hasta dentro de seis años).


## IA, resolución de problemas y juegos

Algunas de las primeras aplicaciones de la IA se centraron en juegos y resolución de problemas en general. En ese momento, la creación de una máquina inteligente se basaba en la creencia de que la máquina sería inteligente si pudiera hacer algo que la gente hace (y tal vez encuentre difícil).


En 1950, Claude Shannon propuso que el juego de ajedrez era fundamentalmente un problema de búsqueda. De hecho, tenía razón, pero la búsqueda por fuerza bruta no es realmente práctica para el espacio de búsqueda que existe con el ajedrez.
La búsqueda, la heurística y un catálogo de movimientos iniciales y finales proporcionan una forma más rápida y eficiente de jugar al ajedrez. El artículo fundamental de Shannon sobre el ajedrez informático produjo lo que se llama el número de Shannon, o $10^{120}$, que representa el límite inferior de la complejidad del árbol de juego del ajedrez. (Shanon, 1950).


El primer programa de IA escrito para una computadora se llamó "The Logic Theorist". Fue desarrollado en 1956 por Allen Newell, Herbert Simon y J. C. Shaw para encontrar pruebas de ecuaciones. [Newell 1956] Lo más singular de este programa es que encontró una prueba mejor que la que había existido antes para una ecuación dada. En 1957, Simon y Newell se basaron en este trabajo para desarrollar el General Problem Solver (GPS). El GPS utilizó análisis de medios fines para resolver problemas, pero en general se limitó a problemas de juguetes.

Al igual que las matemáticas complejas, los primeros investigadores de IA creían que si una computadora podía resolver problemas que pensaban que eran complejos, entonces podrían construir máquinas inteligentes. De manera similar, los juegos proporcionaron un interesante
banco de pruebas para el desarrollo de algoritmos y técnicas para la toma de decisiones inteligentes.

En el Reino Unido, en la Universidad de Oxford, a principios de la década de 1950, unos investigadores desarrollaron programas para dos juegos complejos. Christopher Strachey desarrolló un programa de juego de damas en el Ferranti Mark I. En 1952, su programa podía jugar un juego de damas razonable. Dietrich Prinz desarrolló un programa, nuevamente para el Ferranti Mark I, que podía jugar ajedrez (variedad mate en dos). Su programa podría buscar mil movimientos posibles, pero en esta primera computadora, requería mucho tiempo y se reproducía muy lentamente.

En 1952, Arthur Samuel elevó el listón de los programas de inteligencia artificial. Su programa de juego de Damas, que se ejecutaba en el IBM 701, incluía aprendizaje y generalización. Lo que Samuel hizo con su programa de aprendizaje de Damas fue único, ya que permitió que dos copias de su programa jugaran entre sí y, por lo tanto, aprendieran unas de otras. El resultado fue un programa que pudo derrotar a su creador. En 1962, el programa Checkers de Samuel derrotó al ex campeón de Connecticut Checkers.

## LA INTELIGENCIA ARTIFICIAL SURGE COMO CAMPO

A mediados de la década de 1950, la IA comenzó a solidificarse como campo de estudio. En este punto de la vida de la IA, gran parte de la atención se centró en lo que se llama IA fuerte. La IA fuerte se centra en construir una IA que imite la mente. El resultado es una entidad inteligente con inteligencia, autoconciencia y conciencia similares a las de los humanos.

El proyecto de investigación de verano sobre IA de Dartmouth. En 1956, la Conferencia de IA de Dartmouth reunió a los involucrados en la investigación en IA: John McCarthy (Dartmouth), Marvin Minsky (Harvard), Nathaniel Rochester (IBM) y Claude Shannon (Bell Telephone Laboratories) reunieron a investigadores en computadoras, lenguaje natural procesamiento y redes neuronales a Dartmouth College para una sesión de un mes de debates e investigaciones sobre IA. Comenzó el proyecto de investigación de verano sobre IA:

Proponemos que durante el verano de 1956 se lleve a cabo un estudio sobre inteligencia artificial con 10 personas y dos meses de duración en el Dartmouth College de Hanover, New Hampshire. El estudio debe proceder sobre la base de la conjetura de que cada aspecto del aprendizaje o cualquier otra característica de la inteligencia puede, en principio, describirse con tanta precisión que se puede construir una máquina para simularlo. Se intentará encontrar cómo hacer que las máquinas utilicen el lenguaje, formen abstracciones y conceptos, resuelvan tipos de problemas ahora reservados a los humanos y mejoren a sí mismas. Creemos que se puede lograr un avance significativo en uno o más de estos problemas si un grupo de científicos cuidadosamente seleccionados trabajan juntos durante un verano.

Desde entonces, se han celebrado muchas conferencias sobre IA en todo el mundo y sobre una variedad de disciplinas estudiadas bajo el nombre de IA. En 2006, Dartmouth celebró la "Conferencia de Inteligencia Artificial de Dartmouth: Los próximos cincuenta años" (conocida informalmente como AI@50). La conferencia contó con una gran asistencia (incluso de algunos que asistieron a la primera conferencia 50 años antes) y analizó el progreso de la IA y cómo sus desafíos se relacionan con los de otros campos de estudio.

## Herramientas de construcción para IA

Además de acuñar el término inteligencia artificial y reunir a importantes investigadores en IA en su conferencia de Dartmouth de 1956, John McCarthy diseñó el primer lenguaje de programación de IA. LISP fue descrito por primera vez por McCarthy en su artículo titulado "Funciones recursivas de expresiones simbólicas y su computación por máquina, Parte I". El primer compilador LISP también fue implementado en LISP, por Tim Hart y Mike Levin en el MIT en 1962 para el IBM 704.

Este compilador introdujo muchas funciones avanzadas, como la compilación incremental. [LISP 2007] LISP de McCarthy también fue pionero en muchos conceptos avanzados que ahora son familiares en la informática, como árboles (estructuras de datos), tipificación dinámica, programación orientada a objetos y autohospedaje del compilador. LISP se utilizó en varios de los primeros sistemas de IA, lo que demuestra su utilidad como lenguaje de IA. Uno de esos programas, llamado SHRDLU, proporciona una interfaz de lenguaje natural para un mundo de objetos de mesa. El programa puede comprender consultas sobre el "mundo" de mesa, razonar sobre el estado de las cosas en el mundo, planificar acciones y realizar algunos aprendizajes rudimentarios.

SHRDLU fue diseñado e implementado por Terry Winograd en el MIT AI Lab en una computadora PDP-6. LISP, y los muchos dialectos que evolucionaron a partir de él, todavía se utilizan ampliamente en la actualidad. El capítulo 13 proporciona una introducción a los lenguajes de la IA, incluido LISP.

## El enfoque en una IA fuerte

Recuerde que el foco de la IA temprana estaba en la IA fuerte. Resolver problemas de matemáticas o lógica, o entablar un diálogo, se consideraba inteligente, mientras que actividades como caminar libremente en entornos inestables (que hacemos todos los días) no eran. En 1966, Joseph Weizenbaum del MIT desarrolló un programa que parodiaba a un psicólogo y podía mantener un interesante diálogo con un paciente. El diseño de Eliza se consideraría simple para los estándares actuales, pero su fuerte fueron las capacidades de coincidencia de patrones, que proporcionaban respuestas razonables a las declaraciones de los pacientes, eran reales para muchas personas. Esta cualidad del programa preocupó a Weizenbaum, quien más tarde se convirtió en un crítico de la IA por su falta de compasión.

## Aplicaciones restringidas

Si bien gran parte de la IA inicial estaba fuertemente enfocada, existían numerosas aplicaciones que se centraban en resolver problemas prácticos. Una de esas aplicaciones se llamó "Proyecto Dendral", que surgió en 1965 en la Universidad de Stanford. Dendral fue desarrollado para ayudar a los químicos orgánicos a comprender la organización de moléculas orgánicas desconocidas. Utilizó como datos de entrada gráficos de espectrometría de masas y una base de conocimientos de química, lo que lo convirtió en el primer sistema experto conocido.

Otras aplicaciones restringidas en esta era incluyen Macsyma, un sistema de álgebra informática desarrollado en el MIT por Carl Engelman, William Martin y Joel Moses. Macsyma fue escrito en MacLisp, un dialecto de LISP desarrollado en el MIT. Este primer sistema experto matemático demostró la resolución de problemas de integración con razonamiento simbólico. Las ideas demostradas en Macsyma eventualmente llegaron a aplicaciones matemáticas comerciales.

## Surgen enfoques ascendentes

Las primeras IA se centraban en un enfoque de arriba hacia abajo, intentando simular o imitar los conceptos de nivel superior del cerebro (planificación, razonamiento, comprensión del lenguaje, etc.). Pero los enfoques ascendentes comenzaron a ganar popularidad en la década de 1960, modelando principalmente conceptos de nivel inferior, como las neuronas y el aprendizaje a un nivel mucho más bajo. En 1949, Donald Hebb introdujo su regla que describe
cómo las neuronas pueden asociarse entre sí si están repetidamente activas al mismo tiempo. La contribución de la activación de una célula para habilitar a otra aumentará con el tiempo con una activación persistente, lo que conducirá a una fuerte relación entre las dos (una relación causal).
Pero en 1957, el perceptrón fue creado por Frank Rosenblatt en el Laboratorio Aeronáutico de Cornell. El perceptrón es un clasificador lineal simple que puede clasificar

datos en dos clases mediante un algoritmo de aprendizaje no supervisado. El perceptrón generó un interés considerable en las arquitecturas de redes neuronales, pero el cambio no estaba lejos.

Antes de la década de 1970, la IA había generado un interés considerable y también un considerable revuelo por parte de la comunidad investigadora. Se habían desarrollado muchos sistemas interesantes, pero estaban muy por debajo de las predicciones hechas por algunos miembros de la comunidad. Pero nuevas técnicas, como las redes neuronales, dieron nueva vida a este campo en evolución, proporcionando formas adicionales de clasificación y aprendizaje. Pero el entusiasmo por las redes neuronales llegó a su fin en 1969 con la publicación de la monografía titulada "Perceptrones". Esta monografía fue escrita por Marvin Minsky y Seymour Papert, firmes defensores de la IA fuerte (o de arriba hacia abajo). Los autores demostraron correctamente que los perceptrones de una sola capa eran limitados, particularmente cuando se enfrentaban a problemas que no eran linealmente separables (como el problema XOR). El resultado fue una fuerte disminución de la financiación para la investigación de redes neuronales y, en general, para la investigación en IA como campo.
Investigaciones posteriores descubrirían que las redes multicapa resolvieron el problema de la separación lineal, pero demasiado tarde para el daño causado a la IA.

El hardware creado para la IA, como las máquinas LISP, también sufrió una pérdida de interés. Si bien las máquinas dieron paso a sistemas más generales (no necesariamente programados en LISP), los lenguajes funcionales como LISP continuaron atrayendo la atención. Editores populares como EMACS (desarrollado durante este período) todavía admiten una gran comunidad de usuarios con un shell de scripting basado en LISP.

## Aplicaciones orientadas a resultados

Si bien hubo una reducción en el enfoque y el gasto en la investigación de la IA en la década de 1970, el desarrollo de la IA continuo, pero en un ámbito más específico. Las aplicaciones que parecían prometedoras, como los sistemas expertos, surgieron como uno de los avances clave en esta era.

Uno de los primeros sistemas expertos en demostrar el poder de las arquitecturas basadas en reglas se llamó MYCIN y fue desarrollado por Ted Shortliffe tras su disertación sobre el tema en Stanford (1974). MYCIN operó en el campo del diagnóstico médico y demostró representación e inferencia del conocimiento. Más adelante en esta década, otra tesis en Stanford de Bill VanMelles se basó en la arquitectura MYCIN y sirvió como modelo para el shell del sistema experto (todavía en uso hoy). En el Capítulo 5 brindaremos una introducción a la representación del conocimiento y la inferencia con lógica.

Otras aplicaciones orientadas a resultados incluyeron aquellas centradas en la comprensión del lenguaje natural. El objetivo de los sistemas en la actualidad era el desarrollo de sistemas inteligentes de respuesta a preguntas. Para comprender una pregunta formulada en lenguaje natural, primero se debe analizar la pregunta en sus partes fundamentales. Bill Woods introdujo la idea de la Red de Transición Aumentada (o ATN) que representa lenguajes formales como gráficos aumentados. Desde Eliza en la década de 1960 hasta los ATN en la década de 1970, el procesamiento del lenguaje natural (PLN) y la comprensión del lenguaje natural (NLU) continúan hoy en forma de chatterbots.

## Surgen herramientas de IA adicionales

John McCarthy introdujo la idea de herramientas centradas en la IA en la década de 1950 con el desarrollo del lenguaje LISP. Los sistemas expertos y sus shells continuaron la tendencia con herramientas para IA, pero otro desarrollo interesante que de alguna manera combinó las dos ideas resultó del lenguaje Prolog. Prolog era un lenguaje creado para la IA y también era un caparazón (para el cual se podían desarrollar sistemas expertos). Prolog fue creado en 1972 por Alain Colmeraur y Phillipe Roussel basándose en la idea de las cláusulas de Horn. Prolog es un lenguaje declarativo de alto nivel basado en lógica formal. Los programas escritos en Prolog constan de hechos y reglas que razonan sobre esos hechos., Los lenguajes de la IA.

## Enfoques ordenados versus desaliñados

Durante este período también se observó una división en la IA, su enfoque y sus enfoques básicos. La IA tradicional o de arriba hacia abajo (también llamada IA a la antigua usanza, o GOFAI para abreviar) continuó durante este período, pero comenzaron a surgir nuevos enfoques que analizaban la IA desde abajo hacia arriba. Estos enfoques también fueron etiquetados como enfoques limpios y desaliñados, segregándolos en sus campos representativos. Quienes estaban en el bando ordenado favorecían enfoques formales de la IA que fueran puros y demostrables. Pero aquellos en el campo desaliñado utilizaron métodos menos demostrables pero que aun así produjeron resultados útiles y significativos. Una serie de enfoques desaliñados de la IA que se hicieron populares durante este período incluyeron algoritmos genéticos (que modelan la selección natural para la optimización) y redes neuronales (que modelan el comportamiento cerebral desde la neurona hacia arriba).

Los algoritmos genéticos se popularizaron en la década de 1970 gracias al trabajo de John Holland y sus estudiantes de la Universidad de Michigan. El libro de Holland sobre el tema sigue siendo un recurso útil. Las redes neuronales, aunque estuvieron estancadas durante un tiempo después de la publicación de "Perceptrones", revivieron con la creación del algoritmo de retropropagación por parte de Paul John Werbos. Este algoritmo sigue siendo el algoritmo de aprendizaje supervisado más utilizado para entrenar redes neuronales feedforward. Puede aprender más sobre algoritmos genéticos y computación evolutiva en el Capítulo 3 y sobre redes neuronales en los Capítulos 8 y 9.

Así como la primavera siempre sigue al invierno, el invierno de la IA eventualmente terminaría
y traería nueva vida al campo (desde mediados hasta finales de los años 1980). El resurgimiento de la IA tuvo diferencias significativas con respecto a los primeros días. En primer lugar, las descabelladas predicciones sobre la creación de máquinas inteligentes habían terminado en
su mayor parte. En cambio, los investigadores y profesionales de la IA se centraron en objetivos específicos principalmente en los aspectos débiles de la IA (a diferencia de la IA fuerte). La IA débil se centró en resolver problemas específicos, en comparación con

la IA fuerte, cuyo objetivo era emular toda la gama de capacidades cognitivas humanas. En segundo lugar, el campo de la IA se amplió para incluir muchos tipos nuevos de enfoques, por ejemplo, los enfoques de inspiración biológica como la optimización de colonias de hormigas (ACO).

## El regreso silencioso

Un aspecto interesante del regreso de la IA fue que se produjo de forma silenciosa. En lugar de las típicas afirmaciones de IA fuerte, los algoritmos débiles encontraron uso en una variedad de entornos. La lógica difusa y los sistemas de control difuso se utilizaron en varios entornos,
incluido el enfoque automático de la cámara, los sistemas de frenos antibloqueo y desempeñaron un papel en el diagnóstico médico. Los algoritmos de filtrado colaborativo llegaron a la recomendación de productos en una popular librería en línea, y los populares motores de búsqueda de Internet utilizan algoritmos de inteligencia artificial para agrupar los resultados de la búsqueda y ayudar a que sea más fácil encontrar lo que necesita.

El regreso silencioso sigue a lo que Rodney Brooks llama el "efecto IA". Los algoritmos y métodos de IA pasan de ser "IA" a algoritmos y métodos estándar una vez que se vuelven prácticamente útiles. Los métodos descritos anteriormente son un ejemplo, otro es el reconocimiento de voz. Los algoritmos detrás del reconocimiento de los sonidos del habla y su traducción en símbolos alguna vez se describieron dentro de los límites de la IA. Ahora estos algoritmos son comunes y el apodo de IA hace tiempo que pasó. Por lo tanto, el efecto de la IA tiene una forma de disminuir la investigación en IA, ya que la herencia de la investigación en IA se pierde en la aplicación práctica de los métodos.

## Se afianzan los enfoques desordenados y desaliñados

Con el resurgimiento de la IA surgieron diferentes puntos de vista y enfoques sobre la IA y la resolución de problemas con algoritmos de IA. En particular, los enfoques desaliñados se generalizaron y los algoritmos se volvieron más aplicables a los problemas del mundo real. Se continuaron investigando y aplicando redes neuronales, y dieron como resultado nuevos algoritmos y arquitecturas. Redes neuronales y algoritmos genéticos.

Se combinaron para proporcionar nuevas formas de crear arquitecturas de redes neuronales que no solo resolvieran problemas, sino que lo hicieran de la manera más eficiente. Esto se debe a que la supervivencia de las características más adecuadas del algoritmo genético llevó a que las arquitecturas de redes neuronales se minimizaran para que la red más pequeña resolviera el problema en cuestión. El uso de algoritmos genéticos también creció en otras áreas, incluida la optimización (simbólica y numérica), la programación, el modelado y muchas otras. Los algoritmos genéticos y las redes neuronales (supervisadas y no supervisadas) se tratan en los Capítulos 7, 8 y 9.

En la década de 1990 y años posteriores siguieron otros enfoques ascendentes y de inspiración biológica. A principios de 1992, por ejemplo, Marco Dorigo introdujo la idea de utilizar la estigmergia (comunicación indirecta en un entorno, en este caso, feromonas). El uso de la estigmergía por parte de Dorigo se aplicó a una variedad de problemas.
De los confusos enfoques de la IA también surgió un nuevo campo llamado Vida Artificial. La investigación sobre vida artificial estudia los procesos de la vida y los sistemas relacionados con la vida a través de una variedad de simulaciones y modelos. Además de modelar vida singular, ALife también simula poblaciones de formas de vida para ayudar a comprender no sólo la evolución, sino también la evolución de características como el lenguaje. La inteligencia de enjambre es otro aspecto que surgió de la investigación de ALife. ALife es interesante en el contexto de la IA porque puede utilizar varios métodos de IA, como redes neuronales (como neurocontrolador de los individuos de la población), así como el algoritmo genético para proporcionar la base para la evolución. Este libro proporciona una serie de demostraciones de ALife tanto en el contexto de algoritmos genéticos como de redes neuronales.

Uno de los primeros entornos de simulación que demostró la vida artificial fue el "juego de la vida" creado por John Conway. Este fue un ejemplo de autómata celular y se explorará más adelante.

Otro enfoque ascendente que evolucionó durante el resurgimiento de la IA utilizó el sistema inmunológico humano como inspiración. Los sistemas inmunológicos artificiales (o AIS) utilizan principios del sistema inmunológico y las características que exhibe para la resolución de problemas en los dominios de optimización, reconocimiento de patrones y minería de datos. Una aplicación muy novedosa de AIS es la seguridad computacional. El cuerpo humano reacciona ante la presencia de infecciones mediante la liberación de anticuerpos que destruyen esas sustancias infecciosas. Las redes de computadoras pueden realizar la misma función, por ejemplo, en el ámbito de la seguridad de la red. Si se encuentra un virus de software en una computadora dentro de una red determinada, Se pueden enviar otros programas de "anticuerpos" para contener y destruir esos virus. La biología sigue siendo una importante fuente de inspiración para soluciones a muchos tipos de problemas.

## Sistemas de agentes

Los agentes, también conocidos como agentes inteligentes o agentes de software, son un elemento muy importante de la IA moderna. En muchos sentidos, los agentes no son un aspecto independiente de las aplicaciones de IA, sino más bien un vehículo para ellas. Los agentes son aplicaciones que exhiben características de comportamiento inteligente (como el aprendizaje o la clasificación), pero no son en sí mismas técnicas de IA. También existen otros métodos basados en agentes, como la informática orientada a agentes y los sistemas multiagente. Estos aplican la metáfora del agente para resolver una variedad de problemas.

Una de las formas más populares de agentes inteligentes son las aplicaciones de "agencia".
La palabra agencia se utiliza porque el agente representa a un usuario para alguna tarea que realiza para el usuario. Un ejemplo incluye una aplicación de programación. Los agentes que representan a los usuarios negocian inteligentemente entre sí para programar actividades teniendo en cuenta un conjunto de restricciones para cada usuario.

El concepto de agentes se ha aplicado incluso a la operación de una nave espacial en el espacio profundo. En 1999, la NASA integró lo que se llamó el "Agente Remoto" en la nave espacial Deep Space 1. El objetivo de Deep Space 1 era probar una serie de tecnologías de alto riesgo, una de las cuales era un agente que se utilizaba para proporcionar autonomía a la nave espacial durante períodos de tiempo limitados. El Agente Remoto empleó técnicas de planificación para programar experimentos de forma autónoma en función de objetivos definidos por los operadores terrestres. En condiciones limitadas, el Agente Remoto logró demostrar que se podía utilizar un agente inteligente para gestionar de forma autónoma una sonda complicada y satisfacer objetivos predefinidos.

Hoy encontrará agentes en varias áreas, incluidos los sistemas distribuidos.
Los agentes móviles son agentes independientes que incluyen autonomía y capacidad de viajar entre nodos de una red para realizar su procesamiento.
En lugar de que el agente se comunique con otro agente de forma remota, el agente móvil puede viajar a la ubicación del otro agente y comunicarse con él directamente.
En situaciones de red desconectada, esto puede resultar muy beneficioso.


## I+D INTERDISCIPLINARIO EN IA

En muchos casos, la investigación sobre IA tiende a ser una investigación marginal, especialmente cuando se centra en la IA fuerte. Pero lo notable de la investigación en IA es que los algoritmos tienden a encontrar usos en muchas otras disciplinas más allá de la de AI. La investigación en IA no es de ninguna manera investigación pura, pero sus aplicaciones van mucho más allá de la intención original de la investigación. Las redes neuronales, la minería de datos, la lógica difusa y la vida artificial (por ejemplo) han encontrado usos en muchos otros campos. La vida artificial es un ejemplo interesante porque los algoritmos y técnicas resultantes de la investigación y el desarrollo han llegado a la industria del entretenimiento (desde el uso de enjambres en películas animadas hasta el uso de IA en videojuegos).

Rodney Brook ha llamado a esto el efecto IA, sugiriendo que otra definición de IA está "casi implementada". Esto se debe a que una vez que un algoritmo de IA encuentra un uso más común, ya no se lo considera un algoritmo de IA, sino simplemente un algoritmo que es útil en un dominio de problema determinado.

## ENFOQUE DE SISTEMAS

En este libro, la mayoría de los algoritmos y técnicas se estudian desde la perspectiva del enfoque de sistemas. Esto simplemente significa que el algoritmo se explora en el contexto de entradas y salidas. Ningún algoritmo es útil de forma aislada, sino desde la perspectiva de cómo interactúa con su entorno (muestreo, filtrado y reducción de datos) y también cómo manipula o altera su entorno. Por lo tanto, el algoritmo depende de la comprensión del entorno y también de una forma de manipularlo. Este enfoque de sistemas ilustra el lado práctico de los algoritmos y técnicas de inteligencia artificial e identifica cómo basar el método en el mundo real (ver Figura 1.1).

A modo de ejemplo, uno de los usos más interesantes de la IA en la actualidad se puede encontrar en los sistemas de juego. Los juegos de estrategia, por ejemplo, suelen ocupar un mapa con dos o más oponentes. Cada oponente compite por los recursos del entorno para ganar ventaja sobre el otro. Mientras recolecta recursos, cada oponente puede programar el desarrollo de activos que se utilizarán para derrotar al otro. Cuando existen múltiples activos para un oponente (como una unidad militar), se pueden aplicar al unísono o por separado para sitiar a otro oponente.

Mientras que los juegos de estrategia dependen de una visión de nivel superior del entorno (como la que se vería desde un general), los juegos de disparos en primera persona (FPS) adoptan una visión de nivel inferior (desde la de un soldado). Un agente en un FPS depende con mayor frecuencia de su visión del campo de batalla. La visión del entorno del agente FPS está en un nivel mucho más bajo, comprendiendo la cobertura, los objetivos y las posiciones enemigas locales. El entorno es manipulado por el agente FPS a través de su propio movimiento, atacando o defendiéndose de los enemigos (buscando cobertura) y posiblemente comunicándose con otros agentes.

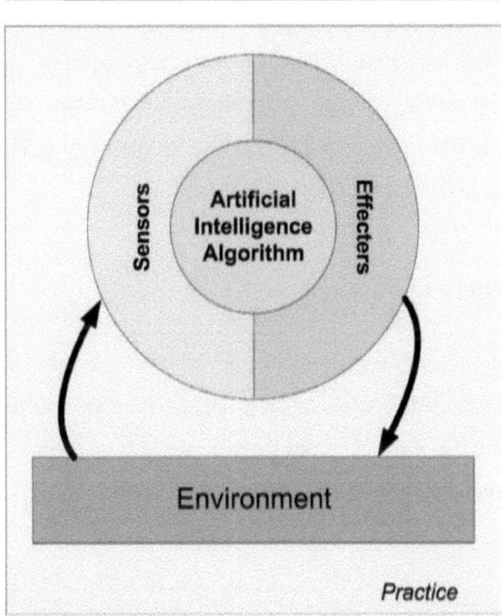


**FIGURA 1.1** El enfoque sistémico de la Inteligencia Artificial.

Un ejemplo obvio del enfoque sistémico se encuentra en el campo de la robótica. Los robots móviles, por ejemplo, utilizan una serie de sensores y efectos que conforman el robot físico. En el centro del robot hay uno o más algoritmos que producen un comportamiento racional.

## RESUMEN DE ESTE LIBRO

Este libro cubre una amplia gama de técnicas de IA, cada una segmentada adecuadamente en su género particular. Los siguientes resúmenes de los capítulos presentan las ideas y métodos que se exploran.

### Búsqueda desinformada

En los primeros días de la IA, la IA era una búsqueda, ya fuera que la búsqueda implicara buscar un plan o a través de los diversos movimientos posibles (y movimientos posteriores) en un juego de Damas. En este capítulo sobre búsqueda desinformada (o ciega), se introduce el concepto de búsqueda en varios espacios, la representación de espacios para la búsqueda y luego se exploran los diversos algoritmos populares utilizados en la búsqueda ciega. Esto incluye búsqueda primero en profundidad, primero en amplitud, búsqueda de costos uniformes y otras.

## Búsqueda informada

La búsqueda informada es una evolución de la búsqueda que aplica heurísticas al algoritmo de búsqueda, dado el espacio del problema, para hacerlo más eficiente.
Este capítulo cubre lo mejor primero, una estrella, escalada de colinas, recocido simulado, búsqueda tabú y satisfacción de restricciones.

## IA y juegos

Uno de los primeros usos de la búsqueda ciega e informada fue su aplicación a los juegos. Se creía que juegos como las damas y el ajedrez eran una actividad inteligente, y si se podía dotar a una computadora de la capacidad de jugar y ganar contra un oponente humano, se la podía considerar inteligente.

El programa Checkers de Samuel demostró un programa que podía derrotar a su creador y, aunque fue una hazaña, este experimento no produjo una computadora inteligente excepto dentro del dominio de Checkers. Este capítulo explora los juegos para dos jugadores y el núcleo de muchos sistemas de juego, el algoritmo minimax. Luego se analiza una variedad de juegos, desde los juegos clásicos como el ajedrez, las damas y el Go hasta la IA de los videojuegos, explorando la IA del movimiento, el comportamiento, el equipo y la estrategia en tiempo real.

## Representación del conocimiento

La representación del conocimiento tiene una larga historia en la IA, particularmente en la investigación de Strong AI. El objetivo detrás de la representación del conocimiento es encontrar abstracciones del conocimiento que resulten en una base de conocimiento que sea útil para una aplicación determinada. Por ejemplo, el conocimiento debe representarse de manera que a una computadora le resulte fácil razonar con él y comprender las relaciones entre los elementos de la base de conocimiento. Este capítulo proporcionará una introducción a una serie de técnicas fundamentales de representación del conocimiento, así como también introducirá las ideas detrás de la lógica de predicados y de primer orden para razonar con conocimiento.

## Aprendizaje automático

El aprendizaje automático se describe mejor como aprender a partir del ejemplo. El aprendizaje automático incorpora una variedad de métodos, como el aprendizaje supervisado y no supervisado. En el aprendizaje supervisado, un profesor está disponible para definir respuestas correctas o incorrectas. El aprendizaje no supervisado se diferencia en que no hay ningún profesor presente. (En cambio, el aprendizaje no supervisado aprende de los datos mismos identificando sus) relaciones. Este capítulo proporciona una introducción al aprendizaje automático y luego explora una serie de algoritmos de aprendizaje automático, como los árboles de decisión y el aprendizaje del vecino más cercano.

## Computación evolutiva

La computación evolutiva introdujo la idea de enfoques desaliñados para la IA.

En lugar de centrarse en el nivel superior, tratando de imitar el comportamiento del cerebro humano, los enfoques desaliñados comienzan en un nivel inferior tratando de recrear los conceptos más fundamentales de vida e inteligencia utilizando metáforas biológicas. Este capítulo cubre varios métodos evolutivos, incluidos algoritmos genéticos, programación genética, estrategias evolutivas, evolución diferencial y optimización de enjambres de partículas.

## Redes Neuronales I

Si bien las redes neuronales son una de las primeras (y más controvertidas) técnicas, siguen siendo una de las más útiles. El ataque a las redes neuronales afectó gravemente a la financiación y la investigación de la IA, pero las redes neuronales resurgieron del invierno de la IA como estándar para la clasificación y el aprendizaje. Este capítulo presenta los conceptos básicos de las redes neuronales y luego explora los algoritmos de redes neuronales supervisadas (mínimos cuadrados medios, retropropagación, redes neuronales probabilísticas y otros). El capítulo termina con una discusión sobre las características de las redes neuronales y las formas de ajustarlas dado el dominio del problema.

## Redes Neuronales II

Mientras que el capítulo anterior exploró los algoritmos de redes neuronales supervisadas, este capítulo proporciona una introducción a las variantes no supervisadas. Los algoritmos no supervisados utilizan los datos mismos para aprender sin necesidad de un "maestro". Este capítulo explora algoritmos de aprendizaje no supervisado, incluido el aprendizaje hebbiano, el aprendizaje competitivo simple, la agrupación de k-medias, la teoría de la resonancia adaptativa y el modelo autoasociativo de Hopfield.

## Agentes inteligentes

Los agentes inteligentes (o de software) son una de las técnicas más nuevas del arsenal de la IA. En una definición importante, los agentes son aplicaciones que incluyen el concepto de "agencia". Esto significa que esas aplicaciones representan a un usuario y satisfacen los objetivos de la tarea de forma autónoma sin más instrucciones por parte del usuario. Este capítulo sobre agentes inteligentes presentará los conceptos principales detrás de los agentes inteligentes, sus arquitecturas y aplicaciones.

## Modelos híbridos y de inspiración biológica

La IA está repleta de ejemplos del uso de metáforas biológicas, desde los primeros trabajos en redes neuronales hasta los trabajos modernos en sistemas inmunológicos artificiales.

La naturaleza ha demostrado ser una maestra muy valiosa para la resolución de problemas complejos. Este capítulo presenta una serie de técnicas que están inspiradas tanto en la biología como en modelos híbridos (o mixtos) de IA. Se exploran métodos como los sistemas inmunológicos artificiales, la evolución simulada, los sistemas Lindenmayer, la lógica difusa, las redes neuronales genéticamente evolucionadas y la optimización de colonias de hormigas, por nombrar algunos.

## Idiomas de la IA

Si bien la mayoría de la gente piensa en LISP cuando considera los lenguajes de IA, ha habido una gran cantidad de lenguajes desarrollados específicamente para el desarrollo de aplicaciones de IA. En este capítulo se presenta una taxonomía de lenguajes informáticos seguida de breves ejemplos (y ventajas) de cada uno. Luego se investigan una serie de lenguajes específicos de la IA, explorando su historia y uso a través de ejemplos. Los idiomas explorados incluyen LISP, Scheme, POP-11 y Prolog.

La historia de la IA es un drama moderno. Está lleno de personajes interesantes, cooperación, competencia e incluso engaño. Pero más allá del drama, ha habido investigaciones excepcionales y, en la historia reciente, una aplicación de las ideas de la IA en varios entornos diferentes. La IA finalmente abandonó la percepción de la investigación marginal y entró en el ámbito de la investigación aceptada y el desarrollo práctico.

## REFERENCIAS

[LISP 2007] Wikipedia "Lisp (lenguaje de programación)", 2007.

Disponible en línea en http://en.wikipedia.org/wiki/Lisp_%28programming_language%29

[Newell 1956] Newell, A., Shaw, JC, Simon, HA "Exploraciones empericales de la máquina de teoría lógica: un estudio de caso en heurística", en Actas de la Western Joint Computer Conference, 1956.

[Shannon 1950] Shannon, Claude, "Programación de una computadora para jugar Ajedrez", Revista Filosófica 41, 1950.


## RECURSOS

Rayman, Marc D., et al "Resultados de la misión de validación de tecnología Deep Space 1", 50.º Congreso Astronómico Internacional, Ámsterdam, Países Bajos, 1999.

Castro, Leandro N., Timmis, Jonathan Sistemas inmunológicos artificiales: un nuevo enfoque de inteligencia computacional Springer, 2002.

Holland, John Adaptación en sistemas naturales y artificiales. Prensa de la Universidad de Michigan, Ann Arbor, 1975.

McCarthy, John "Funciones recursivas de expresiones simbólicas y su computación por máquina (Parte I)", Comunicaciones de la ACM, abril 1960.

Shortliffe, EH "Sistemas expertos basados en reglas: los experimentos Mycin del proyecto de programación heurística de Stanford", Addison-Wesley, 1984.

Winograd, Terry "Procedimientos como representación de datos en un programa informático para comprender el lenguaje natural", Informe técnico de IA del MIT 235, febrero de 1971.

Woods, William A. "Gramáticas de redes de transición para el análisis del lenguaje natural", Communications of the ACM 13:10, 1970.


## EJERCICIOS

1.En tus propias palabras, define la inteligencia y por qué las pruebas de inteligencia pueden ocultar la medida real de la inteligencia.

2. ¿Qué fue la prueba de Turing y qué pretendía lograr?

3. ¿Por qué los juegos fueron el primer banco de pruebas para los métodos de IA? ¿Cómo

crees que se ven la IA y los juegos hoy en día?

4. ¿Cómo estableció Arthur Samuel el estándar para los programas de aprendizaje en la década de 1950?

5. ¿Cuál fue el primer lenguaje desarrollado específicamente para la IA? ¿Qué lenguaje siguió en la década de 1970, desarrollado también para la IA?

6. Definir IA fuerte.

7. ¿Qué evento se atribuye más comúnmente al inicio del invierno de la IA?

8. ¿Qué se entiende por enfoques Scruffy y Neat de la IA?

9. Después del invierno de la IA, ¿qué fue lo más singular del resurgimiento de la IA?

10. Este libro explora la IA desde el enfoque de sistemas. Definir el enfoque de sistemas y cómo se utiliza esta perspectiva para explorar la IA.

# Capítulo 2

## NO INFORMADO BUSCAR

Clase de algoritmos de búsqueda de propósito general que operan mediante de búsqueda, pero como no tienen en cuenta el problema objetivo, son ineficientes. En contraste, los métodos de búsqueda informada (discutidos en el Capítulo 3) utilizan una heurística para guiar la búsqueda del problema en cuestión y, por lo tanto, son mucho más eficientes. En este capítulo, se explora la búsqueda general en el espacio de estados y luego se discutirá y comparará una variedad de algoritmos de búsqueda no informados utilizando un conjunto de métricas comunes.

## BÚSQUEDA E IA

La búsqueda es un aspecto importante de la IA porque, en muchos sentidos, la resolución de problemas en la IA es fundamentalmente una búsqueda. La búsqueda se puede definir como una técnica de resolución de problemas que enumera un espacio de problema desde una posición inicial en busca de una posición objetivo (o solución). La manera en que se busca el espacio del problema está definida por el algoritmo o estrategia de búsqueda. Como las estrategias de búsqueda ofrecen diferentes formas de enumerar el espacio de búsqueda, el funcionamiento de una estrategia depende del problema en cuestión. Idealmente, el algoritmo de búsqueda seleccionado es uno cuyas características coincidan con las del problema en cuestión.

## BÚSQUEDA GENERAL DEL ESPACIO DE ESTADOS

Comencemos nuestra discusión sobre la búsqueda entendiendo primero qué se entiende por espacio de búsqueda. Al resolver un problema, es conveniente pensar en el espacio de solución en términos de una serie de acciones que podemos realizar y el nuevo estado del entorno a medida que realizamos esas acciones. A medida que tomamos una de las múltiples acciones posibles (cada una tiene su propio costo), nuestro entorno cambia y abre alternativas para nuevas acciones. Como ocurre con muchos tipos de resolución de problemas, algunos caminos conducen a callejones sin salida mientras que otros conducen a soluciones. Y también puede haber múltiples soluciones, algunas mejores que otras. El problema de la búsqueda es encontrar una secuencia de operadores que pasen del estado inicial al estado objetivo. Esa secuencia de operadores es la solución.

La forma en que evitamos callejones sin salida y luego seleccionamos la mejor solución disponible es producto de nuestra estrategia de búsqueda particular. Veamos ahora las representaciones del espacio de estados para tres dominios de problemas.

## Buscar en un espacio físico

Consideremos un problema de búsqueda simple en el espacio físico (Figura 2.1). Nuestra posición inicial es 'A' a partir de la cual existen tres acciones posibles que conducen a la posición 'B', 'C' o 'D'. Los lugares o estados están marcados con letras. En cada lugar hay una oportunidad para tomar una decisión o actuar. La acción (también llamada operador) es simplemente un movimiento legal entre un lugar y otro. En este ejercicio está implícito un estado objetivo o una ubicación física que estamos buscando.

Este espacio de búsqueda (que se muestra en la Figura 2.1) se puede reducir a una estructura de árbol como se ilustra en la Figura 2.2. El espacio de búsqueda se ha minimizado aquí a los lugares necesarios en el mapa físico (estados) y las transiciones posibles entre los estados (aplicación de operadores). Cada nodo del árbol es una ubicación física y los arcos entre los nodos son los movimientos legales. La profundidad del árbol es la distancia desde la posición inicial.

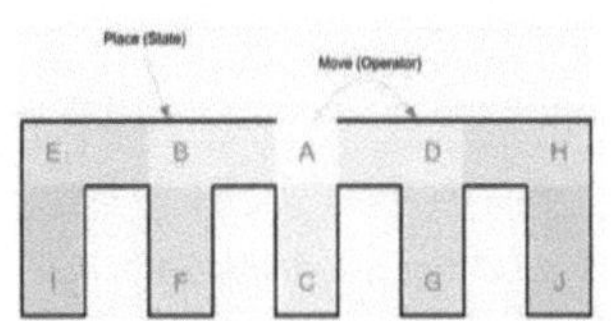


**FIGURA 2.1:** Un problema de búsqueda representado como un espacio físico

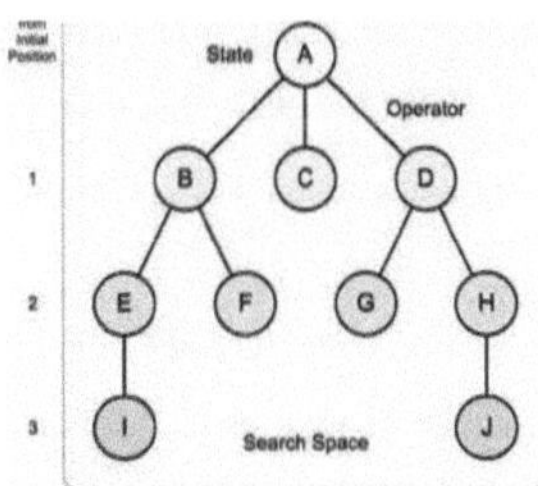


**FIGURA 2.2.** Representando el problema del espacio físico en la Figura 2.1 como un árbol.

## Buscar en un espacio de rompecabezas

El rompecabezas de las "Torres de Hanoi" es un ejemplo interesante de un espacio de estados para resolver un problema de rompecabezas. El objetivo de este rompecabezas es mover varios discos de una clavija a otra (uno a la vez), con una serie de restricciones que deben cumplirse. Cada disco tiene un tamaño único y no es legal que un disco más grande se coloque encima de un disco más pequeño. El estado inicial del rompecabezas es tal que todos los discos comienzan en una clavija en orden creciente de tamaño (ver Figura 2.2). Nuestro objetivo (la solución) es mover todos los discos a la última clavija.

Como en muchos espacios estatales, existen posibles transiciones que no son legales. Por ejemplo, sólo podemos mover una clavija que no tenga ningún objeto encima. Además, no podemos mover un disco grande a un disco más pequeño (aunque podemos mover cualquier disco a una clavija vacía). Por lo tanto, el espacio de posibles operadores se limita únicamente a movimientos legales. El espacio de estados también puede limitarse a movimientos que aún no se han realizado para un subárbol determinado. Por ejemplo, si movemos un disco pequeño de la clavija A a la clavija C, mover el mismo disco nuevamente a la clavija A podría definirse como una transición no válida. No hacerlo daría como resultado bucles y un árbol infinitamente profundo.

Considere nuestra posición inicial de la Figura 2.3. El único disco que puede moverse es el disco pequeño en la parte superior de la clavija A. Para este disco, solo son posibles dos movimientos legales, de la clavija A a la clavija B o C. Desde este estado, hay tres movimientos potenciales:

1.  Mueva el disco pequeño de la clavija C a la clavija B.
2.  Mueva el disco pequeño de la clavija C a la clavija A.
3.  Mueva el disco mediano de la clavija A a la clavija B.

El primer movimiento (disco pequeño de la clavija C a la clavija B), aunque es válido, no es un movimiento potencial, ya que acabamos de mover este disco a la clavija C (una clavija vacía). Moverlo por segunda vez no sirve para nada (ya que este movimiento podría haberse realizado durante la transición anterior), por lo que no tiene ningún valor hacerlo ahora (una heurística). El segundo movimiento tampoco es útil (otra heurística), porque es lo contrario del movimiento anterior. Esto deja un movimiento válido, el disco medio de la clavija A a la clavija B. Los posibles movimientos desde este estado se vuelven más complicados, porque son posibles movimientos válidos que nos alejan más de la solución.

Una heurística es una regla simple o eficiente para resolver un problema determinado o tomar una decisión.

Cuando nuestra secuencia de movimientos nos lleva desde la posición inicial hasta la meta, tenemos una solución. El estado objetivo en sí no es interesante, pero lo que sí es interesante es la secuencia de movimientos que nos llevaron al estado objetivo.

La colección de movimientos (o soluciones), realizados en el orden correcto, es en esencia un plan para alcanzar la meta. El plan para esta configuración del rompecabezas se puede identificar comenzando desde la posición objetivo y retrocediendo hasta la posición inicial.

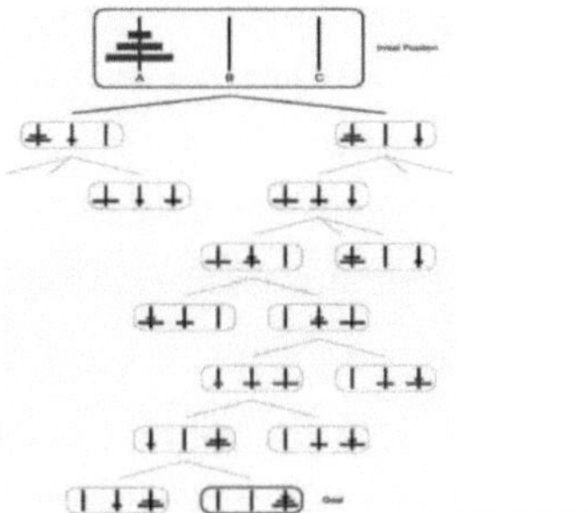

**FIGURA 2.3.** Un espacio de búsqueda del rompecabezas "Torre de Hanoi".

## Búsqueda desinformada

Movimiento anterior. Esto deja un movimiento válido, el disco medio de la clavija A a la clavija B. Los posibles movimientos desde este estado se vuelven más complicados, porque son posibles movimientos válidos que nos alejan más de la solución.

Una heurística es una regla simple o eficiente para resolver un problema determinado o tomar una decisión.

Cuando nuestra secuencia de movimientos nos lleva desde la posición inicial hasta la meta, tenemos una solución. El estado objetivo en sí no es interesante, pero lo que sí es interesante es la secuencia de movimientos que nos llevaron al estado objetivo.

La colección de movimientos (o soluciones), realizados en el orden correcto, es en esencia un plan para alcanzar la meta. El plan para esta configuración del rompecabezas se puede identificar comenzando desde la posición objetivo y retrocediendo hasta la posición inicial.

## Buscar en un espacio de juego adversario

Un uso interesante de los espacios de búsqueda es en los juegos. También conocidas como árboles de juego, estas estructuras enumeran los posibles movimientos de cada jugador, permitiendo al algoritmo de búsqueda encontrar una estrategia efectiva para jugar y ganar el juego.

El tema de la búsqueda adversaria en los árboles de juego se explora en el Capítulo 4.

Considere un árbol de juego para el juego de ajedrez. Cada posible movimiento se proporciona para cada posible configuración (colocación de piezas) del tablero de Ajedrez. Pero como hay 10120 configuraciones posibles de un tablero de ajedrez, un árbol de juego para documentar el espacio de búsqueda no sería factible. La búsqueda heurística, que debe aplicarse aquí, se analizará en el Capítulo 3.

Veamos ahora un juego mucho más simple que se puede representar más fácilmente en un árbol de juegos. El juego de Nim es un juego para dos jugadores en el que cada jugador se turna para quitar objetos de una o más pilas. El jugador que debe tomar el último objeto pierde el juego.

Nim ha sido estudiado matemáticamente y resuelto en muchas variaciones diferentes. Por esta razón, el jugador que ganará se puede calcular en función de la cantidad de objetos, pilas y quién juega primero en un juego jugado de manera óptima.

Se dice que el juego de Nim se originó en China, pero se remonta a Alemania, ya que la palabra nimm se puede traducir como tomar. Charles Bouton creó una teoría matemática completa de Nim en 1901. (Botón, 1901).

Veamos un ejemplo para ver cómo se juega con Nim. Comenzaremos con una sola pila pequeña para limitar la cantidad de movimientos necesarios. La figura 2.4 ilustra un juego corto con una pila de seis objetos. Cada jugador puede coger uno, dos o tres objetos del montón. En este ejemplo, el Jugador 1 comienza el juego, pero lo termina con una pérdida (es necesario tomar el último objeto, lo que resulta en una pérdida en la forma misère del juego). Si el Jugador 1 hubiera tomado 3 en su segundo movimiento, el Jugador 2 se habría quedado con uno, lo que habría resultado en una victoria para el Jugador 1.

Un árbol de juego hace visible esta información, como se ilustra en la Figura 2.5. Observe en el árbol que el Jugador 1 debe quitar uno de la pila para continuar el juego. Si el jugador 1 elimina dos o tres de la pila, el jugador 2 puede ganar si juega de manera óptima. Los nodos sombreados en el árbol ilustran las posiciones perdedoras para el jugador que debe elegir a continuación (y en todos los casos, la única opción que queda es tomar el único objeto restante).

Tenga en cuenta que la profundidad del árbol determina la duración del juego (número de movimientos). En el árbol se da a entender que el nodo sombreado es el último movimiento a realizar, y el jugador que realiza este movimiento pierde el juego. Tenga en cuenta también el tamaño del árbol. En este ejemplo, utilizando seis objetos, se requieren un total de 28 nodos. Si aumentamos nuestro árbol para ilustrar una pila de siete objetos, el árbol aumenta a 42 nodos.

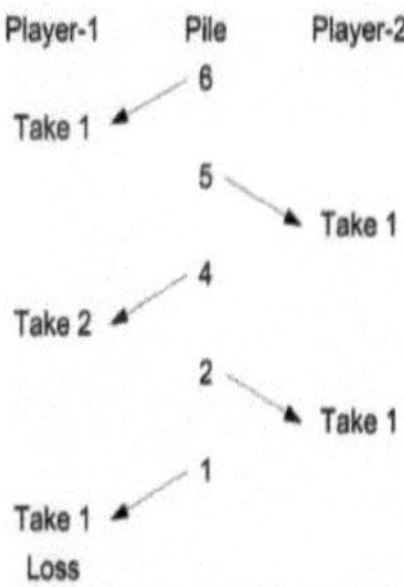


**FIGURA 2.4.** Un juego de muestra de Nim con una pila de seis objetos.

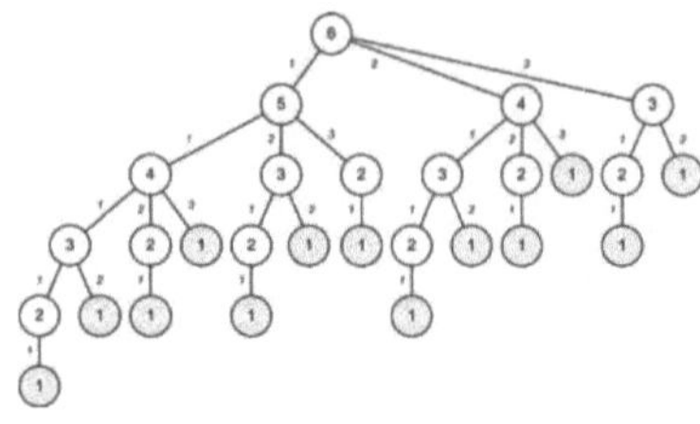

**FIGURA 2.5.** Un árbol completo del juego Nim para seis objetos en una pila.

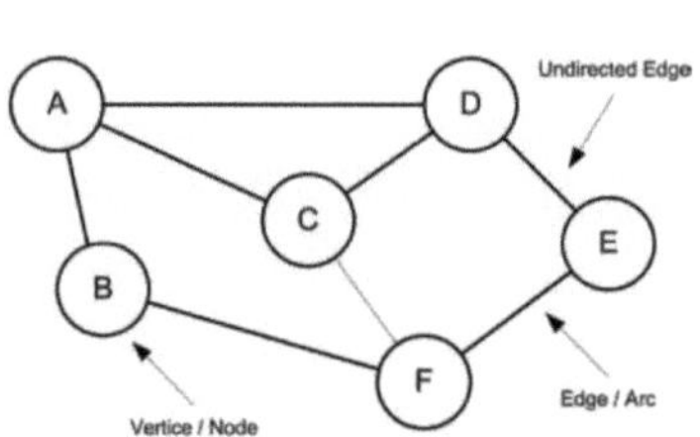


**FIGURA 2.6:** Un ejemplo de un gráfico no dirigido

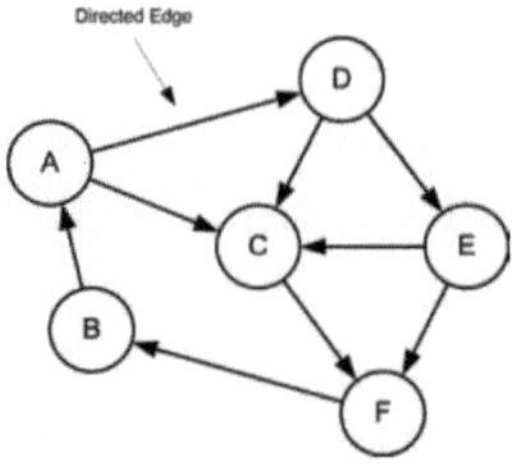

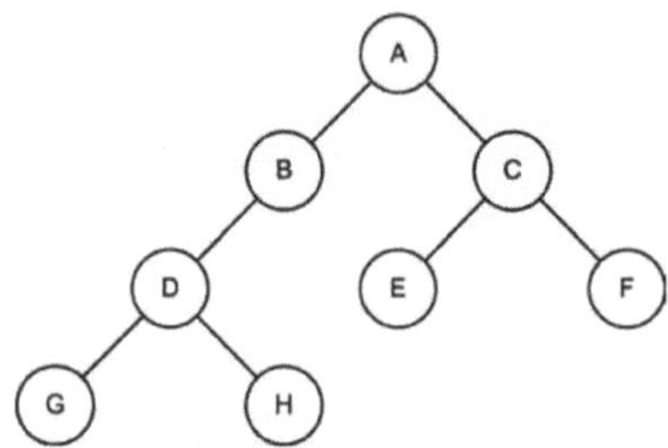


**FIGURA 2.7.** Un ejemplo de un gráfico dirigido

---

**FIGURA 2.8.** Un gráfico conectado sin ciclos (también conocido como árbol).

Una matriz N por N (donde N es el número de nodos en el gráfico). Cada elemento de la matriz define una conectividad (o adyacencia) entre el nodo al que se hace referencia como fila y el nodo al que se hace referencia como columna.

Recuerde el gráfico no dirigido de la figura 2.6. Este gráfico contiene seis nodos y ocho arcos. La matriz de adyacencia para este gráfico no dirigido se muestra en la Figura 2.9. Las dos dimensiones del gráfico identifican los nodos de origen (fila) y destino (columna) del gráfico. De la Figura 2.6, sabemos que el nodo A es adyacente a los nodos B, C y D. Esto se anota en la matriz de adyacencia con un valor de uno en cada una de las columnas B, C y D para la fila A. Dado que esto es En un gráfico no dirigido, notamos simetría en la matriz de adyacencia. El nodo A se conecta al nodo B (como se identifica en la fila A), pero también el nodo B se conecta al nodo A (como se muestra en la fila B.

Para un gráfico dirigido (como se muestra en la Figura 2.7), la matriz de adyacencia asociada se ilustra en la Figura 2.10. Como la gráfica está dirigida, no se puede encontrar simetría. En cambio, la dirección de los arcos se anota en la matriz.

Por ejemplo, el nodo B se conecta al nodo A, pero el nodo A no tiene ninguna conexión asociada al nodo B.

Se puede encontrar una propiedad interesante de la matriz de adyacencia revisando las filas y columnas de forma aislada. Por ejemplo, si revisamos una sola fila, podemos identificar los nodos a los que se conecta. Por ejemplo, la fila C muestra solo una conexión al nodo F (como lo indica el de esa celda). Pero si revisamos la columna del nodo C, encontramos los nodos que tienen arcos que se conectan al nodo C. En este caso, vemos los nodos A, D y E (como se ilustra gráficamente en la Figura 2.7). También podemos encontrar si un gráfico está completo. Si toda la matriz es distinta de cero, entonces la gráfica está completa. También es sencillo encontrar un gráfico desconectado (un nodo cuya fila y columna contienen valores cero). Los bucles en un gráfico también se pueden descubrir algorítmicamente enumerando la matriz (de forma recursiva).

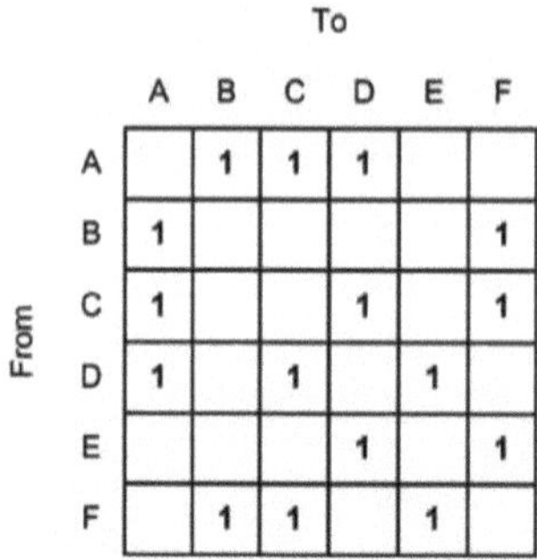

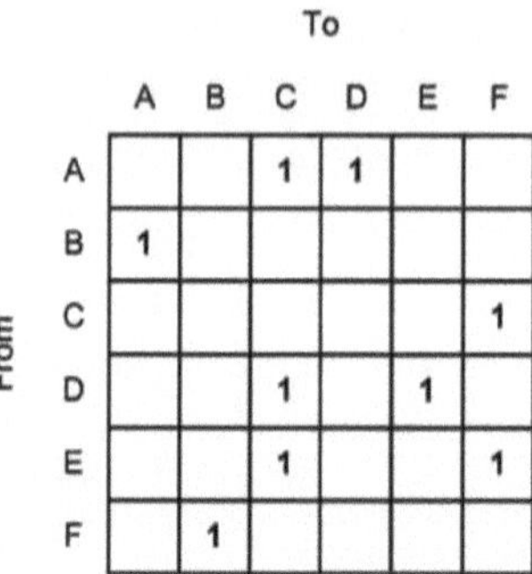

**FIGURA 2.9.** Matriz de adyacencia para el gráfico no dirigido que se muestra en la Figura 2.6.

**FIGURA 2.10.** Matriz de adyacencia para el gráfico dirigido (dígrafo) en la Figura 2.7.

## BÚSQUEDA DESINFORMADA

Los métodos de búsqueda no informados ofrecen una variedad de técnicas para la búsqueda de gráficos, cada una con sus propias ventajas y desventajas. Estos métodos se exploran aquí con una discusión de sus características y complejidades.

Se utilizará la notación Big-O para comparar los algoritmos. Esta notación define el límite superior asintótico del algoritmo dada la profundidad (d) del árbol y el factor de ramificación, o el número promedio de ramas (b). de cada nodo. Hay una serie de complejidades comunes que existen para los algoritmos de búsqueda. Estos se muestran en el listado 2.1.

La notación Big-O proporciona una medida del peor de los casos de la complejidad de un algoritmo de búsqueda y es una herramienta de comparación común para algoritmos.

Compararemos los algoritmos de búsqueda utilizando la complejidad espacial (medida de la memoria requerida durante la búsqueda) y la complejidad temporal (en el peor de los casos, tiempo requerido para encontrar una solución). También revisaremos la integridad del algoritmo

(¿puede el algoritmo encontrar una ruta hacia un nodo objetivo si está presente en el gráfico) y su optimización? (encuentra la solución de menor costo disponible).

API auxiliares

Se utilizarán varias API auxiliares en el código fuente utilizado para demostrar las funciones de búsqueda. Estos se muestran a continuación en el Listado 2.1.

LISTADO 2.1: API auxiliares para las funciones de búsqueda.

```
/* API gráfica */
graph_t *createGraph (int nodos);
vacío destruirGraph (graph_t *g_p);
void addEdge (graph_t *g_p, int from, int to, int value);
```

En t

```
getEdge (graph_t *g_p, int desde, int hasta);
```

```
/* API de pila */
stack_t *createStack (int profundidad);
void destroyStack (stack_t *s_p); pushStack vacío (stack_t *s_p, valor int);
```

En t En t

```
popStack (stack_t *s_p); isEmptyStack (stack_t *s_p);
```

```
/* Queue API */
queue_t *createQueue (int profundidad);
void destroyQueue (queue_t *q_p);
void enQueue (queue_t *q_p, valor int);
```

En t

```
deQueue (queue_t *q_p);
```

int isEmptyQueue (queue_t *q_p);
/* API de cola prioritaria */
pqueue_t *createPQueue (int profundidad);
void destroyPQueue (pqueue_t *q_p);
void enPQueue (pqueue_t *q_p, valor int, costo int); void dePQueue (pqueue_t *q_p, int *valor, int *costo);


En t En t
 isEmptyPQueue (pqueue_t *q_p); isFullPQueue (pqueue_t *q_p);


## Paradigmas generales de búsqueda

Antes de analizar algunos de los métodos de búsqueda desinformados, veamos dos métodos de búsqueda desinformados generales y sencillos.

El primero se llama "Generar y probar". En este método, generamos una solución potencial y luego la comparamos con la solución. Si hemos encontrado la solución, ¿hemos terminado;  de lo contrario, repetimos probando otra posible solución. Esto se llama "Generar y probar" porque generamos una solución potencial y luego la probamos. Sin una solución adecuada, lo intentamos de nuevo. ¿Tenga en cuenta aquí que no realizamos un seguimiento de lo que hemos probado antes;  simplemente seguimos adelante con posibles soluciones, lo cual es una verdadera búsqueda a ciegas.

Otra opción se llama 'Búsqueda aleatoria' que selecciona aleatoriamente un nuevo estado del estado actual (seleccionando un operador válido determinado y aplicándolo). Si alcanzamos el estado objetivo, entonces habremos terminado. De lo contrario, seleccionamos aleatoriamente otro operador (lo que lleva a un nuevo estado) y continuamos.

La búsqueda aleatoria y el método 'Generar y probar' son métodos de búsqueda verdaderamente ciegos. Pueden perderse, quedar atrapados en bucles y potencialmente nunca encontrar una solución, aunque exista una dentro del espacio de búsqueda.

Veamos ahora algunos métodos de búsqueda que, si bien son ciegos, pueden encontrar una solución (si existe) incluso si lleva un largo período de tiempo.

## Búsqueda en profundidad (DFS)

El algoritmo de búsqueda en profundidad (DFS) es una técnica para buscar en un gráfico que comienza en el nodo raíz y busca exhaustivamente cada rama hasta su mayor profundidad antes de retroceder a ramas previamente inexploradas (la Figura 2.11 ilustra este orden de búsqueda). Los nodos encontrados, pero aún por revisar se almacenan en una cola LIFO (también conocida como pila).

Una pila es un contenedor de objetos LIFO (último en entrar, primero en salir). De manera similar a una pila de papel, el último elemento colocado en la parte superior es el primer elemento que se elimina.

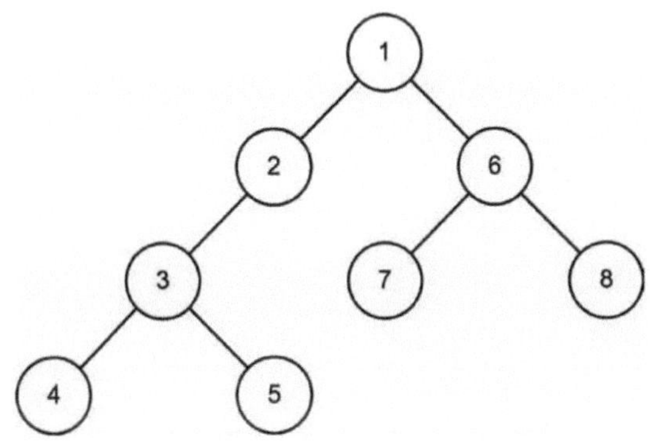

**FIGURA 2.11.** Orden de búsqueda del algoritmo DFS sobre un árbol pequeño.

Los algoritmos de gráficos se pueden implementar de forma recursiva o utilizando una pila para mantener la lista de nodos que se deben enumerar. En el Listado 2.2, el algoritmo DFS se implementa utilizando una pila LIFO.

Listado 2.2: El algoritmo de búsqueda en profundidad. #incluir <stdio.h>
#incluir "gráfico.h"
#incluir "pila.h"
#definir A     0

#definir B        1

#definir C 2 #definir D 3 #definir E #definir

F        4

5

#definir G        6

#define H        7

int init_graph( graph_t *g_p )


{ addEdge( g_p, A, B, 1 ); agregarBorde( g_p, A, C, 1 ); agregarBorde( g_p, B, D, 1 ); agregarBorde( g_p, C, E, 1 ); agregarBorde( g_p, C, F, 1 ); agregarBorde( g_p, D, G, 1 ); agregarBorde( g_p, D, H, 1 ); devolver

0; } void dfs(graph_t *g_p, int raíz, int objetivo) { int nodo; int a;

pila_t

*s_p; s_p =

crearPila( 10 ); pushStack(s_p, raíz); mientras (! isEmptyStack(s_p)) { nodo = popStack(s_p); printf("%d\n", nodo); si (nodo == objetivo) se rompe; for (to = g_p->nodos-1 ; to > 0 ; to--) { if (getEdge( g_p, nodo, to ) ) { pushStack( s_p, to ); } } } destruirPila( s_p );


devolver; } int principal()

{ gráfico_t


*g_p;


Un algoritmo de búsqueda se caracteriza por ser exhaustivo cuando puede buscar en cada nodo del gráfico en busca del objetivo. Si el objetivo no está presente en el gráfico, el algoritmo terminará, pero buscará en todos y cada uno de los nodos de forma sistemática. Listado 2.3: El algoritmo de búsqueda de profundidad limitada. #incluir <stdio.h>

#incluir "gráfico.h"

#incluir "pila.h"

#definir A        0

#definir B        1

```c
#definir C 2
#definir D 3
#definir E      4
#definir F      5
#definir G      6
#definir H      7
int init_graph( gráfico_t *g_p )
{
agregarBorde( g_p, A, B, 1 ); agregarBorde( g_p, A, C, 1 ); agregarBorde( g_p, B, D, 1
); agregarBorde( g_p, C, E, 1 ); agregarBorde( g_p, C, F, 1 ); agregarBorde( g_p, D, G, 1
); agregarBorde( g_p, D, H, 1 ); devolver
0; } void dls(graph_t *g_p, int raíz, int objetivo, int límite) { int nodo, profundidad, to;
pila_t *s_p, *sd_p; s_p = crearPila( 10 ); sd_p = crear Pila ( 10); pushStack( s_p, raíz);
pushStack( sd_p, 0); mientras
( !isEmptyStack(s_p) )
{ nodo = popStack( s_p); profundidad
= popStack( sd_p ); printf("%d (profundidad %d)\n", nodo,
profundidad); si (nodo == objetivo) se rompe; if (profundidad <límite) { for (to
= g_p->nodos-1 ; to >
0 ; to--) { if (getEdge( g_p, nodo, to ) )
{ pushStack( s_p, to ); pushStack( sd_p, profundidad+1 ); } } } }
destruirPila( s_p ); destruirPila( sd_p );
devolver; } int principal()
{ gráfico_t *g_p; g_p =
crearGráfico( 8 ); init_graph(g_p);
dls( g_p, 0, 5, 2 ); destruirGraph( g_p ); devolver 0;
}
```

Si bien el algoritmo elimina la posibilidad de realizar bucles infinitos en el gráfico,
también reduce el alcance de la búsqueda. Si el nodo objetivo hubiera sido uno de los
nodos marcados con "X", no se habría encontrado, lo que haría que el algoritmo de
búsqueda estuviera incompleto. El algoritmo puede estar completo si la profundidad de

búsqueda es la del propio árbol (en este caso d es tres). La técnica tampoco es óptima ya que se puede encontrar el primer camino hacia la meta en lugar del camino más corto. La complejidad temporal y espacial de la búsqueda de profundidad limitada es similar a la de DFS, del cual se deriva este algoritmo. La complejidad espacial es O(bd) y la complejidad temporal es O(bd ), pero d en este caso es la profundidad impuesta de la búsqueda y no la profundidad máxima del gráfico.

## Búsqueda iterativa de profundización (IDS)

La búsqueda iterativa de profundidad (IDS) es un derivado de DLS y combina las características de la búsqueda en profundidad con las de la búsqueda en amplitud. IDS opera realizando búsquedas DLS con mayor profundidad hasta encontrar el objetivo.

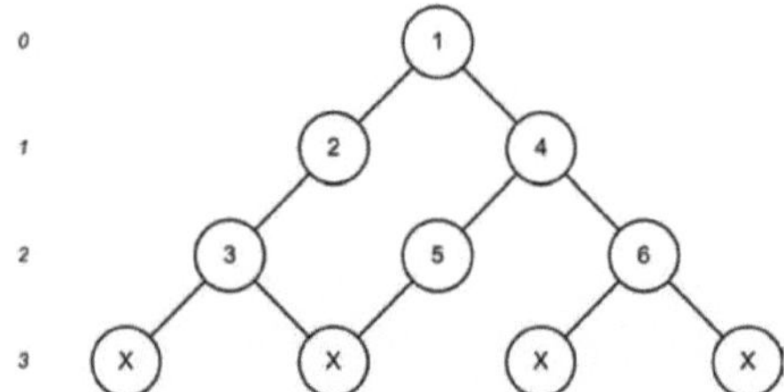

**FIGURA 2.12.** Orden de búsqueda de un árbol usando búsqueda de profundidad limitada (profundidad = dos).

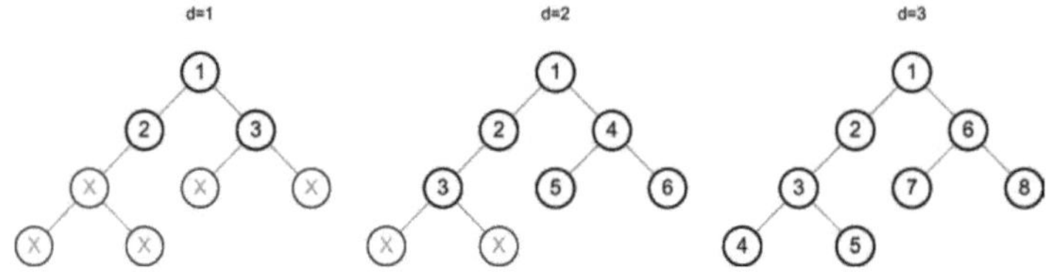

**FIGURA 2.13.** Iterando búsquedas de mayor profundidad con IDS.

La profundidad comienza en uno y aumenta hasta que se encuentra el objetivo o no se pueden enumerar más nodos (ver Figura 2.13).

Como se muestra en la Figura 2.13, IDS combina la búsqueda en profundidad con la búsqueda en amplitud. Al minimizar la profundidad de la búsqueda, obligamos al algoritmo a buscar también en la amplitud del gráfico. Si no se encuentra el objetivo, se aumenta la profundidad a la que se le permite buscar al algoritmo y se reinicia el algoritmo. El algoritmo, que se muestra en el Listado 2.4, comienza con una profundidad de uno.

LISTADO 2.4: El algoritmo iterativo de búsqueda profunda

Búsqueda desinformada          37

```
#incluir <stdio.h> #incluir "gráfico.h"
#incluir "pila.h"
#definir A      0 #definir B     1
#definir C      2
#definir D 3
#definir E      4
#definir F      5
#definir G      6
#definir H      7
int init_graph( graph_t *g_p )
{
agregarBorde( g_p, A, B, 1 ); agregarBorde( g_p, A, C, 1 ); agregarBorde( g_p, B, D, 1
); agregarBorde( g_p, C, E, 1 ); agregarBorde( g_p, C, F, 1 ); agregarBorde( g_p, D, G, 1
); agregarBorde( g_p, D, H, 1 ); devolver 0;
}
int dls(graph_t *g_p, int raíz, int objetivo, int límite)
{
nodo int, profundidad;
int a;
pila_t *s_p, *sd_p; s_p = crearPila( 10 );
sd_p = crear Pila ( 10); pushStack( s_p, raíz);
pushStack( sd_p, 0);
mientras ( !isEmptyStack(s_p) )
```

{ nodo = popStack( s_p); profundidad = popStack( sd_p ); printf("%d (profundidad %d)\n", nodo, profundidad); si (nodo ==

objetivo) devuelve 1;

if (profundidad <límite) { for (to = g_p-

>nodos-1 ; to > 0 ; to--) { if (getEdge( g_p, nodo,

to ) ) { pushStack( s_p, to );

pushStack( sd_p, profundidad+1 ); } } } }

destruirPila( s_p ); destruirPila( sd_p ); devolver 0; } int principal()

{ gráfico_t *g_p; estado int, profundidad;

g_p = crearGráfico( 8 ); init_graph(g_p); profundidad =

1; mientras (1) { estado

= dls( g_p,

0, 5, profundidad ); si (estado == 1) romper; de lo contrario profundidad ++; }

destruirGraph( g_p ); devolver norte t h Y D oh

 IDS es ventajoso porque no es susceptible a los ciclos (una característica de DLS, en la que se basa). También encuentra el objetivo más cercano al nodo raíz,

---

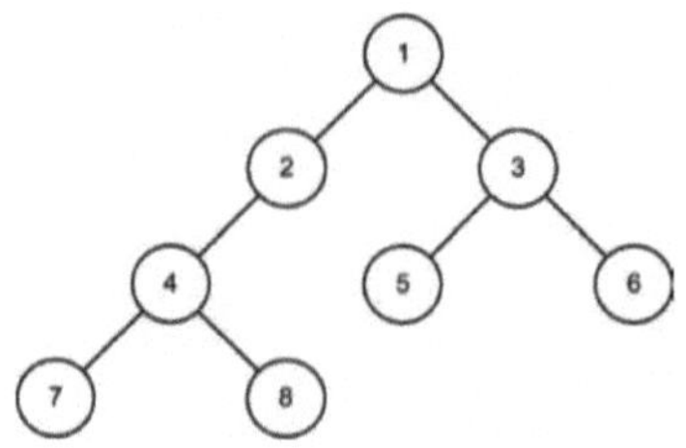

**FIGURA 2.14.** Orden de búsqueda del algoritmo de búsqueda en amplitud

Al igual que el algoritmo BFS (que se detallará a continuación). Por esta razón, es un algoritmo preferido cuando se desconoce la profundidad de la solución.

La complejidad temporal de IDS es idéntica a la de DFS y DLS, O(bd ).

La complejidad espacial de IDS es O (bd).

A diferencia de DFS y DLS, IDS siempre encontrará la mejor solución y, por tanto, es completo y óptimo.

## Búsqueda en amplitud (BFS)

En Breadth-First Search (BFS), buscamos el gráfico desde el nodo raíz en orden de distancia desde la raíz. Debido a que la búsqueda de orden es la más cercana a la raíz, se garantiza que BFS encontrará la mejor solución posible (la más superficial) en un gráfico no ponderado y, por lo tanto, también es completa. En lugar de profundizar en el gráfico, avanzando cada vez más desde la raíz (como es el caso con DFS), BFS verifica cada nodo más cercano a la raíz antes de descender al siguiente nivel
(consulte la Figura 2.14).

La implementación de BFS utiliza una cola FIFO (primero en entrar, primero en salir), a diferencia de la implementación de pila (LIFO) para DFS. A medida que se encuentran nuevos nodos para buscar, estos nodos se comparan con el objetivo y, si no se encuentra el objetivo, los nuevos nodos se agregan a la cola. Para continuar la búsqueda, se retira de la cola el nodo más antiguo (orden FIFO). Usando el orden FIFO para la búsqueda de nuevos nodos, siempre verificamos primero los nodos más antiguos, lo que da como resultado una revisión en amplitud (consulte el Listado 2.5).

LISTADO 2.5: El algoritmo de búsqueda en amplitud. #incluir <stdio.h>
#incluir "gráfico.h" #incluir "cola.h"
#definir A        0
#definir B 1 #definir C 2 #definir D 3 #definir E
4
#definir F        5
#definir G        6
#definir H        7
int init_graph( graph_t *g_p )

{ addEdge( g_p, A, B, 1 ); agregarBorde( g_p, A, C, 1 ); agregarBorde( g_p, B, D, 1 ); agregarBorde( g_p, C, E, 1 ); agregarBorde( g_p, C, F, 1 ); agregarBorde( g_p, D, G, 1 ); agregarBorde( g_p, D, H, 1 ); devolver
0; } void bfs(graph_t *g_p, int raíz, int objetivo) { int nodo; int a;
cola_t
*q_p; q_p =

crearCola( 10); enQueue( q_p, raíz ); mientras ( ! isEmptyQueue(q_p) ) { nodo =

deQueue( q_p); printf("%d\n", nodo); si (nodo == objetivo) se rompe; for (to = g_p-

>nodos-1 ; to > 0 ; to--) { if (getEdge( g_p, nodo, to ) ) { enQueue( q_p, to ); } } }

destruirCola( q_p );

devolver; } int principal() {

gráfico_t *g_p;

g_p = crearGráfico( 8 ); init_graph(g_p);

bfs( g_p, 0, 7 ); destruirGraph( g_p ); devolver 0;

}


La desventaja de BFS es que es necesario almacenar cada nodo buscado (la complejidad del espacio es O (bd )). No es necesario buscar en toda la profundidad del árbol, por lo que d en este contexto es la profundidad de la solución y no la profundidad máxima del árbol. La complejidad del tiempo también es O (bd ).

En implementaciones prácticas de BFS y otros algoritmos de búsqueda, se mantiene una lista cerrada que contiene los nodos del gráfico que han sido visitados. Esto permite que el algoritmo busque eficientemente en el gráfico sin volver a visitar los nodos. En implementaciones donde el gráfico está ponderado, no es posible mantener una lista cerrada.

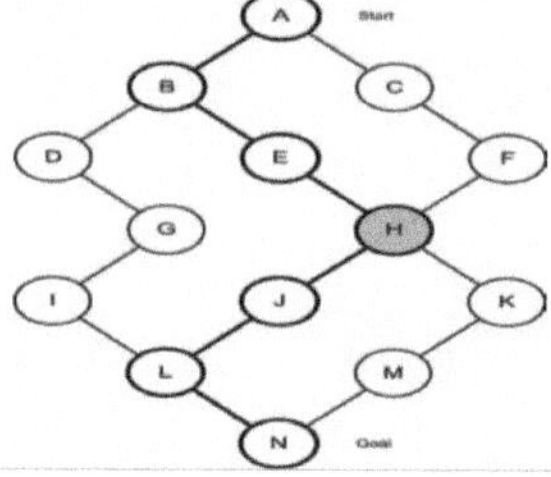


**FIGURA 2.15.** Búsqueda bidireccional reuniéndose en el medio del nodo H.

## Búsqueda bidireccional

El algoritmo de búsqueda bidireccional es un derivado de BFS que opera realizando dos búsquedas en amplitud simultáneamente, una comenzando desde el nodo raíz y la otra desde el nodo objetivo. Cuando las dos búsquedas se encuentran en el medio, se puede reconstruir un camino desde la raíz hasta la meta. El encuentro de búsquedas se determina cuando se encuentra un nodo común (un nodo visitado por ambas búsquedas, ver Figura

2.15). Esto se logra manteniendo una lista cerrada de los nodos visitados.

La búsqueda bidireccional es una idea interesante, pero requiere que sepamos el objetivo que buscamos en el gráfico. Esto no siempre es práctico, lo que limita la aplicación del algoritmo. Cuando se puede determinar, el algoritmo tiene características útiles. La complejidad temporal y espacial para la búsqueda bidireccional es O(bd/2), ya que solo debemos buscar la mitad de la profundidad del árbol. Dado que se basa en BFS, la búsqueda bidireccional es completa y óptima.

## Búsqueda de costos uniformes (UCS)

Una ventaja de BFS es que siempre encuentra la solución más superficial. Pero considere que la ventaja tiene un costo asociado. La solución menos profunda puede no ser la mejor, y una solución más profunda con un costo de ruta reducido sería mejor (por ejemplo, consulte la Figura 2.16). La búsqueda uniforme de costos (UCS) se puede aplicar para encontrar la ruta de menor costo a través de un gráfico manteniendo una lista ordenada de nodos en orden de costo descendente. Esto nos permite evaluar primero el camino de menor costo.

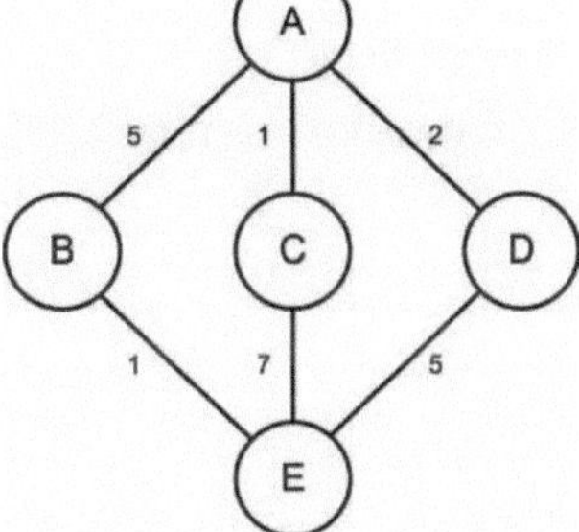


**FIGURA 2.16.** Un gráfico de ejemplo en el que elegir la ruta de menor costo para el primer nodo (A->C) puede no dar como resultado la mejor ruta general a través del gráfico (A->B->E).

La búsqueda de costo uniforme es un método de búsqueda desinformado porque en realidad no se utiliza ninguna heurística. El algoritmo mide el coste real del camino sin intentar estimarlo.

El algoritmo para UCS utiliza el costo de ruta acumulado y una cola de prioridad para determinar la ruta a evaluar (ver Listado 2.6). La cola de prioridad (ordenada de menor a mayor costo) contiene los nodos que se evaluarán. A medida que se evalúan los hijos de los nodos, agregamos su costo al nodo con la suma agregada de la ruta actual. Luego, este nodo se agrega a la cola y, cuando se han evaluado todos los elementos secundarios, la cola se ordena en orden de costo ascendente. Cuando el primer elemento en la cola de prioridad es el nodo objetivo, entonces se ha encontrado la mejor solución.

LISTADO 2.6: El algoritmo de búsqueda de costo uniforme

```c
#incluir <stdio.h>
#incluir "gráfico.h"
#incluir "pqueue.h" #definir A 0
#definir B                                    1
#definir C                                    2
#definir D 3
#define E                                     4
int init_graph( gráfico_t *g_p )
{
agregarBorde( g_p, A, B, 5 ); agregarBorde( g_p, A, C, 1 ); agregarBorde( g_p, A, D, 2
); agregarBorde( g_p, B, E, 1 ); agregarBorde( g_p, C, E, 7 ); agregarBorde( g_p, D, E, 5
); devolver 0;
}
void ucs (graph_t *g_p, int raíz, int objetivo)
{
int nodo, costo, costo_niño; int a;
pqueue_t *q_p;
q_p = crearPQueue( 7 ); enPQueue( q_p, raíz, 0 );
mientras ( !isEmptyPQueue(q_p) ) {
dePQueue( q_p, &nodo, &cost ); if (nodo
== objetivo)
{ printf("coste %d\n", costo);
devolver; } for (a = g_p->nodos-1; a > 0; a--)
{ child_cost = getEdge( g_p, nodo, a); if (costo_niño)
```

```
{ enPQueue( q_p, to, (costo_niño+costo) ); } } }
destruirPQueue( q_p );
devolver; } int principal()
{ gráfico_t *g_p; g_p = crearGráfico( 6 ); init_graph(g_p);
ucs( g_p, A, E );
destruirGraph( g_p ); devolver 0; }
```

| Step | Investigating Node | Priority Queue | | |
|---|---|---|---|---|
| 1 | | A(0) | | |
| 2 | A | C(1) | D(2) | B(5) |
| | | A(0) | A(0) | A(0) |
| 3 | C | D(2) | B(5) | E(8) |
| | | A(0) | A(0) | C(1) |
| | | | | A(0) |
| 4 | D | B(5) | E(7) | E(8) |
| | | A(0) | D(2) | C(1) |
| | | | A(0) | A(0) |
| 5 | B | E(6) | E(7) | E(8) |
| | | B(5) | D(2) | C(1) |
| | | A(0) | A(0) | A(0) |

**FIGURA 2.17.** Evaluaciones de nodos y el estado de la cola de prioridad.

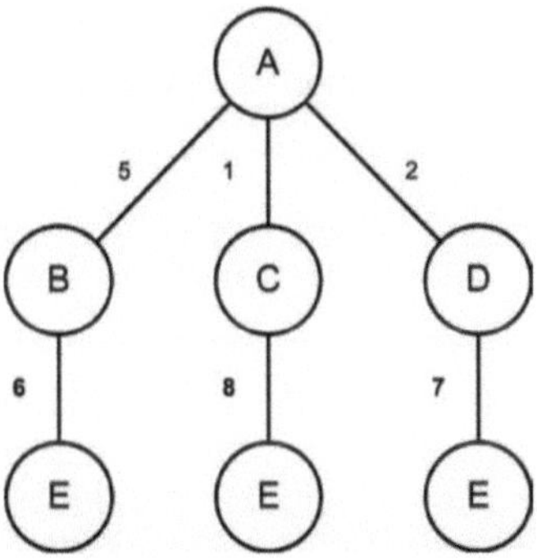

**FIGURA 2.18.** Ilustrando el costo del camino a través del gráfico.

El algoritmo UCS se demuestra fácilmente utilizando nuestro gráfico de ejemplo en la Figura 2.16. La Figura 2.17 muestra el estado de la cola de prioridad a medida que se evalúan los nodos. En el paso uno, el nodo inicial se agregó a la cola de prioridad, con un costo cero. En el paso dos, cada uno de los tres nodos conectados se evalúa y se agrega a la cola de prioridad. Cuando no hay más hijos disponibles para evaluar, la cola de prioridad se ordena para colocarlos en orden de costo ascendente.

En el paso tres, se evalúan los hijos del nodo C. En este caso encontramos el objetivo deseado (E), pero como su coste de ruta acumulado es ocho, acaba al final de la cola. Para el paso cuatro, evaluamos el nodo D y nuevamente encontramos el nodo objetivo. El costo de la ruta resulta en siete, que aún es mayor que nuestro nodo B en la cola. Finalmente, en el paso cinco, se evalúa el nodo B. El nodo objetivo se encuentra nuevamente, con un costo de ruta resultante de seis. La cola de prioridad ahora contiene el nodo objetivo en la parte superior, lo que significa que en la siguiente iteración del ciclo, el algoritmo saldrá con una ruta de A->B->E (trabajando hacia atrás desde el nodo objetivo hasta el nodo inicial).

Para limitar el tamaño de la cola de prioridad, es posible eliminar las entradas que sean redundantes. Por ejemplo, en el paso 4 de la Figura 2.17, la entrada para E(8) podría haberse eliminado de forma segura, ya que existe otra ruta que tiene un costo reducido (E(7)).

La búsqueda del gráfico se muestra en la Figura 2.18, que identifica el costo del camino en cada borde del gráfico. El costo de la ruta que se muestra arriba del nodo objetivo (E) facilita ver la ruta de menor costo a través del gráfico, incluso cuando no es evidente desde el nodo inicial.

UCS es óptimo y puede ser completo, pero sólo si los costos de borde no son negativos (el costo de ruta sumado siempre aumenta). La complejidad de tiempo y espacio es la misma que BFS, O(bd ) para cada uno, ya que es posible evaluar todo el árbol.

## MEJORAS

Uno de los problemas básicos de los DFS y BFS tradicionales es que carecen de una lista visitada (una lista de nodos que ya han sido evaluados). Esta modificación completa los algoritmos, ignorando ciclos y siguiendo únicamente caminos que aún no se han seguido. Para BFS, mantener una lista de visitas puede reducir el tiempo de búsqueda, pero para DFS, el algoritmo se puede completar.

## VENTAJAS DEL ALGORITMO

Cada uno de los algoritmos tiene ventajas y desventajas según el gráfico a buscar. Por ejemplo, si el factor de ramificación del gráfico es pequeño, BFS es la mejor opción. Si el árbol es profundo, pero se sabe que una solución es poco profunda en el gráfico, entonces IDS es una buena opción. Si el gráfico está ponderado, entonces se debe utilizar UCS, ya que siempre encontrará la mejor solución donde DFS y BFS no.

# RESUMEN DEL CAPÍTULO

Los algoritmos de búsqueda desinformados son una clase de algoritmos de búsqueda de gráficos que buscan exhaustivamente un nodo sin el uso de una heurística para guiar la búsqueda. Los algoritmos de búsqueda son de interés en la IA porque muchos problemas pueden reducirse a simples problemas de búsqueda en un espacio de estados. El espacio de estados consta de estados (nodos) y operadores (bordes), lo que permite representar el espacio de estados como un gráfico. Los ejemplos van desde gráficos de espacios físicos hasta árboles de juego masivos como los que son posibles con el juego de ajedrez.

El algoritmo de búsqueda en profundidad opera evaluando las ramas hasta su profundidad máxima y luego retrocediendo para seguir las ramas no visitadas.

La búsqueda de profundidad limitada (DLS) se basa en DFS, pero restringe la profundidad de la búsqueda. La búsqueda de profundidad iterativa (IDS) utiliza DLS, pero aumenta continuamente la profundidad de la búsqueda hasta que se encuentra la solución.

El algoritmo de búsqueda en amplitud (BFS) busca con una profundidad creciente desde la raíz (busca todos los nodos con profundidad uno, luego todos los nodos con profundidad dos, etc.). Un algoritmo derivado especial de BFS, la búsqueda bidireccional (BIDI), realiza dos búsquedas simultáneas. Comenzando en el nodo raíz y el nodo objetivo, BIDI realiza dos búsquedas BFS en busca del medio.

Una vez que se encuentra un nodo común en el medio, existe una ruta entre los nodos raíz y objetivo.

El algoritmo de búsqueda de costo uniforme (UCS) es ideal para gráficos de peso (gráficos cuyos bordes tienen costos asociados). UCS evalúa un gráfico utilizando una cola de prioridad que está ordenada según el costo de la ruta hasta el nodo en particular. Está basado en el algoritmo BFS y es completo y óptimo.

| | | | | | |
|---|---|---|---|---|---|
| DFS | O(bm) | O(bm) | No | No | |
| DLS | O(bl ) | O(bl) | No | No | DFS |
| identificación | O(bd ) | O(bd) | Sí | No | DLS |
| BFS | O(bd ) | O(bd ) | Sí | Sí | |
| BIDI | O(bd/2) | O(bd/2) | Sí | Sí | BFS |
| UCS | O(bd ) | O(bd ) | Sí | Sí | BFS |

## REFERENCIAS

[Bouton 1901] "Nim, un juego con una teoría matemática completa", Ann, Matemáticas, Princeton 3, 35-39, 1901-1902.

## EJERCICIOS

1. ¿Qué es la búsqueda desinformada (o ciega) y en qué se diferencia de la búsqueda informada (o heurística)?

2. La estructura del gráfico es ideal para la representación general del espacio de estados. Explique por qué y defina los componentes individuales.

3. Defina las estructuras de colas utilizadas en DFS y BFS y explique por qué cada una usa su estilo particular.

4. ¿Cuál es la definición de profundidad de árbol?

5. ¿Cuál es la definición del factor de ramificación?

6. ¿Qué es la complejidad temporal y espacial y por qué son útiles como métricas para la búsqueda de gráficos?

7. Si un algoritmo siempre encuentra una solución en una gráfica, ¿cómo se llama esta propiedad? Si siempre encuentra la mejor solución, ¿cuál es esta característica?

8. Considerando DFS y BFS, ¿qué algoritmo siempre encontrará la mejor solución para un gráfico no ponderado?

9. Utilice los algoritmos DFS y BFS para resolver el problema de las Torres de Hanoi. ¿Cuál funciona mejor y por qué?

10 Proporcione el orden de búsqueda para los nodos que se muestran en la Figura 2.19 para DFS, BFS, DLS (d=2), IDS (profundidad inicial = 1) y BIDI (nodo inicial A, nodo objetivo I).

# Capítulo 3

## BÚSQUEDA INFORMADA

Por consiguiente, son ineficaces. Por el contrario, este capítulo presentará los métodos de búsqueda informada. Estos métodos incorporan una heurística, que se utiliza para determinar la calidad de cualquier estado en el espacio de búsqueda. En una búsqueda de gráficos, esto da como resultado una estrategia para la expansión de nodos (qué nodo debe evaluarse a continuación). Se investigarán una variedad de métodos de búsqueda informados y, al igual que con los métodos no informados, se compararán utilizando un conjunto común de métricas.

En este capítulo, exploraremos una serie de métodos de búsqueda informados, incluida la búsqueda del mejor primero, la búsqueda de una estrella, algoritmos de mejora iterativos como la escalada y el recocido simulado y, finalmente, la satisfacción de restricciones. Demostraremos cada uno con un problema de muestra e ilustraremos la heurística utilizada.

## MEJOR PRIMERA BÚSQUEDA (BEST-FS)

En la búsqueda Best-First, el espacio de búsqueda se evalúa según una función heurística. Los nodos aún por evaluar se mantienen en una lista ABIERTA y los que ya han sido evaluados se almacenan en una lista CERRADA. La lista ABIERTA se representa como una cola de prioridad, de modo que los nodos no visitados se pueden quitar de la cola según su función de evaluación (recuerde la cola de prioridad del Capítulo 2 para la búsqueda de costo uniforme).

La función de evaluación $f(n)$ se compone de dos partes. Estos son la función heurística (h(n)) y el costo estimado (g(n)), donde (ver Ec. 3.1):

f (norte) = g(norte)+h(norte)

(Ecuación 3.1)

 Podemos pensar en el coste estimado como un valor medible a partir de nuestra búsqueda.

espacio y la función heurística como una suposición fundamentada. Luego, la lista OPEN se construye en orden de f(n). Esto hace que la búsqueda "mejor primero" sea fundamentalmente codiciosa. porque siempre elige la mejor oportunidad local en la frontera de búsqueda.

La frontera de búsqueda se define como el conjunto de oportunidades de nodos que se pueden buscar a continuación. En la búsqueda Best-First, la frontera es una cola de prioridad ordenada en orden f(n). Dado el orden estricto de f(n), la selección del nodo a evaluar de la cola de prioridad es codiciosa.

La complejidad de best-first es O(bm) tanto para el tiempo como para el espacio (todos los nodos se guardan en la memoria). Al mantener una lista CERRADA (para evitar volver a visitar nodos y, por lo tanto, evitar bucles), la búsqueda del mejor primero se completa, pero no es óptima, ya que se puede encontrar una solución en una ruta más larga ( h(n) más alta con una g(n ) más baja ) valor.

## CONSEJO

La búsqueda Best-First es una combinación de funciones de evaluación, h(n) y g(n).
Tenga en cuenta que la búsqueda en amplitud primero es un caso especial de búsqueda mejor primero donde f(n) = h(n), y la búsqueda de costo uniforme es un caso especial de búsqueda mejor primero donde f(n) = g(n)

## La búsqueda del mejor primero y el problema de las N reinas

Analicemos ahora el algoritmo de búsqueda "mejor primero" en el contexto de un espacio de búsqueda grande. El problema de las N reinas es un problema de búsqueda en el que el resultado deseado es un tablero N por N con N reinas de manera que ninguna reina amenace a otra (ver Figura 3.1). Para este tablero, en cada una de las filas horizontales, verticales y diagonales, ninguna reina puede capturar a otra.

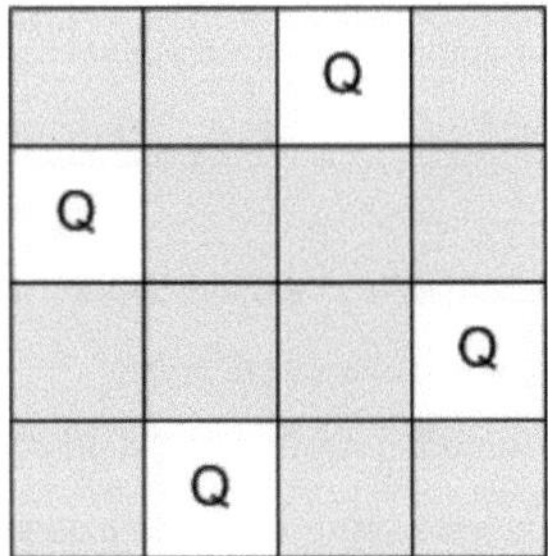

**FIGURA 3.1: Ejemplo de tablero de N-Reinas**

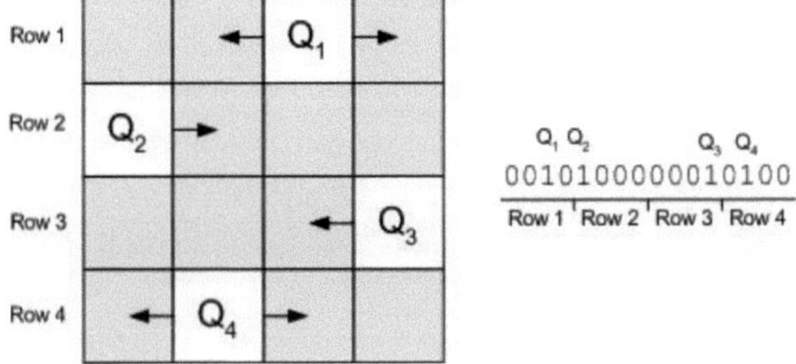


**FIGURA 3.2.** Representación del tablero para el problema de N-Reinas (donde N=4).

Un aspecto importante de la resolución de problemas y la búsqueda es la representación. Para este ejemplo, elegiremos una representación simple que se ajuste bien al espacio de solución y haga que su enumeración sea sencilla. ¿Cada posición del tablero está representada por un solo bit y si el bit es cero, entonces la posición está vacante; de lo contrario, está ocupada por una reina. Simplificaremos el problema asignando una reina a cada fila del tablero. Enumerar el espacio de búsqueda se define entonces como observar los posibles movimientos de las reinas horizontalmente. Por ejemplo, la reina en la parte superior de la Figura 3.1 puede moverse hacia la izquierda o hacia la derecha, pero la reina en la segunda fila solo puede moverse hacia la derecha (ver Figura 3.1). La Figura

3.2 también muestra la representación de la placa como un valor de 16 bits (corto sin signo, en el caso de C).

Dado un estado (la configuración del tablero), podemos identificar los estados secundarios de este tablero creando un nuevo tablero para cada una de las posibles reinas. cambios de posición, dado únicamente el movimiento horizontal. Para la Figura 3.2, esta configuración del tablero puede dar como resultado seis nuevos estados secundarios (una única posición de cambio de reina en cada uno). Tenga en cuenta que, dado que mantenemos una lista cerrada, las

configuraciones de placa que ya han sido evaluadas no se generan, lo que da como resultado un árbol pequeño y una búsqueda más eficiente.

Para la heurística, usaremos la profundidad del nodo en el árbol para h(n) y el número de conflictos (número de reinas que podrían capturar a otra) para g(n).


## Implementación de búsqueda Best-First

Veamos ahora una implementación simple de la búsqueda Best-First en lenguaje C. Presentaremos las dos funciones principales que componen este algoritmo de búsqueda; el primero es best_fs, que es el bucle principal del algoritmo. La segunda función, generateChildNodes, construye los posibles estados (configuraciones de la placa) dado el estado actual.


Nuestra función principal (best_fs) es el enumerador de listas ABIERTAS y el probador de soluciones. Antes de llamar a esta función, se han creado nuestra lista ABIERTA (cola de prioridad) y nuestra lista CERRADA. El nodo raíz, nuestra configuración inicial de la placa, se

ha colocado en la lista ABIERTA. La función best_fs (ver Listado 3.1) luego retira de la cola el siguiente nodo de la lista abierta (best f(n)). Si este nodo tiene ag(n) (número de conflictos) de cero, entonces se ha encontrado una solución y salimos. .

LISTADO 3.1: La primera función principal de Best-Search.

anular best_fs (pqueue_t *open_pq_p, queue_t *closed_q_p)

```
{
nodo_t *nodo_p;
costo interno;
/* Enumerar la lista Abierta */
mientras ( !isEmptyPQueue (open_pq_p)) { dePQueue (open_pq_p, (int *)&node_p,
&cost);
/* ¿Solución encontrada? */
si (nodo_p->g == 0) {
printf("Solución encontrada (profundidad %d):\n", node_p->h); emitBoard (nodo_p);
romper;
}
generarChildNodes ( open_pq_p, cerrado_q_p, nodo_p);
}
devolver;
}
```

La siguiente función, generateChildNodes, toma la configuración actual del tablero y enumera todas las configuraciones secundarias posibles moviendo potencialmente cada reina una posición. La matriz de movimientos define los posibles movimientos para cada posición en el tablero (-1 significa solo derecha, 2 significa izquierda y derecha, y 1 significa solo izquierda). Luego se enumera el tablero y cada vez que se encuentra una reina, se verifica la matriz de movimientos para detectar los movimientos legales y se crean nuevos nodos secundarios y se cargan en la lista ABIERTA.

Tenga en cuenta que aquí verificamos la lista CERRADA para evitar crear una configuración de placa que hemos visto antes. Una vez que se han verificado todas las posiciones en el tablero actual y se crean nuevos nodos secundarios, la función regresa a best_fs.

Cuando se encuentra una nueva configuración de placa, se llama a la función createNode para asignar una nueva estructura de nodo y coloca este nuevo nodo en la lista ABIERTA (y en la lista CERRADA). Tenga en cuenta aquí que el uno más la profundidad (h(n)) se pasa para identificar el nivel de la solución en el árbol.

LISTADO 3.2: La función generateChildNodes para enumerar los nodos secundarios.

```
void generarChildNodes( pqueue_t *pq_p,

cola_t *closed_q_p, nodo_t *nodo_p)

{

ent i;

cboard1 corto sin firmar, cboard2; const int mueve[16]={ -1, 2, 2, 1, -1, 2,

2, 1, -1, 2,

2, 1, -1, 2,

2, 1 };

/* Genera los nodos secundarios para el nodo actual * mezclando las piezas en el tablero.
*/

for (i = 0 ; i < 16 ; i++) { /* ¿Hay una reina en esta posición? */ if

(checkPieza( node_p->board, i )) { /* Eliminar

la reina actual del tablero */ cboard1 = cboard2 =

( node_p->board & ~(1 << (15-i) ) ); if (moves[i] == -1) { /* Solo se puede mover hacia
la derecha

*/ cboard1 |= ( 1 << (15-(i+1)) ); if (!searchQueue( cerrado_q_p, cboard1))

{ (void)createNode( pq_p, cerrado_q_p, cboard1,

nodo_p->h+1 ); } } else if (moves[i] == 2) { /* Puede moverse hacia la izquierda o

hacia la derecha */ cboard1 |= ( 1 << (15-(i+1)) ); if (!

searchQueue( cerrado_q_p, cboard1))

{ (void)createNode( pq_p, cerrado_q_p, cboard1,

nodo_p->h+1 ); } tablero2 |= ( 1 << (15-(i-1)) ); if (!searchQueue( cerrado_q_p,

cboard2)) { (void)createNode( pq_p, cerrado_q_p, cboard2, nodo_p->h+1 ); } } else if

(moves[i] == 1) { /* Solo se puede mover hacia la izquierda */ cboard2 |= ( 1 <<

(15-(i-1)) ); if (!

searchQueue( cerrado_q_p, cboard2)) { (void)createNode( pq_p,

cerrado_q_p, cboard2, nodo_p->h+1 ); } } } } devolver; }
```

Veamos ahora el algoritmo en acción. Una vez invocado, un nodo raíz aleatorio se pone en cola y luego las posibles configuraciones secundarias se enumeran y se cargan en la lista ABIERTA (consulte el Listado 3.3). La demostración aquí muestra un árbol poco profundo de tres configuraciones comprobadas, el nodo raíz, uno en el nivel uno y la solución encontrada en la profundidad dos. En la Figura 3.3 se muestra una versión condensada de esta ejecución.

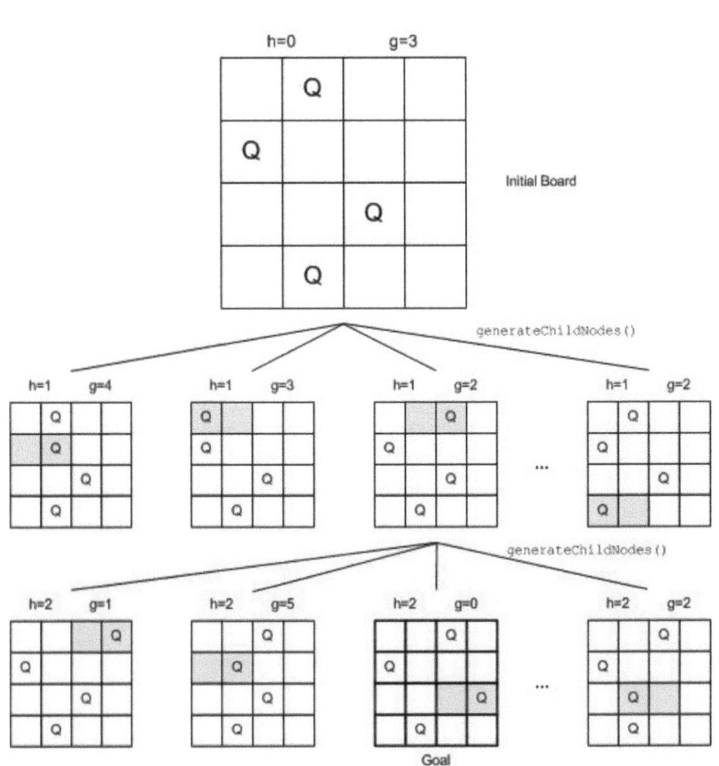


**FIGURA 3.3:** Vista gráfica (condensada) del árbol de búsqueda en el Listado 3.3

LISTADO 3.3: Búsqueda del mejor primero para el problema de N reinas (N=4).

Nuevo nodo: evaluaBoard 4824 = (h 0, g 3) Tablero inicial:

el tablero es 0x4824

0 1 0 0

1 0 0 0

0 0 1 0

0 1 0 0

Tablero de verificación 0x4824 (h 0 g 3) Nuevo nodo: evaluaBoard 2824 = (h 1, g 2)

Nuevo nodo: evaluaBoard 8824 = (h 1, g 3)

Nuevo nodo: evaluaBoard 4424 = (h 1, g 4)

Nuevo nodo: evaluaBoard 4814 = (h 1, g 3)

Nuevo nodo: evaluaBoard 4844 = (h 1, g 4)

Nuevo nodo: evaluaBoard 4822 = (h 1, g 3)

Nuevo nodo: evaluaBoard 4828 = (h 1, g 2) Tablero de verificación 0x2824 (h 1 g 2)

Nuevo nodo: evaluaBoard 1824 = (h 2, g 1)

Nuevo nodo: evaluaBoard 2424 = (h 2, g 5)

Nuevo nodo: evaluaBoard 2814 = (h 2, g 0)

Nuevo nodo: evaluaBoard 2844 = (h 2, g 2)

Nuevo nodo: evaluaBoard 2822 = (h 2, g 3)

Nuevo nodo: evaluaBoard 2828 = (h 2, g 2) Tablero de verificación 0x2814 (h 2 g 0)

Solución encontrada (h 2 g 0):

el tablero es 0x2814

0 0 1 0

1 0 0 0

0 0 0 1

0 1 0 0

## Variantes de la búsqueda Best-First

Una variante interesante de la búsqueda por el mejor primero se llama búsqueda codiciosa por el mejor primero. En esta variante, $f(n) = h(n)$, y la lista ABIERTA está ordenada en orden $f$. Dado que h es el único factor utilizado para determinar qué nodo seleccionar a continuación (identificado como la cercanía al objetivo), se define como codicioso. Debido a esto, el mejor-primero codicioso no es completo ya que la heurística no es admisible (porque puede sobreestimar el camino hacia la meta). Discutiremos la admisibilidad con más detalle en la discusión sobre la búsqueda de una estrella.

Otra variante de la búsqueda del mejor primero es la búsqueda por haz, al igual que la búsqueda codiciosa del mejor primero, utiliza la heurística f(n) = h(n). La diferencia con la búsqueda por haz es que mantiene solo un conjunto de los mejores nodos candidatos para la expansión y simplemente arroja el resto. Esto hace que la búsqueda por haz sea mucho más eficiente en memoria que la búsqueda codiciosa del mejor primero, pero sufre porque los nodos pueden descartarse, lo que podría dar como resultado la ruta óptima. Por este motivo, la búsqueda por haz no es óptima ni completa.

## UNA BÚSQUEDA

Una búsqueda*, al igual que la búsqueda "mejor primero", evalúa un espacio de búsqueda mediante una función heurística. Pero A* utiliza tanto el costo de llegar del estado inicial al estado actual (g(n)), como también un costo estimado (heurístico) de la ruta desde el nodo actual hasta la meta (h(n)).

Estos se suman a la función de costo f(n)

(Ver Ec. 3.1). La búsqueda A*, a diferencia del mejor primero, es óptima y completa.

Las listas ABIERTA y CERRADA se utilizan nuevamente para identificar la frontera de búsqueda (lista ABIERTA) y los nodos evaluados hasta el momento (CERRADO). La lista OPEN se implementa

como una cola de prioridad ordenada en el orden f(n) más bajo . Lo que hace que A* sea interesante es que reevalúa continuamente la función de costos de los nodos a medida que los vuelve a encontrar. Esto permite que A* encuentre eficientemente el camino mínimo desde el estado inicial hasta el estado objetivo.

Veamos ahora A* en un nivel alto y luego profundizaremos más y lo aplicaremos a un problema

bien conocido. El Listado 3.4 proporciona el flujo de alto nivel para A*.

LISTADO 3.4: Flujo de alto nivel para el algoritmo de búsqueda A*.

Búsqueda informada      57

Inicializar lista ABIERTA (cola de prioridad) Inicializar lista CERRADA
Coloque el nodo de inicio en la lista ABIERTA

Realizar un bucle mientras la lista ABIERTA no esté vacía

Obtenga el mejor nodo (padre) de la lista ABIERTA (menos f (n)) si el padre es el nodo objetivo, listo

Coloque a los padres en la lista CERRADA

Expandir padre a todos los nodos adyacentes (adj_node) si adj_node está en la lista CERRADA

descartar adj_node y continuar

de lo contrario, si adj_node está en la lista ABIERTA

si el valor g de adj_node es mejor que el valor g de OPEN.adj_node

descartar OPEN.cur_node

calcular los valores g, h y f de adj_node establecer el predecesor adj_node como padre

agregar adj_node a la lista ABIERTA

continuar fin

Además, calcular los valores g, h y f de adj_node establecer el predecesor adj_node como padre Tenga en cuenta en el flujo del Listado 3.4 que una vez que encontramos el mejor nodo de la lista ABIERTA, expandimos todos los nodos secundarios (estados legales posibles a partir del mejor nodo). Si los nuevos estados legales no se encuentran en las listas ABIERTO o CERRADO, se agregan como nuevos nodos (configurando el predecesor en el mejor nodo o padre). Si el nuevo nodo está en la lista CERRADO, lo descartamos y continuamos. Finalmente, si el nuevo nodo está en la lista ABIERTA, pero el nuevo nodo tiene un mejor valor g , descartamos el nodo en la lista ABIERTA y agregamos el nuevo nodo a la lista ABIERTA (de lo contrario, el nuevo nodo se descarta, si gramo el valor es peor). Al reevaluar los nodos en la lista ABIERTA y reemplazarlos cuando las funciones de costos lo permitan, permitimos que surjan mejores caminos desde el espacio de estados.

Como ya hemos definido, A* está completo, siempre que la memoria admita la profundidad y el factor de ramificación del árbol. A* también es óptimo, pero esta característica depende del uso de una heurística admisible . Debido a que A* debe realizar un seguimiento de los nodos evaluados hasta el momento (y también de los nodos descubiertos que se van a evaluar), la complejidad temporal y espacial es O(bd ).

La heurística se define como admisible si estima con precisión el costo del camino hacia la meta o lo subestima (se mantiene optimista). Esto requiere que la heurística sea monótona, lo que significa que el costo nunca disminuye a lo largo del camino, sino que aumenta monótonamente. Esto significa que g(n) (costo de la ruta desde el nodo inicial al nodo actual) aumenta monótonamente, mientras que h(n) (costo de la ruta desde el nodo actual al nodo objetivo) disminuye monótonamente.

**FIGURA 3.4-** El Ocho Rompecabezas y una demostración de cómo pasar de una configuración inicial a la configuración objetivo (no incluye todos los pasos).

A* Búsqueda y el rompecabezas de los ocho

Si bien A* se ha aplicado con éxito a dominios problemáticos como la búsqueda de caminos, lo aplicaremos aquí a lo que se llama el Rompecabezas de los Ocho (también conocido como el rompecabezas de N por M o n2 -1). Esta variación particular del rompecabezas consta de ocho fichas en una cuadrícula de 3 por 3. Una ubicación no contiene mosaicos, lo que se puede usar para mover otros mosaicos y migrar de una configuración a otra (consulte la Figura 3.4).

Observe en la Figura 3.4 que hay dos movimientos legales posibles.

La ficha '1' puede moverse hacia la izquierda y la ficha '6' puede moverse hacia abajo. La configuración final del objetivo se muestra a la derecha. Tenga en cuenta que esta es una variación del objetivo y la que usaremos aquí.

El acertijo de los ocho es interesante porque es un problema difícil de resolver, pero que ha sido estudiado detenidamente y, por lo tanto, se comprende muy bien.

[Archer 1999] Por ejemplo, el número de configuraciones posibles del tablero del Ocho Rompecabezas es (n*n)!, pero sólo la mitad de ellas son configuraciones legales.

**CONSEJO**

Durante la década de 1870, el rompecabezas de los Quince (variante de 4 por 4 del rompecabezas N por M) se convirtió en una moda de rompecabezas muy parecida al cubo de Rubik de las décadas de 1970 y 1980.

En promedio, se requieren 22 movimientos para resolver la variante 3 por 3 del rompecabezas. Pero considerando 22 como la profundidad promedio del árbol, con un factor de ramificación promedio de 2,67, se pueden evaluar 2,4 billones de configuraciones de mosaicos no únicos.

## Representación de ocho rompecabezas

Usaremos una representación común para el Ocho Rompecabezas, un vector lineal que contiene la ubicación de los mosaicos de izquierda a derecha y de arriba a abajo (ver Figura 3.5). Esta figura en particular muestra los movimientos posibles desde la configuración inicial del rompecabezas hasta la profundidad dos de este árbol de espacio de estados en particular.

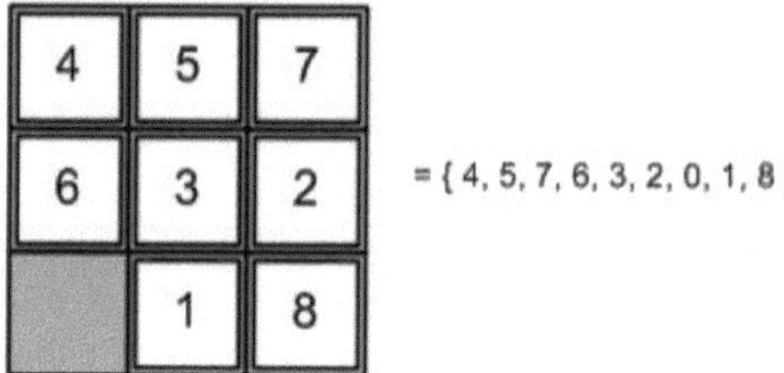


**FIGURA 3.5.** Configuración de ocho rompecabezas usando un vector simple.

Para nuestra heurística, usaremos la profundidad del árbol como el costo desde la raíz hasta el nodo actual (también conocido como g(n)), y el número de mosaicos mal colocados (h(n)) como el costo estimado para el nodo objetivo (excluyendo el espacio en blanco). El costo de la ruta (f(n)) se convierte entonces en el costo de la ruta hacia el nodo actual (g(n)) más el costo estimado hasta el nodo objetivo (h(n)). Puede ver estas heurísticas en el árbol de la Figura 3.6. Desde el nodo raíz, sólo son posibles dos movimientos, pero a partir de estos dos movimientos se abren tres nuevos movimientos (estados). En la parte inferior de este árbol, puede ver que la función de costo ha disminuido, lo que indica que es probable que estas configuraciones de placa sean candidatas a explorar a continuación.

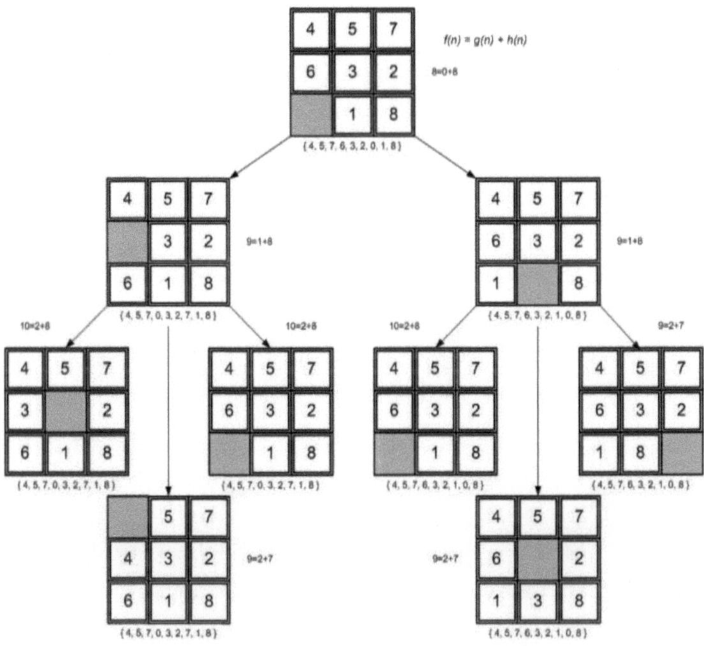

**FIGURA 3.6.** Ocho árboles de rompecabezas que termina en la profundidad dos, que ilustra las funciones de costos.

Hay dos heurísticas populares para el problema de N-puzzle. El primero es simplemente el número de fichas fuera de lugar, que por lo general disminuye a medida que nos acercamos a la meta. La otra heurística es la distancia de Manhattan de mosaicos que suma la distancia de cada mosaico fuera de lugar a su ubicación correcta. Para esta implementación, demostraremos la heurística de mosaicos fuera de lugar, simple pero efectiva.

¡Mientras haya (3*3)! configuraciones de placa posibles, solo hay (3*3)!/2 configuraciones válidas. La otra mitad de las configuraciones son irresolubles. No nos detendremos en esto aquí, pero en la implementación fuente verá la prueba en initPuzzle usando el concepto de inversiones para validar la configuración de la placa. Este concepto puede explorarse más a fondo en [KGong 2005].

## A* Implementación de búsqueda

El núcleo del algoritmo A-star se implementa en la función astar(). Esta función implementa A-star como se muestra en el Listado 3.4. También presentaremos la función de evaluación, que implementa la métrica de "mosaicos fuera de lugar". La lista y otras funciones de soporte no se presentan aquí, pero están disponibles en el CD-ROM para su revisión.

Comencemos con la función de evaluación que calcula el costo estimado desde el nodo actual hasta

el objetivo (como la cantidad de mosaicos fuera de lugar), consulte el Listado 3.6. La función simplemente enumera el tablero de 3 por 3 como un vector unidimensional, incrementando un valor de puntuación cada vez que un mosaico está presente en una posición en la que no debería estar. Esta puntuación luego se devuelve a la persona que llama.

LISTADO 3.6: Métrica de costo estimado h(n) del Ocho Rompecabezas.

```
tablero de evaluación doble ( tablero_t * tablero_p )
{
ent i;
prueba int constante[MAX_BOARD-1]={1, 2, 3, 4, 5, 6, 7, 8};
puntuación interna = 0;
para (yo = 0; yo < MAX_BOARD-1; yo++) { puntuación += (board_p->array[i]!=
prueba[i]);
}
devolver puntuación (doble);
}
```

La función astar se muestra en el Listado 3.7. Antes de llamar a esta función, seleccionamos una configuración de placa aleatoria y la colocamos en la lista ABIERTA. Luego trabajamos en la lista ABIERTA, recuperamos el mejor nodo (con el menor valor f usando getListBest) y lo colocamos inmediatamente en la lista CERRADA. Verificamos si este nodo es la solución y, de ser así, emitimos la ruta desde el nodo inicial hasta la meta (que ilustra los movimientos que se realizaron). Para minimizar la búsqueda demasiado profunda en el árbol, dejamos de enumerar los nodos más allá de una profundidad determinada (no los buscamos más).

El siguiente paso es enumerar los posibles movimientos a partir de este estado, que serán un máximo de cuatro. La función getChildBoard se usa para devolver un nodo adyacente (usando el índice pasado para determinar qué posible movimiento realizar). Si no es posible realizar un movimiento, se devuelve un valor NULL y se ignora.

Con un nuevo nodo secundario, primero verificamos si ya ha sido evaluado (si está en la lista CERRADO). Si es así, entonces debemos destruir este nodo y continuar (para obtener el nodo secundario para la configuración actual de la placa). Si no hemos visto esta configuración de placa en particular antes, calculamos la heurística para el nodo. Primero, inicializamos la profundidad del nodo en el árbol como la profundidad del padre más uno. A continuación, llamamos a evaluaBoard para obtener la métrica

de mosaicos fuera de lugar , que actuará como nuestro valor h (costo desde el nodo raíz hasta este nodo). El valor g se establece en la profundidad actual y el valor f se inicializa con la ecuación 3.1.

$$f_n = \alpha g_n * \beta h_n$$

(Ecuación 3.1)

Incluimos aquí un parámetro alfa y beta para dar diferentes pesos a los valores g y h . En esta implementación, alfa es 1.0 y beta es 2.0. Esto significa que se le da más peso al valor h y, posteriormente, cuanto más cerca esté un nodo del objetivo, mayor será su peso que su profundidad en el árbol del espacio de estados.

Con el valor f calculado, verificamos si el nodo está en la lista ABIERTA. Si es así, comparamos sus valores f . Si el nodo en la lista ABIERTA tiene un valor f peor , el nodo en la lista ABIERTA se descarta y el nuevo nodo secundario ocupa su lugar (estableciendo el enlace predecesor al padre, para que sepamos cómo llegamos a este nodo). Si el nodo de la lista ABIERTA tiene un mejor valor f , entonces el nodo de la lista ABIERTA permanece en la lista abierta y el nuevo hijo se descarta.

Finalmente, si el nuevo nodo secundario no existe ni en la lista CERRADO ni ABIERTO, es un nodo nuevo que aún no hemos visto. Simplemente se agrega a la lista ABIERTA y el proceso continúa.

Este algoritmo continúa hasta que ocurre uno de los dos eventos. Si la lista OPEN queda vacía, entonces no se encontró ninguna solución y el algoritmo

LISTADO 3.7: El algoritmo A*.

```
void astar( void )
{ board_t *cur_board_p, *child_p, *temp; ent i; /* Mientras los elementos están en la lista abierta
*/ while ( listCount(&openList_p) ) { /*
Obtener el mejor tablero actual en la lista abierta */ cur_board_p
= getListBest( &openList_p ); putList( &closedList_p, cur_board_p); /* ¿Tenemos una solución? */ if (cur_board_p->h == (doble)0.0)
{ showSolution( cur_board_p ); devolver; } else
{ /* Heurística: el número promedio de pasos
es 22
para un 3x3, por lo que * no profundices demasiado. */ if (cur_board_p->profundidad >

MAX_DEPTH) continuar; /* Enumerar estados adyacentes */ for (i = 0 ; i < 4 ; i++) {
child_p =
getChildBoard( cur_board_p,
```

i ); if (child_p! = (board_t *)0) { if ( onList(&closedList_p, child_p->array, NULL)) { nodeFree( child_p); continuar; } child_p->profundidad = cur_board_p->profundidad + 1; niño_p->h = evaluarBoard( niño_p); child_p->g = (doble)child_p->profundidad; child_p->f = (child_p->g * ALPHA) + (child_p->h * BETA); /* ¿Nuevo tablero secundario en la lista abierta? */ if ( onList(&openList_p, child_p->array, NULL) ) { temp = getList(&openList_p, child_p->array); si (temperatura->g <child_p->g) {

## Demostración de ocho rompecabezas con A*

En la implementación, los mosaicos están etiquetados como AH con un espacio utilizado para indicar el mosaico en blanco. Tras la ejecución, una vez encontrada la solución, se enumera el camino recorrido desde el tablero inicial hasta la meta. Esto se muestra a continuación en el Listado 3.8, minimizado por espacio.

LISTADO 3.8: Una ejecución de muestra del programa A* para resolver el Ocho Rompecabezas.
$./estrella GBD FCH
EA BGD FCH EA BGD FCH EA GBD FC
EAH
...
A B C DF IR
A B C DF IR
A B C DEF GH A B C DEF GH
A* Variantes

La popularidad de A* ha generado una serie de variantes que ofrecen diferentes características. El algoritmo A* de profundización iterativa retrocede a otros nodos cuando el costo de la rama actual excede un umbral. Para características. El algoritmo A* de profundización iterativa retrocede a otros nodos cuando el costo de la rama actual excede un umbral. Para minimizar los requisitos de memoria de

A*, la versión simplificada limitada a memoria A*

Se creó el algoritmo (SMA*). SMA* utiliza la memoria que tiene a su disposición y, cuando se queda sin memoria, el algoritmo descarta el nodo menos prometedor para dejar espacio a nuevos nodos de búsqueda de la frontera.

## Aplicaciones de la búsqueda A*

La búsqueda A* es una técnica popular y se ha utilizado como algoritmo de búsqueda de rutas para juegos de estrategia informáticos. Para un mejor rendimiento, muchos juegos emplean métodos de atajos más simples para encontrar caminos, limitando el espacio de su movimiento (usando un gráfico mucho más disperso sobre el paisaje) o calculando previamente las rutas para su uso en el juego.

## BÚSQUEDA DE ESCALADA DE COLINAS

La escalada de colinas es un algoritmo de mejora iterativo similar a la búsqueda codiciosa del mejor primero, excepto que no se permite retroceder. En cada paso de la búsqueda, se elige un único nodo a seguir. El criterio a seguir por el nodo es que sea el mejor estado para el estado actual. Dado que la frontera para la búsqueda es un solo nodo, el algoritmo también es similar a la búsqueda de haz utilizando un ancho de haz de uno (nuestra lista ABIERTA puede contener exactamente un nodo).

El recocido simulado (SA) es otro algoritmo de mejora iterativo en el que se incorpora aleatoriedad para ampliar el espacio de búsqueda y evitar quedar atrapado en el mínimo local. Como su nombre lo indica, el algoritmo simula el proceso de recocido.

El recocido es una técnica de fundición de metales en la que el metal fundido se calienta y luego se enfría de manera gradual para distribuir uniformemente las moléculas en una estructura cristalina. Si el metal se enfría demasiado rápido, no se produce una estructura cristalina y el metal sólido es débil y quebradizo (habiendo estado lleno de burbujas y grietas). Si se enfría de forma gradual y controlada, se forma una estructura cristalina a nivel molecular dando como resultado una gran integridad estructural.

El algoritmo básico para el recocido simulado se muestra en el Listado 3.9.

Comenzamos con una solución candidata inicial y el bucle mientras la temperatura es mayor que cero. En este ciclo, creamos una solución candidata adyacente perturbando nuestra solución actual. Esto cambia la solución a una solución vecina, pero de forma aleatoria. Luego calculamos la energía delta entre la nueva solución (adyacente) y nuestra solución actual. Si esta energía delta es menor que cero, entonces nuestra nueva solución es mejor que la anterior y la aceptamos (movemos la nueva solución adyacente a nuestra solución actual).

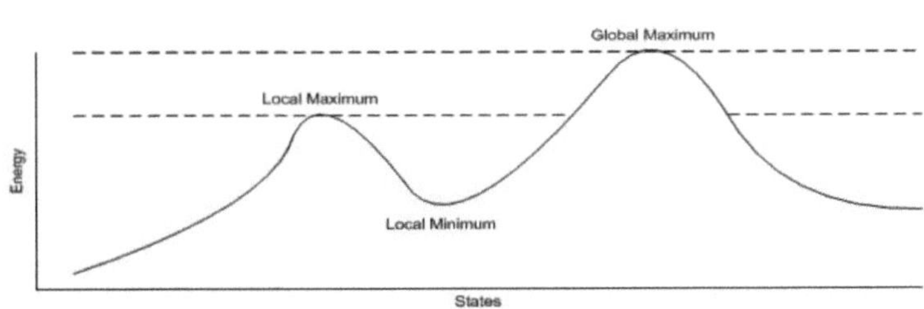


**FIGURA 3.7: Espacio de estados que ilustra el problema de escalar colinas.**

El problema con la escalada es que el mejor nodo para enumerar localmente puede no ser el mejor nodo a nivel mundial. Por esta razón, escalar colinas puede conducir a óptimos locales, pero no necesariamente al óptimo global (la mejor solución disponible). Considere la función de la Figura 3.7. hacia el óptimo global, nos quedamos estancados

## RECOCIDO SIMULADO (IN)

LISTADO 3.9: Algoritmo de recocido simulado.

recocido_simulado()

{

cur_solution = aleatorio() calcularE (cur_solución) mientras (Temperatura > 0)

adj_solución = perturbar_solución (cur_solución) calcularE(adj_solution)

deltaE = adj_solución.energía – cur_solución.energía

/* ¿Es mejor la nueva solución? Entonces tómala */

si (deltaE < 0)

solución_cur = solución_adj

demás

p = exp( -deltaE / Temperatura )

/* Aceptar aleatoriamente una solución peor */ si ( p > ALEATORIO(0..1) )

solución_cur = solución_adj fin

fin

reducir la temperatura fin

finalizar el recocido_simulado

Si nuestra nueva solución no era mejor que la anterior, entonces la aceptamos con una probabilidad proporcional a la temperatura actual y la energía delta.

Cuanto más baja sea la temperatura, es menos probable que aceptemos una solución peor. Pero cuanto mejor sea la energía delta, más probabilidades habrá de que la aceptemos. Esta probabilidad se calcula como se muestra en la Ecuación 3.2.

(Ecuación 3.2) $\quad p = \exp(\dfrac{\Delta E}{T})$

Dado que nuestra temperatura disminuye con el tiempo, es menos probable que se acepte una solución peor. Al principio, cuando la temperatura es alta, se pueden aceptar soluciones peores que permitan alejarse del máximo local en busca del máximo global. A medida que la temperatura disminuye, se vuelve más difícil aceptar una solución peor, lo que significa que el algoritmo se decide por una solución y simplemente la afina (si es posible).

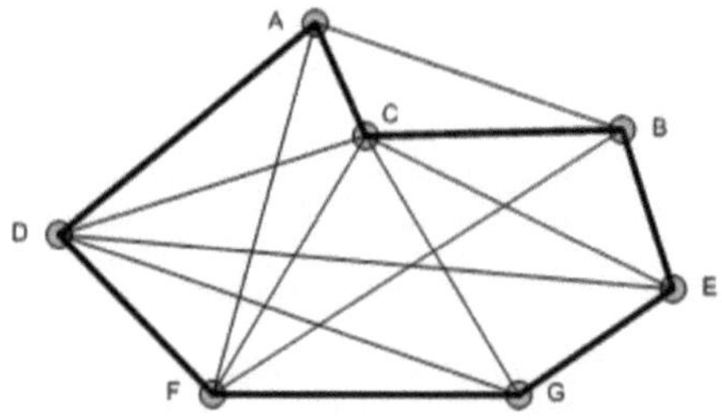

**FIGURA 3.8.** Un recorrido de muestra de TSP a través de un pequeño gráfico.

El algoritmo de recocido simulado clásico también incluye monte carlo ciclos donde se realizan una serie de pruebas antes de disminuir la temperatura.

## El problema del viajante (TSP)

Para demostrar el algoritmo de recocido simulado, utilizaremos el clásico problema del viajante (o TSP). En el TSP, se nos proporciona un conjunto de ciudades y un costo relativo para viajar entre cada ciudad. El objetivo es encontrar un camino a través de todas las ciudades donde visitemos todas las ciudades una vez y encontrar el recorrido general más corto. Comenzaremos en una ciudad, visitaremos otras ciudades y luego terminaremos en la ciudad inicial.

Considere el gráfico que se muestra en la Figura 3.8. Muchas ciudades están conectadas a entre sí, pero existe un camino óptimo que recorre cada ciudad sólo una vez.
El TSP es interesante e importante porque tiene implicaciones prácticas. Considere los problemas de transporte donde se requieren entregas y se deben minimizar el combustible y el tiempo. Otra aplicación interesante es la de perforar agujeros en una placa de circuito. Se deben perforar rápidamente varios agujeros en una sola tabla, y para ello es necesario un recorrido óptimo que minimice el movimiento del taladro (que será lento). Por tanto, las soluciones al TSP pueden resultar muy útiles.

## Representación turística de TSP

Para representar un conjunto de ciudades y el recorrido entre ellas, usaremos una lista de adyacencia implícita. Cada ciudad estará contenida en la lista, y las ciudades que están una al lado de la otra se consideran conectadas en el recorrido. Recuerde nuestro TSP de muestra en la Figura 3.8, donde siete ciudades conforman el mundo. Esto quedará representado como se muestra en la Figura 3.9.

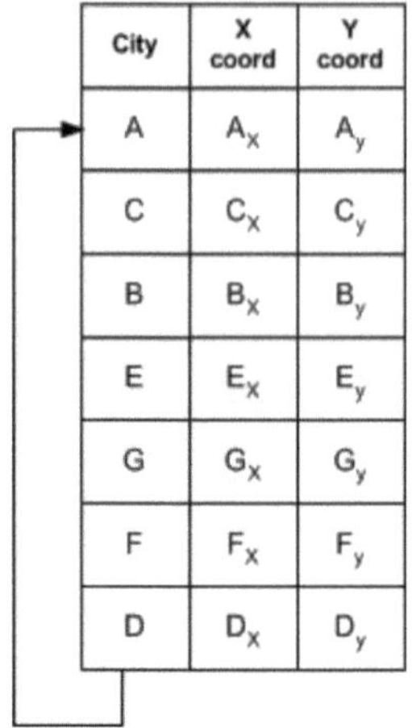

**FIGURA 3.9.** Lista de adyacencia para el recorrido TSP que se muestra en la Figura 3.8.

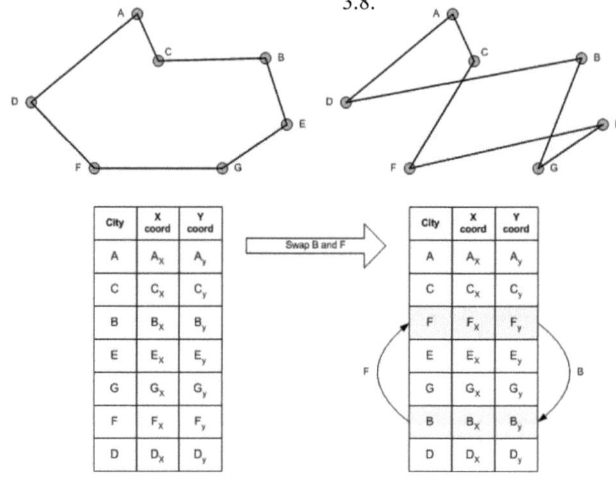


**FIGURA 3.10.** Demostración del intercambio de filas para perturbar el recorrido.

Tenga en cuenta que la lista que se muestra en la Figura 3.9 es una lista única en orden de recorrido. Cuando llegamos al final de la lista, pasamos al primer elemento, completando el recorrido. Para perturbar el recorrido tomamos dos filas aleatorias de la lista y las intercambiamos. Esto se demuestra en la Figura 3.10. Observe cómo simplemente intercambiando dos elementos, el recorrido se perturba enormemente y da como resultado una duración peor.

## Implementación de recocido simulado

La implementación del recocido simulado es bastante simple en lenguaje C. Revisaremos tres de las funciones que componen la implementación del recocido simulado, el algoritmo principal de recocido simulado, la perturbación de un recorrido y el cálculo de la duración del recorrido. El resto de funciones están disponibles en el CD-ROM.

LISTADO 3.10: Estructuras para la solución TSP.

```
estructura typedef {
entero x, y;
} ciudad_t;
estructura typedef {
ciudad_t ciudades[MAX_CIUDADES];
doble recorrido_longitud;
} solución_t;
```

La distancia euclidiana del recorrido se calcula con Compute_tour. Esta función recorre el recorrido, acumulando los segmentos entre cada ciudad (ver Listado 3.11). Termina envolviendo la lista y agregando la distancia desde la última ciudad hasta la primera.

LISTADO 3.11: Calculando el recorrido euclidiano con Compute_tour.

```
void cálculo_tour( solución_t *sol )
{
ent i;
doble recorrido_longitud = (doble)0.0; para (i = 0; i < MAX_CITIES-1; i++) {
```

duración_gira += distancia_euclidiana( sol->ciudades[i].x, sol->ciudades[i].y,
sol->ciudades[i+1].x, sol->ciudades[i+1].y );
}
duración_gira += euclidean_distance( sol->ciudades[MAX_CITIES-1].x, sol->ciudades[MAX_CITIES-1].y,
sol->ciudades[0].x, sol->ciudades[0].y ); sol->longitud_gira = longitud_gira;
devolver;
}

Dada una solución, podemos crear una solución adyacente usando la función perturba_tour. En esta función, seleccionamos aleatoriamente dos ciudades en el recorrido y las intercambiamos. Existe un bucle para garantizar que hayamos seleccionado dos puntos aleatorios únicos (para que no intercambiemos una sola ciudad consigo misma). Una vez seleccionada, las coordenadas xey se intercambian y la función se completa.

LISTADO 3.12: Perturbando el recorrido creando una solución adyacente.

void perturba_tour( solución_t *sol )
{
int p1, p2, x, y;
hacer {
p1 = RANDMAX(MAX_CIUDADES); p2 = RANDMAX(MAX_CIUDADES);
} mientras (p1 == p2);
x = sol->ciudades[p1].x; y = sol->ciudades[p1].y;
sol->ciudades[p1].x = sol->ciudades[p2].x; sol->ciudades[p1].y = sol->ciudades[p2].y;
sol->ciudades[p2].x = x;
sol->ciudades[p2].y = y;
devolver;
}

Finalmente, la función simulado_annealing implementa el núcleo del algoritmo de recocido simulado. El algoritmo recorre la temperatura y la reduce constantemente hasta que alcanza un valor cercano a cero.

La solución inicial se ha inicializado antes de esta función. Tomamos la solución actual y la perturbamos (la modificamos aleatoriamente) durante varias iteraciones (el paso de Monte Carlo). Si la nueva solución es mejor, la aceptamos copiándola en la solución actual. Si la nueva solución es peor, entonces la aceptamos con una probabilidad definida por la ecuación 3.2. Cuanto peor sea la nueva solución y cuanto más baja sea la temperatura, menos probabilidades tendremos de aceptarla.

Cuando se completa el paso de Monte Carlo, se reduce la temperatura y el proceso continúa. Cuando se completa el algoritmo, emitimos el recorrido por la ciudad.

LISTADO 3.13: Implementación de la función principal de recocido simulado

```
int simulado_recocido ( vacío)
{
doble temperatura = INITIAL_TEMP, delta_e; solución_t tempSolución;
iteración;
mientras (temperatura > 0,0001) {
/* Copiar la solución actual a un temporal */ memcpy( (char *)&tempSolution, (char
*)&curSolution, sizeof(solution_t));
/* Iteraciones de Montecarlo */ for (iteración = 0;
iteración < NUM_ITERACIONES; iteración++) {
perturba_tour(   &tempSolución);   Compute_tour(   &tempSolución);   delta_e   =
tempSolution.tour_length –
curSolution.tour_length;
/* ¿Es la nueva solución mejor que la anterior? */ si (delta_e < 0,0) {
/* Acepta la nueva y mejor solución */
memcpy( (char *)&curSolución,
(char *)&tempSolution, tamaño de (solución_t));
} demás {
/* Aceptamos probabilísticamente una solución peor */ if ( exp( (-delta_e / temperatura)
```

) > ALEATORIO()) {

memcpy( (char *)&curSolución,

(char *)&tempSolution, tamaño de (solución_t));

}

}

}

/* Disminuir la temperatura */

temperatura } *= ALFA;


devolver 0;

}

El recocido simulado permite un paseo aleatorio a través de un espacio de estados, siguiendo con avidez el mejor camino. Pero el recocido simulado también permite probabilísticamente seguir caminos peores en un esfuerzo por escapar de los máximos locales en busca del máximo global. Esto hace que el recocido simulado sea una búsqueda aleatoria, pero impulsada de forma heurística. A pesar de todas sus ventajas, el recocido simulado es incompleto y subóptimo.

Demostración de recocido simulado

Veamos ahora el algoritmo de recocido simulado en acción. Examinaremos el algoritmo desde diversas perspectivas, desde el programa de temperatura hasta una solución de muestra de TSP para 25 ciudades.

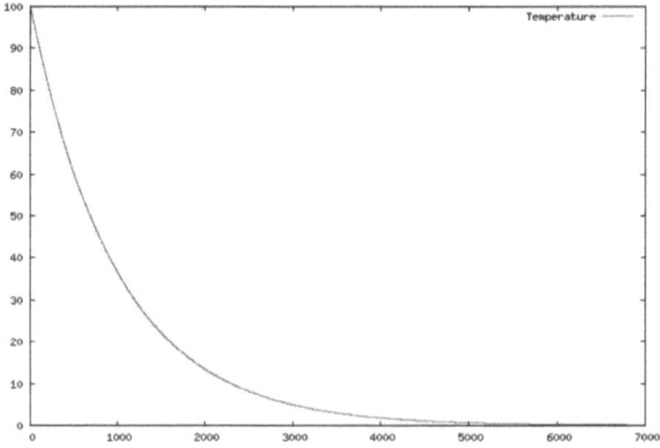


**FIGURA 3.11.** La curva de caída de temperatura usando la Ec. 3.3.

El horario de temperatura es un factor en la probabilidad de aceptar una solución peor. En esta implementación, usaremos una caída geométrica para la temperatura, como se muestra en la ecuación 3.3.

T = aT                          (Ecuación 3.3)

En este caso, utilizamos un alfa de 0,999. La temperatura decae usando este La ecuación se muestra en la Figura 3.11.

La aptitud relativa de la solución durante una ejecución se muestra en la Figura 3.12.

Este gráfico muestra la duración del recorrido durante el descenso de temperatura. Observe en el lado izquierdo del gráfico que la aptitud relativa es muy errática.

Esto se debe a que la alta temperatura acepta una serie de soluciones más pobres.

A medida que la temperatura disminuye (moviéndose hacia la derecha del gráfico), las soluciones más pobres no se aceptan tan fácilmente. En el lado izquierdo del gráfico, el algoritmo permite la exploración del espacio de estados, mientras que en el lado derecho del gráfico, la solución está afinada.

Finalmente, en la Figura 3.13 se muestra un recorrido de muestra de TSP. Esta solución particular fue para un recorrido por 25 ciudades.

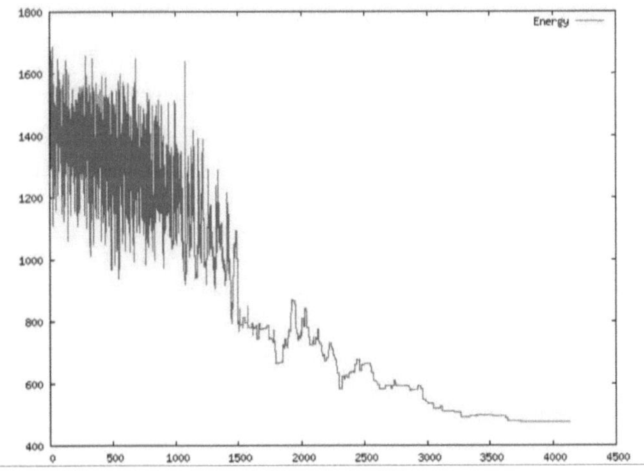


**FIGURA 3.12**. La aptitud relativa.

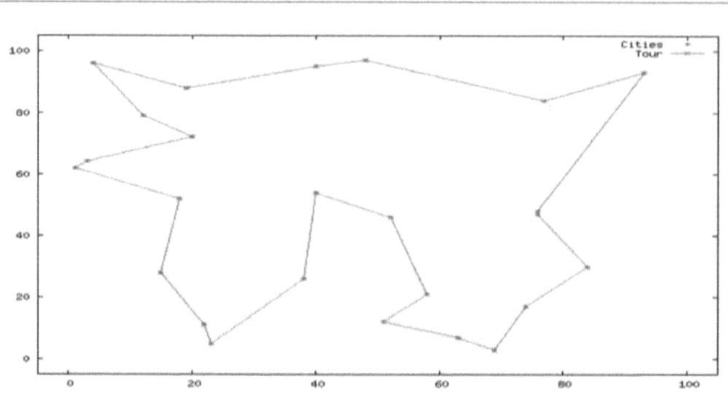

**FIGURA 3.13.** Ejemplo de recorrido de TSP optimizado mediante recocido simulado.

## BÚSQUEDA TABÚ

La búsqueda tabú es un algoritmo de búsqueda muy simple, fácil de implementar y que puede resultar muy eficaz. La idea básica detrás de la búsqueda Tabú es la búsqueda de vecindad con una lista Tabú de nodos que se compone de nodos previamente evaluados. Por lo tanto, la búsqueda puede deteriorarse, pero esto permite que el algoritmo amplíe la búsqueda para evitar quedarse atrapado en máximos locales. Durante cada iteración del algoritmo, el candidato de búsqueda actual se compara con la mejor solución encontrada hasta el momento para que el mejor nodo se guarde para más adelante. Después de que se hayan cumplido algunos criterios de búsqueda (una solución encontrada o un número máximo de iteraciones), el algoritmo sale.

La lista Tabú puede tener un tamaño finito para que los nodos más antiguos se puedan eliminar dejando espacio para nuevos nodos Tabú. Los nodos de la lista Tabú también se pueden cronometrar, de modo que un nodo sólo pueda ser Tabú durante un período de tiempo. Cualquiera de los casos permite que el algoritmo reutilice la lista Tabú y minimice la cantidad de memoria necesaria.

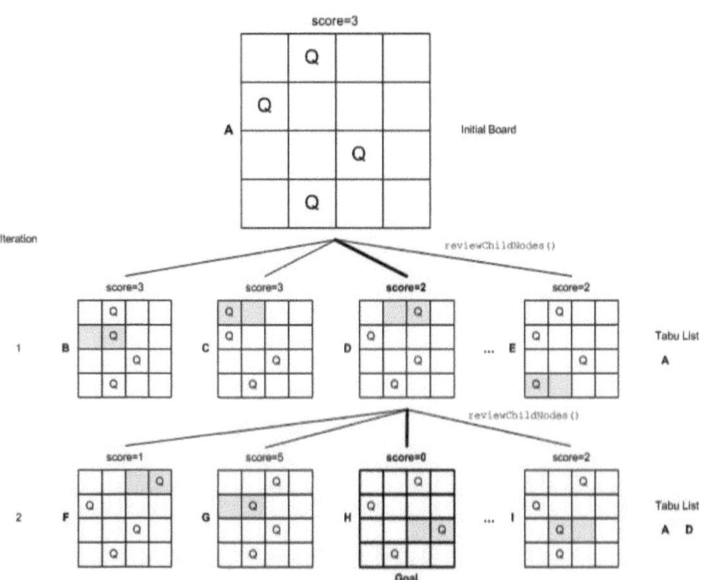


**FIGURA 3.14.** El problema de las 4 reinas resuelto mediante la búsqueda Tabú.

En la Figura 3.14 se muestra el seguimiento de la búsqueda tabú a través del espacio de estados del problema de las 4 reinas. La posición inicial es la raíz, que tiene una puntuación de tres (tres conflictos). El objetivo es minimizar la puntuación, donde cero es una solución (nodo objetivo). En la primera iteración, se evalúan los nodos vecinos y se selecciona el mejor. Tenga en cuenta también aquí que nuestro nodo inicial se ha colocado en la lista Tabú. En la iteración dos, se evalúan los vecinos del nodo actual y se elige el mejor para seguir adelante. La lista Tabú ahora contiene los dos mejores nodos anteriores. En esta iteración, encontramos un nodo con una puntuación de cero, lo que indica un nodo objetivo y el algoritmo termina.

El flujo básico para la búsqueda Tabú se muestra en el Listado 3.14. Dada una posición inicial (que se muestra aquí como una posición aleatoria inicial), el espacio de búsqueda se enumera tomando el mejor nodo vecino que no sea Tabú. Si es mejor que nuestra solución mejor guardada, se convierte en la mejor solución. Luego, el proceso continúa con la última solución hasta que se cumpla un criterio de terminación.

LISTADO 3.14: El flujo básico del algoritmo de búsqueda Tabú.

```
tabú_búsqueda()
{
cur_solution = aleatorio() evaluar_posición( cur_solución ) mejor = solución_cur
tabú( cur_solución )
mientras (!terminación_critera) {

/* Consigue el mejor vecino, que no esté en la lista tabú */ cur_solution =
mejor_vecino_no_tabu( cur_solution ) evaluar_posición( cur_solución )

tabú( cur_solución )
si (cur_solution.f < mejor.f) { mejor = solución_cur

}
}
volver mejor
}
```

Para ilustrar el algoritmo de búsqueda Tabú, usaremos el problema de N-Queens como se demostró con el algoritmo de búsqueda del mejor primero. (Consulte la Figura 3.1 para obtener un resumen del problema y la solución deseada). Después de analizar la implementación básica de la búsqueda Tabú, exploraremos algunas de las variantes que mejoran el algoritmo.

## Implementación de búsqueda tabú

El algoritmo de búsqueda Tabú es muy simple y se puede ilustrar en una sola función (ver Listado 3.15, función tabus). Esta función es el núcleo del algoritmo de búsqueda Tabú.

La implementación comienza con una siembra de la función aleatoria (RANDINIT) seguida de la creación de la cola Tabú. Esta cola representa nuestra lista Tabú, o aquellos elementos que no serán evaluados más si es redescubierto. Luego se crea la solución inicial y se copia en la mejor solución (a través de initBoard para crear la solución y evaluaBoard para evaluar el valor de la solución). Luego, la solución actual se carga en la lista Tabú para que no se evalúe nuevamente.

Entonces comienza el ciclo, por el cual operaremos para siempre, o hasta que se encuentre una solución. Para este problema simple, siempre encontraremos una solución en un cierto número de iteraciones. La llamada a reviewChildNodes evalúa las soluciones vecinas y elige la mejor que no está en la lista Tabú. Esta solución se devuelve (por referencia) y luego se carga en la lista Tabú. Tenga en cuenta aquí que primero verificamos si ya está en la lista Tabú. En caso contrario, comprobamos el estado de la lista Tabú. Si está lleno, necesitamos el elemento más antiguo para dejar espacio para el nuevo nodo y luego agregarlo a la cola.

Recuerde que las colas son de naturaleza FIFO. Por lo tanto, eliminar un nodo de la cola elimina automáticamente el nodo más antiguo, lo que satisface la política del algoritmo (elimine primero el nodo más antiguo, si la lista Tabú está llena).

Finalmente comprobamos el valor de la solución, y si es cero, tenemos el nodo objetivo. Esto ahora se puede emitir usando la función emitBoard.

LISTADO 3.15: Implementación del algoritmo de búsqueda Tabú básico en C. tabú_s vacío()

```
{
best_sol corto sin firmar, cur_sol; int mejor_f, cur_f;
RANDINIT();
tabu_q = crearQueue(MAX_ELEMENTS);
/* Obtener el tablero inicial */
cur_sol = mejor_sol = initBoard();
cur_f = mejor_f = evaluarBoard( mejor_sol ); enQueue( tabu_q, mejor_sol );
```

```
mientras( 1 ) {
printf("Iteración para %x\n", cur_sol);
/* Devuelve (por referencia) el mejor vecino no tabú */ reviewChildNodes( &cur_sol,
&cur_f );
/* Agrega la mejor solución actual a la lista tabú (elimina
* el mayor si es necesario).
*/
if (!searchQueue( tabu_q, cur_sol )) { si (isFullQueue( tabu_q )) {
```

## Demostración de búsqueda tabú

La aplicación de búsqueda Tabú encuentra eficientemente la solución a este problema (un espacio de estados de 256 nodos únicos). El primer evaluaBoard es el nodo inicial (ver Listado 3.16), seguido de cuatro iteraciones del algoritmo. Tenga en cuenta que si bien el nodo inicial tenía un costo de dos, los nodos posteriores evaluados fueron peores, pero finalmente condujeron a la meta. La búsqueda tabú permite la evaluación lejos del mínimo local para encontrar el mínimo global, como se demuestra aquí.

LISTADO 3.16: Ejemplo de ejecución de la búsqueda Tabú para el problema de 4 reinas.

```
evaluarTablero 1281 = (f 2)
Iteración para 1281
evaluarBoard 2281 = (f 2)
evaluarBoard 2181 = (f 3)
evaluarBoard 2481 = (f 3)
evaluarBoard 2241 = (f 2)
evaluarBoard 2221 = (f 3)
evaluarBoard 2281 = (f 2)
evaluarBoard 2282 = (f 3)
Iteración para 2281
evaluaBoard 4281 = (f 1)
evaluarTablero 4181 = (f 1)
evaluarTablero 4481 = (f 3)
```

evaluarTablero 4281 = (f 1)

evaluarTablero 4241 = (f 3)

evaluarTablero 4282 = (f 2)

Iteración para 4281

evaluarTablero 8281 = (f 2)

evaluarTablero 8181 = (f 3)

evaluarTablero 8481 = (f 4)

evaluarTablero 8241 = (f 2)

evaluarTablero 8221 = (f 3)

evaluarTablero 8281 = (f 2)

evaluarTablero 8282 = (f 2)

Iteración para 8282

evaluarTablero 4282 = (f 2)

evaluarTablero 2282 = (f 3)

evaluarTablero 4182 = (f 0)

evaluarTablero 4482 = (f 2)

evaluarTablero 4282 = (f 2)

evaluarTablero 4142 = (f 2)

evaluarTablero 4181 = (f 1)

evaluarTablero 4184 = (f 3) la solución es 0x4182

0 1 0 0

0 0 0 1

1 0 0 0

0 0 1 0


## Variantes de búsqueda tabú

Para que la búsqueda Tabú sea más eficaz en problemas de búsqueda muy difíciles, existen una serie de modificaciones. El primero de ellos se llama intensificación y esencialmente intensifica la búsqueda alrededor de un punto determinado (como la solución más conocida). La idea es que tomemos un nodo prometedor e intensifiquemos la búsqueda en torno a este punto. Esto se implementa utilizando una memoria intermedia, que contiene los nodos vecinos para profundizar más.

Un problema que surge en los algoritmos de búsqueda local es que pueden quedarse estancados en los óptimos locales. La búsqueda tabú introduce el concepto de diversificación para permitir que el algoritmo busque nodos que han sido previamente inexplorados para expandir el espacio de búsqueda.

Cuando seguimos las mejores soluciones, es muy posible quedarnos estancados en óptimos locales para problemas difíciles. Otra variante interesante se llama relajación de restricciones, que relaja el algoritmo de selección de vecindad para aceptar nodos de menor calidad en el espacio de búsqueda. Esto permite que el algoritmo amplíe su búsqueda para descender a soluciones de menor calidad en busca de soluciones de mayor calidad. [Gendreau 2002]

## PROBLEMAS DE SATISFACCIÓN CON RESTRICCIONES (CSP)

En muchos problemas de búsqueda, nos interesa no sólo el objetivo, sino también cómo llegamos desde el estado inicial al estado objetivo (tomemos, por ejemplo, el acertijo de los ocho).

Como aprenderemos más adelante, los sistemas de planificación se basan en este aspecto de la búsqueda, ya que un plan no es más que una secuencia de pasos para pasar de un estado determinado a un estado objetivo. Para algunos problemas, no nos interesa el camino hacia la meta, sino solo el estado de la meta (por ejemplo, el problema de N-Queens). Los problemas de este tipo se denominan problemas de satisfacción de restricciones (CSP).

Formalmente, podemos pensar en CSP en términos de un conjunto de variables con un dominio de valores posibles y un conjunto de restricciones que especifican las combinaciones permitidas de valores de variables. Considere el siguiente ejemplo sencillo. Deseamos encontrar valores para el conjunto de variables xey , cada una de las cuales tiene un dominio de {1-9}, de modo que se cumpla la ecuación 3.4 (la restricción).

$x + y = x*y$     (Ecuación 3.4)

Sin mucho trabajo, sabemos que asignar el valor de dos a ambos x y y satisface la restricción definida por la ecuación.

## Coloración de gráficos como CSP

Uno de los CSP más populares se llama Graph Coloring. Dado un gráfico y un conjunto de colores, el problema es colorear los nodos de manera que un borde no se conecte directamente a un nodo del mismo color. Considere el mapa que se muestra en la Figura 3.15. Podemos ver un conjunto de objetos que están adyacentes entre sí.

El objeto A es adyacente a los objetos B y C, mientras que el objeto D es adyacente sólo al objeto B. La parte gráfica de la figura 3.14 ilustra la gráfica del mapa.
En este gráfico, podemos ver los bordes que definen la adyacencia de los objetos (nodos) del gráfico.

Ahora considere el problema de colorear el mapa dadas las restricciones de que cada objeto puede ser de un color y ningún objeto coloreado debe ser adyacente entre sí. ¿Se puede colorear el gráfico usando tres colores (rojo, verde y azul)?

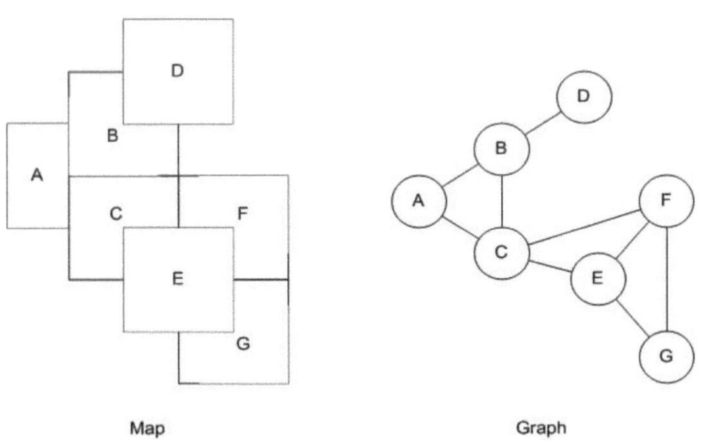


**FIGURA 3.15.** El gráfico clásico que colorea CSP.

Usando prueba y error, podemos colorear muy fácilmente este **gráfico simple** iterando a través de los nodos del gráfico y asignando un color para que nuestra restricción permanezca satisfecha. Comencemos con el nodo A, coloréelo y luego pasemos a cada nodo restante, coloreando a medida que avanzamos. En el Listado 3.17, vemos el proceso de coloración. Cada nodo va seguido de una restricción, y finalmente el color elegido está entre paréntesis.

Nodo A: elige cualquier color (rojo)

Nodo B: elija un color que no sea rojo (azul)

Nodo C: elija un color que no sea rojo y azul (verde) Nodo D: elija un color que no sea azul (rojo)

Nodo E: elija un color que no sea verde (rojo)

Nodo F: elija un color que no sea verde o rojo (azul) Nodo G: elija un color que no sea rojo o azul (verde)

LISTADO 3.17: Coloración de gráficos mediante prueba y error.

A través de un simple proceso de eliminación, hemos podido colorear el gráfico usando las restricciones de los nodos previamente coloreados para determinar el color para pintar los nodos adyacentes (el resultado final se muestra en la Figura 3.17).

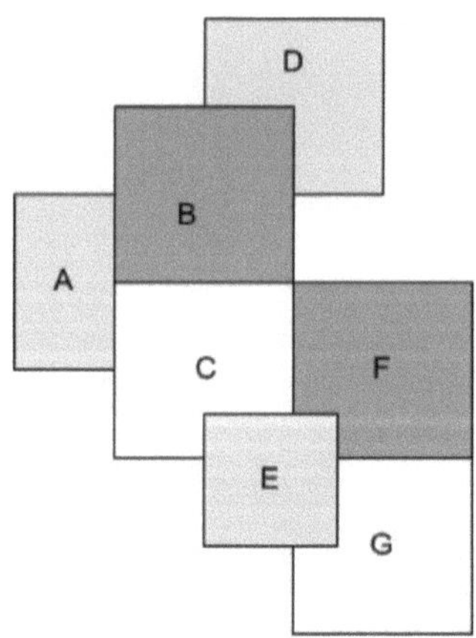

**FIGURA 3.16.** Resultado de la coloración de gráficos del Listado 3.17.

El famoso teorema de los cuatro colores (para demostrar que sólo se necesitan cuatro colores para colorear cualquier mapa plano) se remonta a mediados del siglo XIX. Hubo numerosos intentos fallidos de demostrar el teorema y siguió siendo una conjetura hasta 1976, cuando Appel y Haken crearon una prueba formal.

## Programación como CSP

Una de las aplicaciones más prácticas de la satisfacción de restricciones es el problema de la programación. Existen numerosos tipos de problemas de programación, desde horarios de aerolíneas hasta la programación de procesos de fabricación. El problema de la programación se reduce a asignar recursos a las actividades en el tiempo preservando un conjunto de restricciones. Por ejemplo, en un problema de fabricación, un recurso puede procesarse mediante una variedad de actividades, cada una de las cuales requiere una cantidad de tiempo específica. Además, las actividades tienen una prioridad que debe mantenerse (un recurso debe ser procesado por la Actividad A antes que por la Actividad B). El objetivo del CSP en este problema es identificar un cronograma óptimo de recursos a través de las actividades de modo que el producto final pueda producirse de manera óptima.

## ALGORITMOS DE RESTRICCIÓN-SATISFACCIÓN

Existe una gran cantidad de algoritmos para resolver CSP, desde el simple algoritmo de generación y prueba hasta la propagación de restricciones y la coherencia. Exploraremos algunos de los algoritmos disponibles que se pueden utilizar. Tenga en cuenta que algunos de los algoritmos que hemos analizado hasta ahora (como la búsqueda en profundidad investigada en el Capítulo 2 y el recocido simulado y la búsqueda Tabú del Capítulo 3) se pueden utilizar de manera efectiva para resolver CSP.

## Generar y probar

Generar y probar es el más simple de los algoritmos para identificar una solución para un CSP. En este algoritmo, se intenta cada una de las posibles soluciones (cada valor enumerado para cada variable) y luego se prueba la solución. Dado que probar cada combinación de variables dentro del dominio de cada valor puede ser extremadamente lento e ineficiente, se pueden aplicar heurísticas para evitar aquellas combinaciones que están fuera del espacio de solución.

## Retroceder

El algoritmo de retroceso opera con un algoritmo de búsqueda simple y desinformado, como la búsqueda en profundidad. En cada nodo, se crea una instancia de una variable con un valor y se verifican las violaciones de las restricciones. ¿Si los valores son legales, se permite que la búsqueda continúe;  de lo contrario, se abandona la rama actual y se evalúa el siguiente nodo de la lista ABIERTA.

Para aumentar la eficiencia del algoritmo de retroceso, primero se crea una instancia de la variable más restringida. Tomemos, por ejemplo, el nodo C de la Figura 3.14. En este caso, el nodo tiene cuatro vecinos (la mayor cantidad que cualquier nodo en el gráfico).

Tanto Generar como Probar y retroceder son algoritmos de búsqueda sistemática comunes, ya que asignan valores sistemáticamente a variables en busca de una solución. Generar y probar es altamente ineficiente, mientras que el retroceso sufre de basura o fallas repetidas para encontrar una solución por la misma razón (por ejemplo, una sola variable permanece constante).

## Verificar y mirar hacia adelante

La verificación hacia adelante es similar al retroceso, excepto que cuando se evalúa un nodo en particular para la variable actual (llamado consistencia de arco), solo se consideran aquellos nodos válidos para que la lista ABIERTA los evalúe en el futuro. Los nodos que pueden detectarse como no válidos se ignoran inmediatamente, lo que sólo da lugar a la rama más prometedora para una mayor búsqueda. Esto puede minimizar una cantidad de nodos generados para la búsqueda, pero tiende a implicar más trabajo al evaluar un solo nodo (para la verificación directa de las restricciones).

Una variación de la verificación anticipada se llama anticipación. En este algoritmo, en lugar de simplemente evaluar los nodos secundarios en función del valor instanciado actualmente, todas las variables posteriores que se instanciarán se instancian dados los valores instanciados actualmente. Esto da como resultado árboles de búsqueda muy planos.

(Consulte la Figura 3.17 para obtener una vista gráfica de retroceder, verificar hacia adelante y mirar hacia adelante).

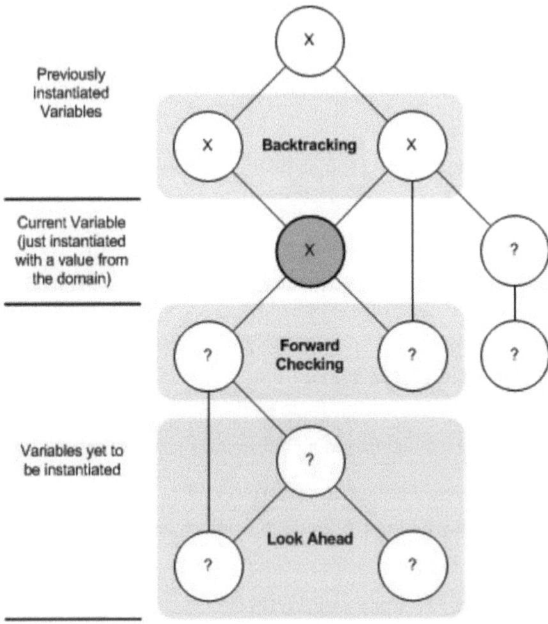


**FIGURA 3.17.** Comparación de los algoritmos de propagación de restricciones de retroceso, verificación hacia adelante y anticipación.

## Búsqueda de conflictos mínimos

Un algoritmo de reparación heurística interesante es la heurística Min-Conflicts. Este algoritmo comienza eligiendo la variable que viola el menor número de restricciones y luego mejora sistemáticamente la solución mediante el uso de un algoritmo como el de escalada o A* con la función heurística h(n).

definido como el número total de restricciones violadas.


## RESUMEN DEL CAPÍTULO

Los métodos de búsqueda informados, a diferencia de los métodos no informados (o ciegos), utilizan una heurística para determinar la calidad de cualquier estado en el espacio de búsqueda. Esto permite que el algoritmo guíe la búsqueda y elija el siguiente nodo a expandir. En este capítulo, se exploraron varios métodos de búsqueda informados, incluida la búsqueda de mejor primero, la búsqueda A*, la búsqueda de escalada, el recocido simulado, la búsqueda Tabú y, finalmente, algoritmos para la satisfacción de restricciones. Comprender los métodos informados de búsqueda es importante porque gran parte de la resolución de problemas en IA se puede refinar a métodos de búsqueda. La clave es elegir el algoritmo que mejor se adapte al problema particular en cuestión.


## RESUMEN DE ALGORITMOS

**Tabla 3.1.** Resumen de los algoritmos no informados y sus características.

Algoritmo Tiempo Espacio Derivada Completa Óptima

Búsqueda de mejor primero O(bm) O(bm) No A* Búsqueda O(2N) O(bd ) Sí O(2N) O(d)

| | | | | |
|---|---|---|---|---|
| AIF* | Sí | | | |
| AME* | Sí Sí Sí | BFS/UCS | | |
| Mejor FS | | | | |
| A* | | | | |
| SimAnneal | - - | No | | |
| Tabú | - - | No | No | |
| No | | | | |

b, factor de ramificación

d, profundidad del árbol de la solución


m, profundidad del árbol

# REFERENCIAS

[Archer 1999] Archer, AF "Un tratamiento moderno del rompecabezas 15",
Matemáticas americanas. Mensual 106, 793-799, 1999.


# EJERCICIOS

1. La búsqueda del mejor primero utiliza una heurística combinada para elegir el mejor camino a seguir en el espacio de estados. Defina las dos heurísticas utilizadas (h(n) y g(n)).

2. La búsqueda por el mejor primero utiliza una lista ABIERTA y una lista CERRADA. Describir

el propósito de cada uno para el mejor algoritmo primero.

3. Describe las diferencias entre la búsqueda de lo mejor primero y la búsqueda codiciosa de lo mejor primero.

buscar.

4. Describa las diferencias entre la búsqueda del mejor primero y la búsqueda por haz.

5. ¿Cuáles son las ventajas de la búsqueda por haz sobre la búsqueda del mejor primero?

6. Una búsqueda* utiliza una heurística combinada para seleccionar el mejor camino a seguir a través del espacio de estados hacia la meta. Defina las dos heurísticas utilizadas (h(n) y g(n)).

7. Describa brevemente la búsqueda A* y los problemas a los que puede verse aplicado.

8. ¿Qué se entiende por heurística admisible?

9. ¿Cómo ajustan los parámetros alfa y beta la heurística para A*?

¿buscar?

10. Explique brevemente la diferencia entre búsqueda A* y SMA*. ¿Qué ventaja tiene SMA sobre A*?

11. Hill Climbing es un algoritmo de mejora iterativo estándar similar a la búsqueda codiciosa de lo mejor primero. ¿Cuáles son los principales problemas al escalar colinas?

12. Describa el recocido simulado y si combina mejora iterativa. con búsqueda estocástica.

13.Describe el algoritmo y en qué se diferencia de la búsqueda aleatoria.

14. ¿Cuál es el propósito del paso Monte Carlo en el recocido simulado?

¿algoritmo?

15. Describa brevemente el algoritmo de búsqueda Tabú.

16. La lista Tabú se puede dimensionar según el problema en cuestión. ¿Qué efecto tiene cambiar el tamaño de la lista Tabú en el algoritmo de búsqueda?

17. Describe las modificaciones de intensificación y diversificación de Tabu.

buscar.

18. Describe la esencia de un problema de satisfacción de restricciones.

19. ¿Cuáles son algunas de las principales aplicaciones de la satisfacción de restricciones?

¿buscar?

20. Compare y contraste los algoritmos CSP de retroceso, avance comprobar y mirar hacia delante.

# Capítulo 4

## IA Y JUEGOS

Tiene una larga trayectoria en el género de los juegos. Desde el primer jugador inteligente de Damas hasta el equipo de IA desarrollado para juegos de disparos en primera persona, la IA es el núcleo. Este capítulo cubrirá aspectos de la IA de los juegos, desde los juegos tradicionales de Damas, Ajedrez, Otelo y Go hasta videojuegos más recientes, incluidos los de disparos en primera persona, los juegos de estrategia y otros.

Presentaremos el algoritmo minimax y la poda alfa-beta, que son fundamentales para los juegos tradicionales de dos jugadores. Luego exploraremos otros algoritmos que se pueden encontrar en los sistemas de juego modernos.

## JUEGOS PARA DOS JUGADORES

Los juegos de dos jugadores son juegos en los que dos jugadores compiten entre sí. También se les conoce como juegos de suma cero. Entonces, el objetivo al jugar un juego de dos jugadores es elegir un movimiento que maximice la puntuación del jugador y/o minimice la puntuación del jugador competidor.

Un juego de suma cero es aquel en el que la ganancia de un jugador se equilibra exactamente con la pérdida del otro jugador. Los juegos de suma cero han sido estudiados extensamente por John von Neumann y Oskar Morgenstern y luego más tarde por John Nash. El ajedrez es un ejemplo de juego de suma cero. Por el contrario, los juegos de suma distinta de cero son aquellos en los que dos jugadores intentan obtener recompensas de un banquero cooperando o traicionando al otro jugador. El dilema del prisionero es un ejemplo clásico de juego de suma distinta de cero. Tanto los juegos de suma cero como los de suma distinta de cero son tipos de juegos dentro del campo de la teoría de juegos. La teoría de juegos tiene una variedad de usos, desde juegos de salón como el póquer hasta el estudio de fenómenos económicos, desde subastas hasta redes sociales.

Consideremos el juego Tic-Tac-Toe para dos jugadores. Los jugadores alternan movimientos y, a medida que se realiza cada movimiento, los movimientos posibles se limitan (consulte el árbol parcial del juego Tic-Tac-Toe en la Figura 4.1). En este sencillo juego, se puede seleccionar un movimiento en función del movimiento que conduce a una victoria atravesando todos los movimientos que están limitados por este movimiento. Además, al recorrer el árbol para un movimiento determinado, podemos elegir el movimiento que conduce a la victoria en la menor profundidad (número mínimo de movimientos).

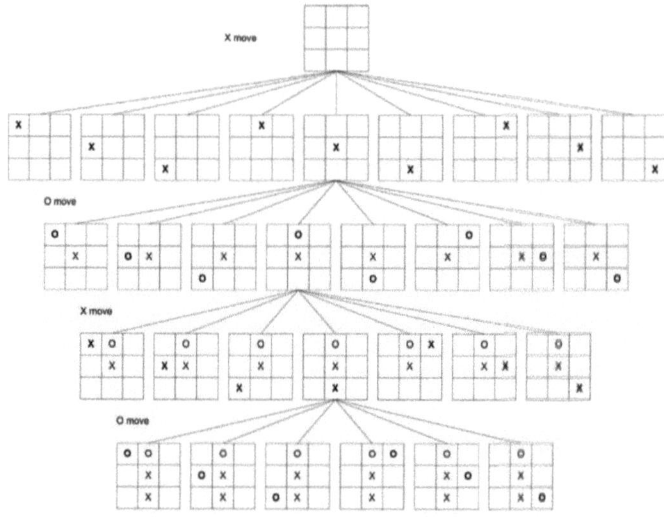


**FIGURA 4.1:** Árbol de juego parcial del juego Tic-Tac-Toe para dos jugadores.

Tic-Tac-Toe es un caso interesante porque el número máximo de movimientos es pequeño en comparación con juegos más complejos como las Damas o Ajedrez. Tic-Tac-Toe también está abierto a numerosas optimizaciones. Considere, por ejemplo, el primer movimiento X en la Figura 4.1. Si se gira el tablero, sólo son posibles tres movimientos únicos. Sin optimización, existen 362.880 nodos dentro del árbol de juego completo.

Los juegos para dos jugadores son útiles como banco de pruebas para validar algoritmos competitivos. También son de interés los juegos para un jugador (también conocidos como rompecabezas).

Ejemplos de juegos útiles para un jugador incluyen el rompecabezas de las Torres de Hanoi de n-disco y el rompecabezas N (ver Capítulos 2 y 3).

En cada nodo del árbol (un posible movimiento) un valor que define la bondad del movimiento hacia el jugador que gana el juego. Entonces, en un nodo determinado, los nodos secundarios (posibles movimientos de este estado en el juego) tienen cada uno un atributo que define la bondad relativa del movimiento. Entonces, es una tarea fácil elegir el mejor movimiento dado el estado actual.

Se utiliza una función de evaluación estática (que mide la bondad de un movimiento) para determinar el valor de un movimiento determinado desde un estado de juego determinado. La función de evaluación identifica el valor relativo de un movimiento sucesor de la lista de posibles movimientos como una medida de la calidad del movimiento para ganar el juego. Considere el árbol de juego parcial de la Figura 4.2.

La función de evaluación estática se define como el número de posibles posiciones ganadoras no bloqueadas por el oponente menos el número de posibles posiciones ganadoras (fila, columna y diagonal) para el oponente no bloqueadas por el jugador actual:

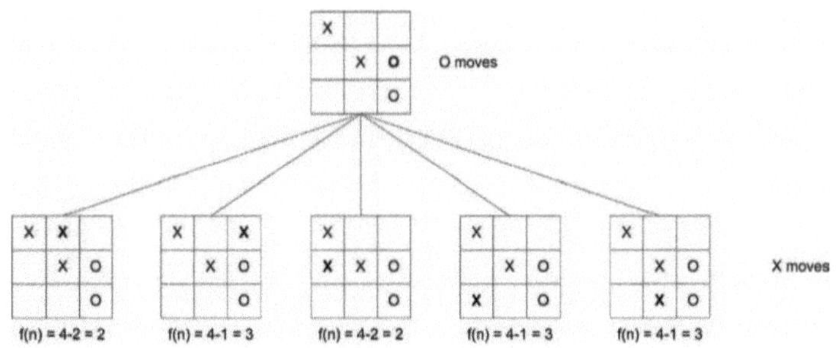


**FIGURA 4.2.** Árbol del juego Tic-Tac-Toe con función de evaluación estática.

f (n) = ganar_posiciones-perder_posiciones      (Ecuación 4.1)

Usando esta función de evaluación, identificamos la bondad de la configuración del tablero dado un movimiento para X en la Figura 4.2. Cuanto mayor sea el resultado de la función de evaluación estática, más cerca estará el jugador de ganar.

Tres movimientos dan como resultado que la función de evaluación sea igual a tres, pero solo un movimiento puede llevar a una victoria para X, mientras que los otros dos conducen a una victoria posterior para O.

Por lo tanto, si bien la función de evaluación estática es útil, se necesita otra heurística para elegir el movimiento con la evaluación estática más alta y al mismo tiempo proteger contra una pérdida en el siguiente movimiento.

Veamos ahora un algoritmo que proporciona un medio para seleccionar un movimiento que acerque al jugador a una victoria mientras aleja al oponente de la misma.


## EL ALGORITMO MINIMAX

En los juegos simples, existen algoritmos que pueden buscar en los árboles del juego para determinar el mejor movimiento a realizar a partir del estado actual. El más conocido se llama algoritmo Minimax. El algoritmo minimax es un método útil para juegos sencillos de dos jugadores. Es un método para seleccionar el mejor movimiento dado un juego alterno donde cada jugador se opone al otro trabajando hacia un objetivo mutuamente excluyente. Cada jugador conoce los movimientos que son posibles dado el estado actual del juego, por lo que para cada movimiento, se pueden descubrir todos los movimientos posteriores.

En cada nodo del árbol (posible movimiento) se puede proporcionar un valor que defina la bondad del movimiento para que el jugador gane el juego. Entonces, en un nodo determinado, los nodos secundarios (posibles movimientos de este estado en el juego) tienen cada uno un atributo que define la bondad relativa del movimiento. Entonces, es una tarea fácil elegir el mejor movimiento dado el estado actual. Pero dada la naturaleza alterna de los juegos de dos jugadores, el siguiente jugador hace un movimiento que lo beneficia (y en los juegos de suma cero, resulta en un déficit para el jugador alternativo). La capa de un nodo se define como la cantidad de movimientos necesarios para alcanzar el estado actual (configuración del juego). La capa de un árbol de juego es entonces el máximo de las capas de todos los nodos.

Minimax puede utilizar una de dos estrategias básicas. En el primero, se busca en todo el árbol del juego hasta los nodos hoja (finales del juego), y en el segundo, se busca en el árbol sólo hasta una profundidad predefinida y luego se evalúa. Exploremos ahora el algoritmo minimax con mayor detalle.

Cuando empleamos una estrategia para restringir la profundidad de búsqueda a un número máximo de nodos (no buscar más allá de N niveles del árbol), la mirada hacia adelante se restringe y sufrimos lo que se llama efecto horizonte.
Cuando no podemos ver más allá del horizonte, resulta más fácil hacer un movimiento que
parece bueno ahora, pero que genera problemas más adelante a medida que avanzamos en este subárbol.

Minimax es un algoritmo de búsqueda en profundidad que mantiene un valor mínimo o máximo para los nodos sucesores en cada nodo que tiene hijos. Al alcanzar un nodo de hoja (o la profundidad máxima admitida), el valor del nodo se calcula utilizando una función de evaluación (o utilidad). Al calcular la utilidad de un nodo, propagamos estos valores hasta el
nodo principal en función de cuyo movimiento se realizará. Para nuestro movimiento, usaremos el valor máximo como nuestro determinante para determinar el mejor movimiento a realizar.
Para nuestro oponente, se utiliza el valor mínimo. En cada capa del árbol, se escanea el área de los nodos secundarios y dependiendo de qué movimiento está por venir, se mantiene el valor máximo (en el caso de nuestro movimiento) o el valor mínimo (en el caso del movimiento del oponente). ). Dado que estos valores se propagan hacia arriba de

forma alterna, maximizamos el mínimo o minimizamos el máximo. En otras palabras, asumimos que cada jugador hace el siguiente movimiento que le beneficia más.

El algoritmo básico para minimax se muestra en el Listado 4.1.

LISTADO 4.1: Algoritmo básico para la búsqueda en el árbol de juegos minimax.

minimax(jugador, tablero)

si game_won (jugador, tablero) regresa, gana

para cada junta sucesora

si (jugador == X) devuelve el máximo de tableros sucesores si (jugador == O) devuelve el mínimo de tableros sucesores

fin

Para demostrar este enfoque, la Figura 4.3 muestra el final del juego para una configuración particular de tablero Tic-Tac-Toe. Tanto X como O han jugado tres turnos y ahora es el turno de X. Recorremos este árbol en primer orden en profundidad y, al alcanzar una posición de ganar/perder o empatar, establecemos la puntuación para el tablero. Usaremos una representación simple aquí: -1 representa una derrota, 0 representa un empate y 1 representa una victoria. Los tableros con líneas en negrita definen la victoria/pérdida/ tableros de dibujo donde se evalúa la puntuación. Cuando se hayan evaluado todos los nodos hoja, los valores de los nodos se pueden propagar hacia arriba según el reproductor actual.

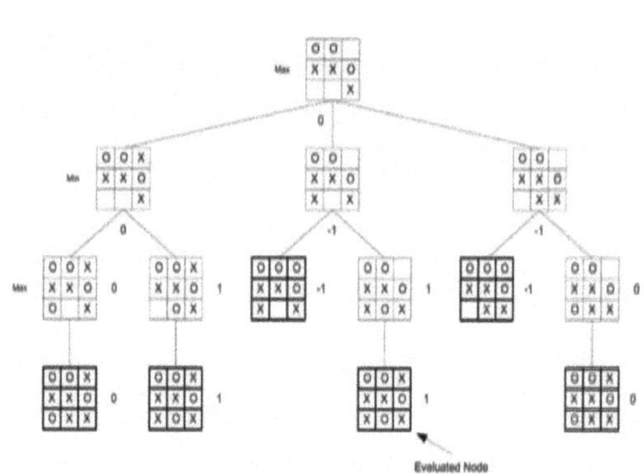



**FIGURA 4.3.** Árbol de finales de un juego de Tic-Tac-Toe.

En la capa 2 del árbol del juego, es el turno de O, por lo que minimizamos a los hijos y puntuamos al padre con el valor más pequeño. En el extremo izquierdo del árbol del juego, los valores 0 y 1 están presentes, por lo que se mantiene 0 (el mínimo) y se almacena en el padre. En la capa 1 del árbol, estamos viendo el máximo, por lo que fuera de las puntuaciones de nodo 0, -1 y -1, mantenemos 0 y lo almacenamos en el padre (el nodo raíz de nuestro árbol de juego).

Una vez que las puntuaciones se han propagado a la raíz, ahora podemos hacer el mejor movimiento posible. Dado que es nuestro movimiento, estamos maximizando, por lo que buscamos el nodo con la puntuación más grande (el nodo más a la izquierda con un valor de 0) y tomamos esta posición. Nuestro oponente (que está minimizando) luego elige el valor mínimo del nodo (el nodo más a la izquierda en la profundidad del árbol 2). Esto nos deja con nuestro movimiento final, que resulta en un empate.

Tenga en cuenta que en un juego donde cada jugador dispone de información perfecta y no se cometen errores, el resultado final siempre será un empate. Construiremos un programa para jugar Tic-Tac-Toe para ilustrar cómo se puede construir este algoritmo. Como cualquier algoritmo de árbol, se puede construir de forma sencilla y eficaz mediante recursividad.

Una alternativa a construir todo el árbol de búsqueda es reducir la profundidad de la búsqueda, lo que implica que es posible que no encontremos nodos hoja. Este También se conoce como un juego de información imperfecta y puede resultar en estrategias de juego subóptimas. La ventaja de reducir el árbol de búsqueda es que el juego puede ocurrir mucho más rápidamente y minimax se puede utilizar para juegos de mayor complejidad (como ajedrez o damas).

La búsqueda recursiva de un árbol de juegos completo puede ser un proceso que requiere mucho tiempo (y espacio). Esto significa que minimax se puede usar en juegos simples como Tic-Tac-Toe, pero juegos como Chess son demasiado complejos para construir un árbol de búsqueda completo. El número de configuraciones de tablero para Tic-Tac-Toe es de alrededor de 24.683. Se estima que el ajedrez tiene del orden de 10.100

configuraciones de tablero, una cantidad realmente enorme.

## Minimax y tres en raya

Veamos ahora una implementación del algoritmo minimax que utiliza recursividad entre dos funciones. Primero exploraremos la representación del problema, que puede ser muy importante para poder almacenar una gran cantidad de configuraciones de tablero para la búsqueda en el árbol de juegos.

El tablero Tic-Tac-Toe requiere nueve posiciones donde cada posición puede tomar uno de tres valores (una 'X', 'O' o vacío). Bit a bit, podemos representar nuestros valores en dos bits, lo que nos da cuatro identificaciones únicas. Con nueve posiciones en el tablero de Tic-Tac-Toe, que requieren dos bits cada una, podemos usar un valor de 32 bits para representar el tablero completo con numerosos bits sobrantes (consulte la Figura 4.4 para ver la representación del tablero de Tic-Tac-Toe).

Board

| X |   | O |
|---|---|---|
| X | X | O |
| O |   |   |

Bitpos

| 8 | 7 | 6 |
|---|---|---|
| 5 | 4 | 3 |
| 2 | 1 | 0 |

Empty = 00b

X = 01b

O = 10b

Unused = 11b

00_00_00_00_00_00_00_01_00_10_01_01_10_10_00_00b

Not used

= 000125A0h

**FIGURA 4.4.** Representación de un tablero Tic-Tac-Toe en un valor empaquetado de 32 bits.

En la Figura 4.4, podemos ver que el tablero Tic-Tac-Toe encaja fácilmente en un tipo de 32 bits, con espacio de sobra. El uso de un valor de 32 bits también es importante para la eficiencia, ya que la mayoría de los sistemas informáticos modernos utilizan este tipo internamente para el almacenamiento de registros de acceso a la memoria atómica.

El algoritmo minimax se implementa fácilmente como algoritmo recursivo. Para esta implementación, usaremos dos funciones que se llaman entre sí de forma recursiva. Cada función juega el juego en el contexto de un jugador específico (ver Listado 4.2).

LISTADO 4.2: Algoritmo recursivo para búsqueda en árbol de juegos minimax.

```
play_O (tablero)
si end_game(tablero) devuelve eval(tablero) por cada ranura vacía en el tablero
nuevo_tablero = tablero
marque la celda vacía con O en new_board valor = jugar_X (nuevo_tablero)
si valor < min
valor = mínimo
 fin
 fin
valor de retorno


play_X (tablero)
si end_game(tablero) devuelve eval(tablero) por cada ranura vacía en el tablero
nuevo_tablero = tablero
marque la celda vacía con X en new_board valor = jugar_O (nuevo_tablero)
si valor > máximo
valor = máximo
fin
fin
valor de retorno
fin
```

Una llamada a play_X inicia la construcción del árbol de juego con un tablero específico. Cada función comienza con una llamada al final del juego, que determina si el juego ha terminado (no hay celdas disponibles para colocar una pieza o se ha ganado el juego). Si se ha detectado el final del juego, se evalúa el tablero y se otorga una puntuación.

Usaremos un método de puntuación muy simple para el tablero Tic-Tac-Toe. Si el jugador X gana el juego, se devuelve un '1'. Si el jugador O gana el juego, se devuelve un '-1'. Finalmente, si resulta un empate, se devuelve el valor 0.

Si el final del juego no ha ocurrido, se recorre el tablero actual en busca de ubicaciones vacías. Para cada ubicación vacía, la función coloca su valor (en un tablero nuevo, para evitar corromper el tablero actual que se usará varias veces). Luego, el nuevo tablero se pasa a la función alternativa para continuar

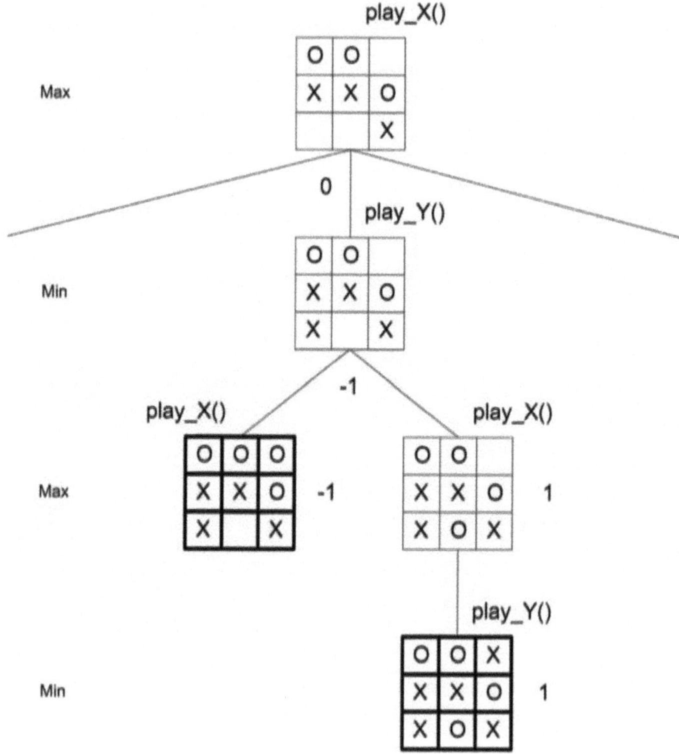


**FIGURA 4.5.** Demostración de las dos funciones recursivas en un árbol de juego parcial.

Construir el árbol de juego para el jugador contrario. A medida que la función play_ devuelve su valor, se compara con el valor mínimo o máximo actual dependiendo del rol actual del jugador (X maximiza, O minimiza).

Podríamos haber implementado esto usando una función, pero dos funciones lo hacen un poco más fácil de entender, ya que sabemos que cuando estamos en play_X, estamos maximizando y cuando estamos en play_Y, estamos minimizando. Las relaciones de las dos funciones y sus roles se muestran en la Figura 4.5.

## Implementación Minimax para Tic-Tac-Toe

Como se muestra en el Listado 4.3, usaremos dos funciones para implementar la búsqueda recursiva en el árbol de juegos.

Una vez aceptado y colocado en el tablero el movimiento del jugador humano, se realiza una llamada a evaluarComputerMove (con el nuevo tablero de juego y una profundidad de 0, ya que estamos en la raíz del árbol). Discutiremos la implementación de ambas funciones ahora, ya que fundamentalmente son iguales, excepto por la verificación mínima y máxima.

Al ingresar a la función, verificamos inmediatamente si el jugador contrario ha ganado (ya que esta llamada se realiza cuando el jugador contrario ha realizado un movimiento). Si el jugador anterior ejecutó una jugada que ganó el juego, se devuelve la puntuación (MIN_INFINITY para evaluarComputerMove, MAX_INFINITY para evaluarHumanMove).

Esto puede parecer lo contrario, pero estamos maximizando para el jugador de la computadora y lo comprobamos en la función opuesta, evaluaHumanMove. Luego recorremos todas las posiciones abiertas disponibles del tablero, colocamos nuestro token en el espacio y luego llamamos a la función opuesta para su evaluación. Al regresar, almacenamos el mínimo o el máximo, según la función de la función (máximo para el jugador de computadora que está maximizando, mínimo para el jugador humano que está minimizando). Si no se encontraron espacios vacíos, entonces, por defecto, el juego es un empate y devolvemos esta puntuación.

Un punto importante a tener en cuenta en evaluaComputerMove es que a medida que almacenamos un nuevo valor máximo, que identifica el mejor movimiento actual, verificamos la profundidad de esta configuración de placa en particular. Como computer_move es global (identifica el mejor movimiento hasta el momento), solo queremos almacenar esto para la configuración del tablero que contiene nuestro posible próximo movimiento, no para todos los tableros del árbol hasta las profundidades de la solución final. Esto se puede identificar como la profundidad del árbol, que será 0.

LISTADO 4.3: Implementación de algoritmo recursivo para búsqueda en árbol de juegos minimax.

short evaluaHumanMove ( tablero int sin firmar, profundidad int) { int i,
valor; sin firmar
int new_board; mínimo corto = MAX_INFINITY+1; evaluación
cortaComputerMove ( unsigned int, int);
/* La computadora (max) acaba de hacer un movimiento, así que evaluamos ese movimiento
aquí */ if (checkPlayerWin(O_PLAYER, board)) return MAX_INFINITY; for (i = 0; i <
MAX_CHILD_NODES; i++) { if (getCell(i, tablero)
== VACÍO) { nuevo_tablero = tablero; putCell( X_PLAYER, i, &new_board); valor =
evaluarMovimientoComputadora( nuevo_tablero, profundidad+1); if (valor <= min) {
min =
valor; } } }
/* Ningún movimiento es posible - dibujar
*/ if (min == MAX_INFINITY+1) { return DRAW; } retorno
mínimo; } int
movimiento_computadora;
short evaluaComputerMove ( tablero int sin signo, profundidad int) { int i, valor;
sin firmar int
new_board; máximo corto = MIN_INFINITY-1;

/* El humano (min) acaba de hacer un movimiento, así que evaluamos ese movimiento aquí

*/ if (checkPlayerWin(X_PLAYER, board)) return MIN_INFINITY; for (i = 0; i < MAX_CHILD_NODES; i++) { if (getCell(i, tablero) ==

VACÍO) { nuevo_tablero = tablero; putCell( O_PLAYER, i,

&new_board); valor =

evaluarHumanMove( nuevo_tablero, profundidad+1 );

if (valor >= máx) { máx

= valor; si

(profundidad == 0) computer_move = i; } } }

/* Ningún movimiento es posible - dibujar

*/ if (max == MIN_INFINITY-1) { return DRAW; } retorno

máximo; }

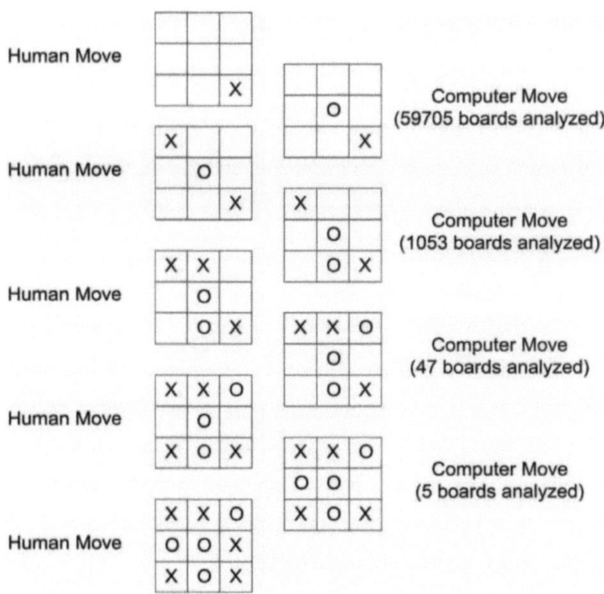


**FIGURA 4.6.** Un juego de muestra de Tic-Tac-Toe que muestra el número de tableros analizados con minimax.

Minimax es un gran algoritmo para factores de ramificación y profundidad pequeños, pero puede consumir bastante almacenamiento para problemas más complejos. La Figura 4.6 muestra un juego de muestra jugado usando el algoritmo minimax. La computadora realiza cuatro movimientos, elegidos por minimax. Para cada uno de esos cuatro movimientos, se evalúan un total de 60.810 configuraciones.

Si bien hay 39 tableros únicos de Tic-Tac-Toe, en realidad hay muchos menos tableros válidos, ya que una victoria anticipada (antes de llenar el tablero) invalida todos los tableros sucesores.

Lo que se necesita es una forma de evitar buscar ramas del árbol del juego que sean obviamente malas. Una forma de lograrlo es mediante un algoritmo de poda llamado Alfa- Beta que se utiliza junto con el algoritmo minimax.

## Minimax con poda Alfa-Beta

La poda alfa-beta es un algoritmo simple que minimiza la búsqueda en el árbol de juego de movimientos que son obviamente malos. Considere un tablero de Tic-Tac-Toe donde el jugador contrario ganaría en el siguiente movimiento. En lugar de pasar a la ofensiva con otro movimiento, el mejor movimiento es el que defiende el tablero para evitar una victoria en el siguiente movimiento.

El ajedrez es un ejemplo clásico de este problema. Considere mover al rey para que esté en peligro inmediato. Es un movimiento no válido y, por lo tanto, el árbol de juego que siguió a este movimiento podría podarse (no evaluarse) para reducir el espacio de búsqueda. Ésta es la idea básica de la poda alfa-beta. Identifique movimientos que no sean beneficiosos y elimínelos del árbol de juego. Cuanto más alto en el árbol de juego se poden las ramas, mayor será el efecto de minimizar el espacio de búsqueda del árbol. Exploremos ahora el algoritmo detrás de la poda alfa-beta.

Durante la búsqueda en profundidad del árbol del juego, calculamos y mantenemos dos variables llamadas alfa y beta. La variable alfa define el mejor movimiento que se puede hacer para maximizar (nuestro mejor movimiento) y la variable beta define el mejor movimiento que se puede hacer para minimizar (el mejor movimiento del oponente). Mientras recorremos el árbol del juego, si alfa es alguna vez mayor o igual que beta, entonces el movimiento del oponente nos obliga a estar en una posición peor (que nuestro mejor movimiento actual). En este caso, evitamos seguir evaluando esta rama.Veamos un árbol de juegos de ejemplo para demostrar el funcionamiento de la poda alfa-beta. Usaremos el árbol de juego simple que se muestra en la Figura 4.7. El algoritmo comienza estableciendo alfa en -INFINITY y beta en +INFINITY, y luego realiza una llamada a la rutina de minimización. El minimizador itera a través de los nodos sucesores y encuentra la utilidad más pequeña de tres. Este se convierte en la variable beta en el minimizador, pero se devuelve a la función maximizadora para convertirse en la variable alfa.

Las variables alfa y beta actuales se pasan nuevamente al minimizador para verificar el subárbol de la derecha (consulte la Figura 4.8). Una vez evaluado el primer nodo (de izquierda a derecha), encontramos que su utilidad es dos. Dado que este valor es menor que nuestra beta (actualmente +INFINITY), beta se convierte en dos.

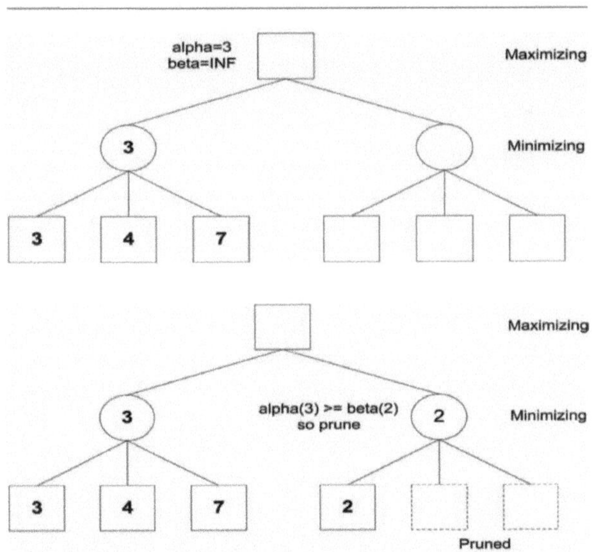


**FIGURA 4.8.** Árbol de caza podado en el nivel minimizador.

La implementación de la poda alfa-beta es bastante simple ya que la única necesidad es mantener las variables alfa y beta y determinar cuándo debe ocurrir la poda. El Listado 4.4 proporciona la implementación alfa-beta, modificada de nuestras funciones minimax originales del Listado 4.3.

Listado 4.4: Implementación minimax actualizada para poda alfa-beta.

```
evaluación cortaHumanMove ( tablero int sin firmar, profundidad int, int alfa, int beta)
{
int i, valor;
sin firmar int new_board;
mínimo corto = MAX_INFINITY+1;
evaluación cortaComputerMove ( unsigned int, int, int, int);
/* La computadora (max) acaba de hacer un movimiento, así que evaluamos ese movimiento
aquí */
if (checkPlayerWin(O_PLAYER, board)) devuelve MAX_INFINITY; para (i = 0; i < MAX_CHILD_NODES; i++) {
if (getCell(i, tablero) == VACÍO) { nuevo_tablero = tablero;
putCell( X_PLAYER, i, &new_board);
valor = evaluarMovimientoComputadora( nuevo_tablero, profundidad+1, alfa, beta); si (valor < min) {
mín = valor;
}
si (valor < beta) beta = valor;
/* Poda este subárbol sin marcar ningún sucesor adicional */ si (alfa >= beta) devuelve beta;
}
}
/* Ningún movimiento es posible - dibujar */ if (min == MAX_INFINITY+1)
{ return DRAW; }
```

retorno

mínimo; } evaluación cortaComputerMove ( tablero int sin firmar,
profundidad int, int alfa, int beta)

{int i, valor;
sin firmar int new_board;
máximo corto = MIN_INFINITY-1;
/* El humano (min) acaba de hacer un movimiento, así que evaluamos ese movimiento
aquí */ if (checkPlayerWin(X_PLAYER, board)) return MIN_INFINITY; for
(i = 0; i < MAX_CHILD_NODES; i++) { if (getCell(i, tablero) == VACÍO) {
nuevo_tablero =
tablero;
putCell( O_PLAYER, i, &new_board); valor
= evaluarHumanMove( nuevo_tablero, profundidad+1, alfa, beta); if (valor > máx) { máx
= valor;
si (profundidad
== 0) computer_move = i; } si (valor >
alfa) alfa = valor;
/* Pode este subárbol sin comprobar ningún sucesor adicional */ if (alpha
>= beta) return alpha; } }
/* Ningún movimiento es posible - dibujar
*/ if (max == MIN_INFINITY-1) { return DRAW; } retorno
máximo; }

En ambas funciones, las variables alfa (límite superior) y beta (límite inferior) se
mantienen desde la utilidad del nodo actual. Recuerde que, en la primera llamada, alfa es
−INFINITO y beta es +INFINITO. Para cada nodo, el alfa se compara con la beta, y si es
mayor o igual, el resto los nodos sucesores se eliminan (simplemente regresando en este
punto, con el valor alfa actual).

Entonces, ¿cómo ayuda la poda alfa-beta a optimizar el algoritmo minimax básico?

Revisemos un juego de muestra jugado usando alfa-beta y el número de tableros evaluados en cada paso (ver Figura 4.9). El primer movimiento del ordenador con alfa-beta escaneó un total de 2.338 tableros de Tic-Tac-Toe.

Recuerde en la Figura 4.6 que el primer movimiento del algoritmo minimax escaneó 59.705 tableros de Tic-Tac-Toe. Toda una diferencia, ya que permite realizar búsquedas en el árbol de juegos para juegos más complejos, como el ajedrez o las damas.

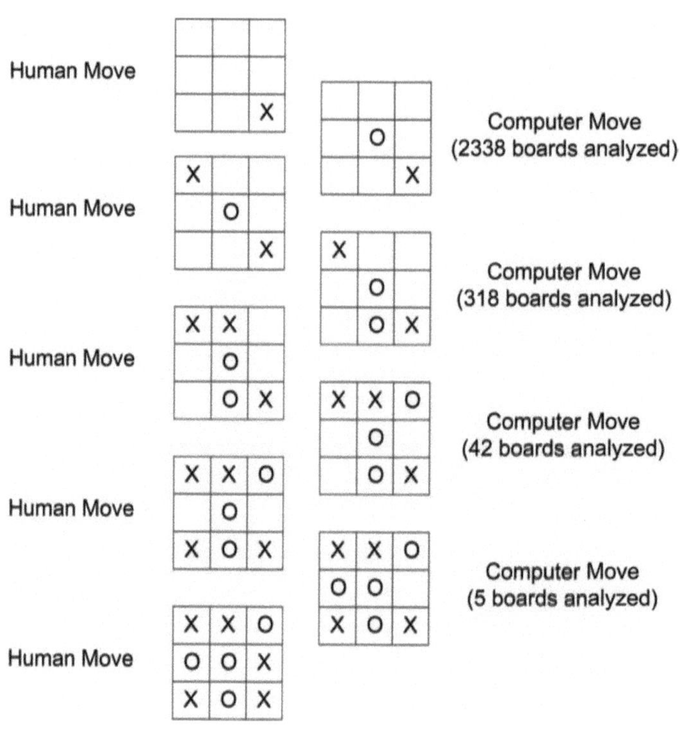


**FIGURA 4.9.** Un juego de muestra de Tic-Tac-Toe que muestra el número de tableros analizados con poda alfa-beta.

Cuando se utiliza la poda alfa-beta, la cantidad promedio de nodos que deben escanearse es O (bd/2). Esto se compara con minimax, que escaneará en promedio nodos O(bd). El factor de ramificación también se puede reducir, en el mejor de los casos, de b, para minimax, a b1/2 para poda alfa-beta. Cuando se reduce el factor de ramificación efectivo de un árbol de juego, las posibilidades de búsqueda pueden extenderse más profundamente en un árbol de juego o hacer que se puedan buscar árboles de juego más complejos.

El factor de ramificación promedio para el ajedrez es 38, mientras que el factor de ramificación promedio para las damas es 8 (para posiciones sin captura). [Lu 1993]

## JUEGO CLÁSICO IA

Exploremos ahora la aplicación de la IA y la búsqueda que se utiliza en juegos clásicos como el ajedrez, el go, el backgammon e incluso el bridge y el póquer. La aplicación de la IA a los juegos es de búsqueda, conocimiento y heurística.

Comprender la IA y los juegos es importante porque proporciona una zona de pruebas para probar la eficacia de los algoritmos de búsqueda. También es un medio para comprender la complejidad de los juegos. Por ejemplo, si bien es difícil construir un algoritmo de IA digno para el juego de Go, los algoritmos de IA para jugar Bridge ganan regularmente en el nivel más alto de los campeonatos de Bridge.

En esta sección, revisaremos algunos de los juegos más populares que han encontrado uso de IA y las tecnologías que emplean. Como pronto descubriremos, minimax con poda alfa-beta es una técnica popular entre los programas de juego inteligentes, pero la heurística también juega un papel importante en la creación de jugadores más rápidos y eficientes.

### Juego de damas

Comenzaremos nuestra exploración de la IA en los juegos clásicos con una revisión rápida de la aplicación de la IA en las Damas. Arthur Samuel, uno de los primeros pioneros en inteligencia artificial y aprendizaje automático, realizó algunos de los primeros trabajos para brindar a las computadoras la capacidad de aprender de la experiencia. Además de programar una computadora para jugar a Damas en la computadora IBM 701, fue pionero en la idea de dejar que el programa aprendiera compitiendo contra sí mismo. El programa de Damas resultante compitió y derrotó al cuarto jugador clasificado en la nación. [Samuel 1959] El trabajo de Arthur Samuel en el programa de damas fue tan importante en la computación no numérica que influyó en los diseñadores de las primeras computadoras de IBM para que incluyeran nuevas instrucciones lógicas. [McCarthy 1990]

Las damas son mucho más simples que el ajedrez tanto en los tipos de piezas en juego (dos para las damas, seis para el ajedrez) como en las reglas que se utilizan durante el juego.

Además, en Damas, cada jugador tiene la mitad del tablero para jugar (32 casillas en lugar de las 64 completas). Pero aunque es más simple que el ajedrez, las damas son complejas en sí mismas. Repasemos ahora cómo la IA de Checker representa el tablero y juega un juego inteligente.

## Representación del tablero de ajedrez

La representación de la estructura de datos de un tablero de Damas es importante porque determina en gran medida la eficiencia de los aspectos de búsqueda y evaluación del programa (así como la cantidad de memoria general utilizada por el árbol de búsqueda del juego, el libro de aperturas y la base de datos de finales).).

Una representación común es una matriz simple de 8 por 8 que contiene uno de seis valores (vacío, rojo, negro, rey rojo y rey negro). Una optimización del 8 por 8 es el modelo de 10 por 10, que incluye un borde de una celda alrededor de todo el tablero (y estas celdas contienen el valor estático fuera del tablero). Esto simplifica el generador de movimientos a la hora de identificar movimientos ilegales.

Existen otras representaciones para empaquetar la placa en un espacio más pequeño, pero comúnmente se basan en una arquitectura de CPU particular y las instrucciones para interrogar y manipular los bits individuales.

## Técnicas empleadas por los programas de damas

Los programas de damas tienen algunas similitudes con otros tipos de jugadores de IA, como el ajedrez, en que tienen fases de juego iniciales y finales únicas.

Por esta razón, veremos similitudes entre los programas de Damas y Ajedrez. Los pesos de las funciones suelen ajustarse manualmente (en algunos casos, para una competición específica).

## Algoritmo de búsqueda

Como ocurre con la mayoría de los juegos clásicos, se utiliza minimax con poda alfa-beta como medio para buscar en el árbol del juego. Damas tiene un factor de ramificación promedio de 10,

que es menor que el ajedrez, pero lo suficientemente grande como para hacer que la búsqueda en todo el árbol sea inviable.

Si bien la poda alfa-beta hace un gran trabajo al minimizar el árbol de búsqueda, existen otras técnicas que se pueden aplicar heurísticamente para reducir aún más el espacio de búsqueda del árbol del juego.

Existen varias mejoras de búsqueda, como las ventanas, donde los límites alfa y beta son una ventana de los valores calculados previamente y pueden resultar en una búsqueda más rápida en el árbol del juego. Otras modificaciones incluyen la Búsqueda de Variación Principal (PVS), que aplica ventanas a cada nodo en el árbol del juego.

## Historial de movimientos

Para acelerar la búsqueda, durante el juego se construye una tabla hash que mantiene las configuraciones del tablero y sus características. Dado que determinados tableros pueden aparecer con frecuencia durante un juego, se pueden almacenar (con sus parámetros alfa y beta asociados del árbol minimax) para minimizar la búsqueda en el subárbol particular. La tabla hash permite una búsqueda rápida de la configuración de la placa para ver si se ha visto antes. Si es así, se devuelven sus parámetros alfa y beta, que luego se utilizan en la búsqueda alfa-beta.

Una función hash común utilizada en las tablas hash de Checkers se llama hash Zobrist. Esta función hash crea un XOR del tablero de ajedrez, lo que da como resultado resultados hash exclusivamente diferente para diferentes configuraciones del tablero (lo cual es necesario para un rápido almacenamiento y búsqueda de hash para garantizar un acierto).

## Base de datos del final del juego

Una base de datos del final del juego contiene una relación entre las configuraciones del tablero en las que quedan algunas piezas y la estrategia que conducirá a la victoria. Estas bases de datos (normalmente comprimidas) codifican el tablero de forma compacta y luego utilizan una función de índice para identificar rápidamente la estrategia que se utilizará.

La base de datos del final del juego Chinook incluye las configuraciones de los tableros de ocho piezas (casi 444 mil millones de configuraciones). La base de datos se comprime utilizando una codificación de longitud de ejecución de la representación del final del juego.

## Ajedrez

El ajedrez es un banco de pruebas interesante para aplicaciones inteligentes porque el juego es rico y complejo con un espacio de búsqueda enorme. Por esta razón, los algoritmos de búsqueda tradicionales son lamentablemente inadecuados para jugar un juego razonablemente inteligente.

El ajedrez es un juego de información perfecta, a diferencia de juegos como el póquer, donde no cada jugador conoce toda la información. Ambos jugadores ven el mismo tablero de ajedrez y conocen todos los movimientos posibles para ambos jugadores.
Las primeras computadoras de ajedrez funcionaban con fuerza bruta, ya que la velocidad de la computadora se consideraba su mayor ventaja. Al comprender la complejidad del

juego de ajedrez, ahora se sabe que se requiere más (pero la velocidad computacional no hace daño).

En los primeros días de la automatización del ajedrez, se utilizaba minimax de búsqueda en profundidad limitada para determinar el mejor movimiento a realizar. Con potencia de CPU y memoria limitadas, minimax operaba en árboles muy poco profundos, por lo que el efecto horizonte minimizaba la inteligencia de los movimientos. Con la llegada de las variaciones minimax, todavía encontrarás minimax como el algoritmo central en los sistemas de ajedrez modernos de hoy.

Los programas de ajedrez suelen constar de tres módulos. El primero es un generador de movimientos que analiza el tablero actual e identifica los movimientos legales que se pueden realizar. El segundo módulo es la función de evaluación, que calcula una utilidad relativa para una configuración de placa determinada (qué tan buena es una placa determinada en comparación con otras para una configuración de placa determinada). El módulo final es el algoritmo de búsqueda que debe iterar eficientemente a través de las configuraciones de tablero disponibles, dado un movimiento, y decidir qué camino tomar a través del árbol para seleccionar el siguiente movimiento a realizar.

En la década de 1990, Deep Blue de IBM derrotó con éxito a Gary Kasparov, quien en ese momento era el campeón mundial de ajedrez.

## Representación en tablero de ajedrez

Una representación simple de un tablero de ajedrez es una matriz bidimensional de 8 por 8 en la que cada celda contiene un identificador que representa el estado de la celda. Por ejemplo, 0 representaría una celda vacía, 1 para un peón blanco, -1 para un peón negro, etc.

Una representación mejorada agregó un tablero de dos celdas a todo el tablero, que se llenó con un personaje conocido que significaba un movimiento ilegal. Esto hizo que fuera más fácil identificar movimientos ilegales como sería posible con los caballos y optimizó el aspecto de verificación de límites del programa de ajedrez.

Hoy en día, una representación común de los programas de ajedrez es el bitboard. Usando una palabra de 64 bits (disponible en muchas computadoras), cada celda del tablero de ajedrez se puede representar con un bit en la palabra de 64 bits. Cada bit simplemente determina si una pieza está en la celda (1) o si la celda está vacía (0). Pero en lugar de tener un único tablero de bits para todo el tablero de ajedrez, hay un tablero de bits para cada tipo de pieza en el tablero de ajedrez (uno para cada tipo de pieza blanca y negra). Un tablero de peones representaría la ubicación de los peones blancos en el tablero. Un tablero de bits de alfil contendría bits para los alfiles negros.

La ventaja del bitboard es que las computadoras que admiten el tipo de 64 bits pueden representar y consultar muy fácilmente el estado de los tableros mediante operaciones de enmascaramiento de bits, que son extremadamente eficientes.
Otra ventaja del bitboard es la eficacia a la hora de seleccionar un movimiento legal. Al combinar o bit a bit los tableros de bits, puede ver qué celdas se toman en el tablero y, por lo tanto, qué movimientos son legales. Es una operación simple que es eficiente para la generación de movimientos.

## Técnicas utilizadas en los programas de ajedrez

Veamos ahora algunas de las principales técnicas y algoritmos que emplean los programas de ajedrez.

## Base de datos del libro de apertura

Los primeros movimientos en una partida de ajedrez son importantes para ayudar a establecer buenos posición del tablero. Por esta razón, muchos sistemas de ajedrez emplean una base de datos de movimientos de apertura para una estrategia determinada que se puede buscar linealmente.

## Búsqueda Minimax con poda Alfa-Beta

Los sistemas de ajedrez suelen utilizar una versión modificada de la búsqueda en el árbol de juegos realizando sólo una búsqueda superficial del árbol de juegos utilizando minimax con poda alfa-beta. Si bien no son intuitivos, a veces se eligen movimientos que resultan en puntuaciones más pequeñas (ganancias o pérdidas) que pueden mejorar la posición general del tablero en lugar de una ganancia a corto plazo.

El factor de ramificación típico del ajedrez es de alrededor de 35, pero con la poda alfa-beta, esto se puede reducir a un factor de ramificación efectivo de 25. Aún es grande, pero esta reducción puede ser de gran ayuda para permitir búsquedas más profundas en el árbol del juego.

Se han ideado otros algoritmos de búsqueda para el ajedrez, como la búsqueda por aspiración, que establece el límite de los parámetros alfa y beta en algún valor definido heurísticamente en lugar de
+INFINITO y -INFINITO. Esto limita la búsqueda a nodos con una característica particular. También existe la búsqueda de inactividad, que intenta evaluar posiciones que están "relativamente inactivas" o muertas. [Shanon 1950]

Otro mecanismo para minimizar el espacio de búsqueda se llama poda de avance nulo. La idea básica aquí es que si no haces nada (ningún movimiento), ¿puede el oponente hacer algo para cambiar la configuración del tablero en su beneficio? Si la respuesta es no, entonces los movimientos del oponente podrían eliminarse del árbol de forma segura. También se emplean tablas de transposición hash para identificar subárboles que ya han sido evaluados para evitar búsquedas repetitivas. El hash se utiliza para identificar rápidamente la configuración de placa idéntica.

## Evaluación de tablero estático

Debe quedar claro que, a menos que estemos cerca del final del juego, nuestra búsqueda en el árbol del juego no encontrará ningún nodo hoja. Por lo tanto, necesitaremos tener una buena función de utilidad que nos ayude a decidir qué movimiento hacer dado nuestro horizonte cercano. La función de utilidad del ajedrez define si una determinada configuración del tablero es buena o mala para el jugador, y puede decidirlo en función de una gran cantidad de factores. Por ejemplo, ¿está en peligro nuestro rey o una pieza importante, o el oponente está en peligro para el tablero actual? ¿Es una pieza perdida en el tablero y, si lo es, cuál es el costo de la pieza (siendo el peón el de menor valor, seguido del alfil, el caballo, la torre y la reina en valor creciente)? Alguno Otras evaluaciones que pueden realizarse incluyen el espacio disponible para que las piezas se muevan y luego el número de amenazas actuales (a favor o en contra).[Ajedrez IA].

Mientras que el algoritmo minimax con poda alfa-beta proporciona los medios para buscar en el árbol del juego, la función de evaluación nos ayuda a decidir qué camino es mejor en función de una serie de funciones de utilidad independientes.

## Otelo

El juego de Otelo (también conocido como Reversi) es otro juego al que se han aplicado muchos algoritmos de IA. Ejemplos de algoritmos de IA que se han implementado en los reproductores Othello incluyen heurísticas básicas, minimax con poda alfa-beta, redes neuronales, algoritmos genéticos y otros.

Otelo tiene algunos aspectos comunes que son similares a otros juegos de suma cero para dos jugadores. Por ejemplo, al igual que el ajedrez, Otelo tiene una partida inicial, una mitad de la partida y un final. Durante estas fases del juego, los algoritmos pueden diferir en cuanto a cómo se buscan y seleccionan los movimientos (exploraremos algunos de ellos en breve).

Los programas de IA para Othello, como el ajedrez y las damas, vencen regularmente a los campeones humanos del juego. Por ejemplo, en 1997, el programa Othello Logistello derrotó al campeón mundial Takeshi Murakami seis juegos a cero.

Este programa se retiró al año siguiente de los torneos.

## Técnicas utilizadas en los programas de Otelo. Conocimiento de apertura

Como muchos sistemas de juego, los movimientos de apertura son un buen indicador de posiciones fuertes en el tablero en el futuro. Por esta razón, muchos programas de juego de Otelo recopilan y utilizan el conocimiento de las posiciones iniciales sólidas en el tablero. En algunos casos, los datos se recopilan automáticamente mediante la reproducción automática.

## Función de evaluación estática

El aspecto más importante de todos los programas de Othello es la función de evaluación. También es una de las partes más difíciles de programar, ya que existen varias variaciones que se pueden aplicar. Tres variaciones particulares son las tablas de discos cuadrados, la evaluación basada en la movilidad y la evaluación basada en patrones. [Anderson 2005] Las tablas de disco cuadrado evalúan el tablero desde la perspectiva de que diferentes celdas tienen diferentes valores. Por ejemplo, la celda de la esquina se evalúa con una puntuación alta, mientras que las celdas junto a las esquinas se evalúan con una puntuación baja.

En la evaluación basada en la movilidad, los movimientos que maximizan la movilidad (definida como la cantidad de movimientos disponibles) reciben una puntuación más alta que aquellos que minimizan la movilidad.

Finalmente, las funciones de evaluación basadas en patrones intentan hacer coincidir patrones con configuraciones locales para determinar la utilidad de un movimiento. Esto se hace comúnmente evaluando cada configuración de fila, columna, diagonal y esquina de forma independiente y luego sumándolas, potencialmente con ponderaciones para diferentes características.

Además, existen una serie de heurísticas que se pueden utilizar para evaluar posibles movimientos. Esto incluye evitar movimientos de borde (ya que pueden crear oportunidades para el oponente), así como mantener el acceso a regiones del tablero (como puede ser el caso cuando todos los discos de borde en una región son para el jugador actual).

## Algoritmo de búsqueda

En las fases intermedia y final del juego de Othello, se utiliza la búsqueda de árbol de juego minimax con poda alfa-beta. La poda alfa-beta es especialmente significativa en Othello, ya que la búsqueda de nueve capas solo con minimax evalúa alrededor de mil millones de nodos. Al utilizar la poda alfa-beta, la cantidad de nodos a evaluar se reduce a un millón de nodos y, a veces, a menos. El reproductor Logistello Othello utiliza minimax con alfa-beta, entre otros algoritmos especializados para Othello.

Además de minimax con poda alfa-beta, la búsqueda selectiva se puede utilizar de forma eficaz. La búsqueda selectiva es similar a la profundización iterativa (ver Capítulo 2). En la búsqueda selectiva, buscamos a poca profundidad y luego tomamos caminos que conducen a los mejores movimientos y los buscamos a una profundidad mucho más profunda.

Esto nos permite buscar más profundamente en el árbol del juego al centrar nuestra búsqueda en los movimientos que brindan el mayor beneficio. El uso de este método con estadísticas para comprender la relación entre la búsqueda superficial y la búsqueda más profunda se denomina Multi-Prob-Cut o MPC. Esto fue creado por Michael Buro y está formalizado en pares de corte (por ejemplo, la búsqueda superficial de cuatro niveles a la búsqueda profunda de 12 niveles se llama par de corte de 4/12).

## Finales de juego

A medida que el juego se acerca al final, el número de movimientos disponibles disminuye y permite una búsqueda mucho más profunda en el árbol del juego. Al igual que en la mitad del juego, la búsqueda minimax con poda alfa-beta funciona bien, pero también se utilizan variaciones como MPC.

## Otros algoritmos

Si bien minimax y alpha-beta son comunes y se usan en distintas etapas del juego, otros algoritmos también han encontrado aplicación en Othello. El programa Hannibal de Othello utiliza redes neuronales multicapa para la determinación de movimientos. Para entrenar la red neuronal, se crea una red neuronal aleatoria de múltiples capas y luego juega contra sí misma. Los movimientos que condujeron a una victoria se refuerzan en la red mediante un algoritmo de retropropagación.

Por el contrario, los movimientos que resultaron en una pérdida se ven reforzados negativamente para debilitar su selección en el futuro. Después de muchos juegos y la retropropagación asociada, se obtiene un jugador de Otelo razonable.

## Ir

Terminaremos nuestra discusión sobre los juegos de información perfecta con el juego de Go. Go es uno de los desafíos actuales de la IA, ya que el alcance y la complejidad del juego son bastante grandes. Consideremos, por ejemplo, el factor de ramificación del árbol de juegos, que es un gran determinante de la complejidad del juego. En el juego de ajedrez, el factor de ramificación promedio es 35. Pero en Go, el factor de ramificación típico es 300. Esta diferencia de orden de magnitud significa que la búsqueda en el árbol del juego con minimax, incluso cuando se aplica la poda alfa-beta, da como resultado árboles poco profundos. búsquedas. Incluso entonces, se requiere una cantidad considerable de memoria y tiempo.

Para dar un ejemplo concreto, cuatro movimientos en ajedrez pueden evaluar $35^4$ configuraciones de tablero (o aproximadamente 1,5 millones). En Go, cuatro movimientos evaluarían $200^4$ configuraciones de placa (o 1,6 billones).

Si bien continúa un desarrollo considerable para construir un reproductor de Go inteligente, los resultados no han sido prometedores. El ajedrez, incluso con sus enormes árboles de juego, ahora se considera simple en comparación con el Go. Por esta razón, algunos creen que cuando un programa de Go sea capaz de jugar a nivel de campeonato, la IA habrá madurado a un nuevo nivel. [Johnson 1997]

## Representación en el Go-Board

La representación de un tablero de Go puede ser un poco diferente a la representación de otros tableros de juego. Además de la representación simple del tablero (tablero de 19 por 19 con valores que indican piedra vacía, negra o blanca), se mantienen otros atributos para respaldar el análisis del tablero y la posterior generación de movimientos. Los atributos incluyen grupos de piedras conectadas, información ocular (patrones de piedras) y estado de vida o muerte (qué piedras están en peligro de ser capturadas y cuáles pueden mantenerse con vida).

## Técnicas utilizadas en los programas Go

Go tiene algunas similitudes con otros juegos de IA, y también algunas diferencias. Es interesante notar que la creación de algoritmos para Go por computadora abarca desde la búsqueda en árboles de juegos, sistemas de reglas, algoritmos evolutivos y ciencia cognitiva. Pero dada la complejidad de Go, es probable que sean necesarios nuevos algoritmos para hacer frente a la amplitud y profundidad del juego.

## Movimientos de apertura

Como la mayoría de los juegos de IA, los movimientos iniciales son importantes para establecer una buena configuración del tablero. Por este motivo, casi todos los programas Go utilizan lo que se conoce como bibliotecas Joseki. Estas bibliotecas contienen secuencias de movimientos que se pueden utilizar antes de utilizar la función de evaluación para la generación de movimientos.

## Mover generación

Dado el gran factor de ramificación del Go, no es factible simplemente realizar cada movimiento legal y generar un árbol de juego con una cierta profundidad. En cambio, se aplican heurísticas para identificar qué movimientos legales son buenos candidatos para su revisión.

Para este conjunto de movimientos, se invoca la evaluación para determinar cuál realizar. Esto difiere del ajedrez, por ejemplo, donde la búsqueda determina el movimiento a realizar. En Go, se generan candidatos a movimientos y luego se evalúan para determinar cuál es el mejor.

Algunas de las heurísticas que se pueden aplicar a la generación de movimientos de Go incluyen la generación de formas o grupos (intentar hacer coincidir patrones en una biblioteca de patrones), mantener vivos a los grupos o intentar matar a los grupos oponentes, y también expandir o defender territorios en el tablero. La heurística también se puede aplicar a movimientos globales o aquellos que se centran en regiones locales del tablero.

En relación con la generación de movimientos, algunos programas de Go implementan la generación de objetivos. Esto proporciona una vista de nivel superior de la estrategia y tácticas que se utilizarán para la generación de movimientos de nivel inferior.

## Evaluación

Una vez que se identifica un conjunto de movimientos candidatos, se ordenan los movimientos para evaluarlos en función de su importancia relativa. La importancia podría basarse en el objetivo actual (según lo dicte un generador de objetivos de nivel superior), capturar una cuerda o hacer un ojo, entre otros.

La evaluación de los movimientos candidatos ahora se puede realizar mediante la búsqueda en el árbol de juegos (como minimax con poda alfa-beta). Pero Go difiere bastante en cómo se realiza la búsqueda. Por ejemplo, el programa Go Intellect utiliza heurísticas dentro de la búsqueda para determinar cuándo interrumpir una búsqueda en función de un valor objetivo predeterminado, o asociar un valor de urgencia con un movimiento y considerarlo al evaluar la posición. Otros programas pueden restringir los movimientos a una región del tablero y realizar búsquedas en árboles locales.

Se han utilizado otros algoritmos para evaluar las configuraciones de la placa Go, como gráficos And-Or, redes neuronales, aprendizaje de diferencia temporal (TD) y búsqueda de números de prueba. Con diferencia, la característica más importante de los programas de Go reside en la heurística y las reglas desarrolladas por jugadores fuertes de Go o mediante análisis retrógrados.

## Fin del juego

El uso de la base de datos del final del juego se utiliza con éxito en Go, como en muchos otros juegos complejos. Estas bases de datos se pueden generar automáticamente a partir de configuraciones del tablero y aplicar reglas para determinar el mejor movimiento a realizar y luego, después de determinar el resultado final, atribuir el movimiento con ganancia/pérdida/empate.

## Chaquete

Dejemos ahora el mundo de los juegos de información perfecta y exploremos una serie de juegos de información imperfecta (o juegos estocásticos). Recuerde que en un juego de información perfecta, cada jugador tiene acceso a toda la información disponible sobre el juego (nada está oculto). El backgammon introduce el elemento de azar, donde se tiran dados para determinar los movimientos legales que son posibles.

Lo que hace que el Backgammon sea tan interesante en el ámbito de la IA es que es extremadamente complejo. Recuerde que en Ajedrez, el factor de ramificación promedio es 35, y en Go, el factor de ramificación puede llegar hasta 300. En Backgammon, el factor de ramificación llega a 400, lo que lo hace inviable como candidato para la búsqueda en el árbol de juegos. La búsqueda simple de movimientos basada en una configuración de tablero determinada tampoco es factible debido a la enorme cantidad de estados en Backgammon (estimados en más de 10^20).

Afortunadamente, existen otras técnicas de IA que se han aplicado con éxito al Backgammon y se juegan al mismo nivel que los campeones humanos.

## Técnicas utilizadas en los programas de backgammon

Mientras que otros juegos complejos como el ajedrez, las damas y Otelo han utilizado con éxito la búsqueda en el árbol de juegos para la evaluación y generación de movimientos, la alta proporción de ramificación del backgammon lo hace inviable. Dos enfoques que se han aplicado al Backgammon se basan en redes neuronales multicapa con autoaprendizaje.

## Neurogammon

El reproductor Neurogammon (creado por Gerald Tesauro) utilizó una red neuronal multicapa y el algoritmo de retropropagación para su entrenamiento. La configuración sin formato del tablero se utilizó como entrada de la red MLP y la salida definió el movimiento a realizar. El neurogammon se entrenó mediante aprendizaje supervisado (retropropagación) y una base de datos de partidas grabadas por jugadores expertos de Backgammon. El resultado fue un fuerte jugador de Backgammon, pero debido a su dependencia de una base de datos finita de partidas grabadas, jugaba por debajo del nivel de los jugadores expertos.

## TD-Gammon

El posterior programa de Backgammon, también creado por Tesauro, llamado TD-Gammon, utilizó una estructura de conocimiento de red neuronal multicapa, pero una técnica diferente para el entrenamiento, así como un algoritmo de aprendizaje mejorado. Primero, TD-Gammon utiliza el algoritmo de aprendizaje de Diferencia Temporal, o TD (tratado en el Capítulo 8). Para cada jugada, se lanzaron los dados virtuales y se evaluó cada uno de los 20 movimientos potenciales. El movimiento con el valor estimado más alto se utilizó como valor esperado. Luego, la configuración de la placa se aplicó a la red neuronal y luego se alimentó hacia adelante.

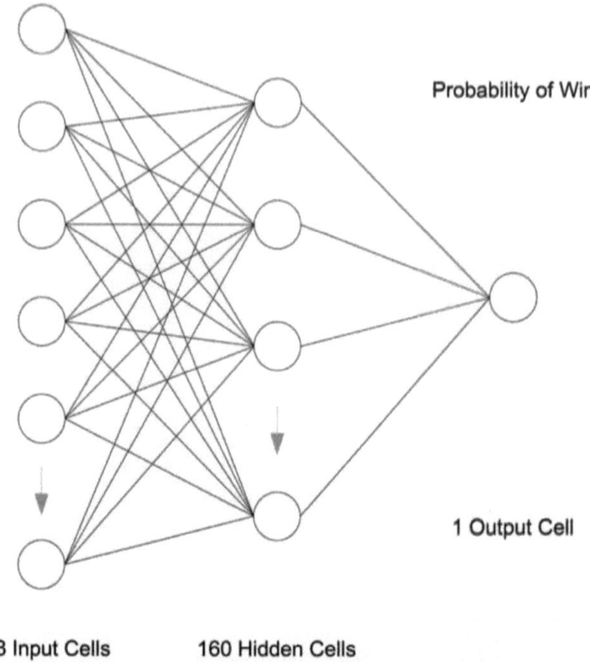


**FIGURA 4.10.** Representación de la red neuronal TD-Gammon MLP.

A través de la red. Luego se calculó un error delta dado el valor resultante y el movimiento con el valor esperado más alto, y el error se aplicó a los pesos de la red.

Curiosamente, no se aplicaron juegos expertos a la red, sino que se utilizó la red neuronal para seleccionar movimientos para el jugador y el oponente. De esta manera, la red neuronal jugó contra sí misma y, después de muchos juegos, resultó una red neuronal que podía jugar (y ganar) a nivel experto.

La capacidad de TD-Gammon de aprender el juego de Backgammon sin ningún conocimiento inicial del juego es un testimonio del trabajo del jugador de Damas de

Arther Samuel, que introdujo la idea del juego autónomo como un medio para crear un programa que aprendía sin necesidad. para supervisión.

Además, Tesauro actualizó las entradas a la red neuronal para incluir no solo la configuración del tablero de Backgammon, sino también algunas entradas especializadas que caracterizaban características del tablero actual.

Cuando no estaba aprendiendo, el programa TD-Gammon utilizó la red neuronal generada como medio para generar movimientos. Para cada uno de los posibles movimientos de una configuración de tablero determinada, cada nuevo tablero posible (después de realizar el movimiento) se aplica a la red neuronal. El resultado de la red es la probabilidad de ganar, dado el último movimiento (ver Figura 4.10). El proceso entonces es simplemente evaluar cada uno de los movimientos posibles (usando un generador de movimientos) y seleccionar la nueva configuración del tablero, que produce la mayor probabilidad de ganar (la celda de salida de la red neuronal).

El TD-Gammon de Tesauro ha evolucionado desde la versión inicial. El TD- Gammon inicial (0.0) utilizó 40 nodos ocultos dentro de la red neuronal y 300.000 juegos de entrenamiento para empatar en el mejor uso de otros programas de Backgammon (como Neurogammon). Las versiones posteriores de TD-Gammon aumentaron los nodos ocultos a 160 y también aumentaron el número de juegos de entrenamiento a muy por encima de un millón. El resultado fue un fuerte jugador de Backgammon que opera al mismo nivel que los mejores jugadores humanos del mundo. [Sutton/Barto 1995).

Además de no tener ningún conocimiento del juego, la red neuronal ha aprendido las mejores posiciones de apertura que diferían de las que los jugadores humanos consideraban las mejores en ese momento. De hecho, los jugadores humanos ahora utilizan las posiciones de apertura encontradas por TD-Gammon.

## Póker

El póquer es un juego muy interesante que también funciona como banco de pruebas ideal para algoritmos de inteligencia artificial. También es un juego de muchos aspectos que puede utilizar diferentes IA.

Técnicas. Como el póquer es un juego de información imperfecta (no toda la información está disponible para todos los jugadores en términos de sus cartas), un programa de póquer debe incluir la capacidad de modelar la carta probable que tiene el oponente.

Lo que hace que el póquer sea más interesante es que es un juego de engaño. Además de modelar al oponente y su estrategia, el programa de póquer debe ser capaz de detectar las tácticas engañosas del oponente en términos de faroles (intentar hacer creer a otro jugador que su mano es mejor de lo que realmente es). De igual importancia es el requisito de evitar el juego predecible.

Los jugadores de póquer profesionales pueden explotar fácilmente cualquier característica o patrón predecible de un jugador de póquer y, por lo tanto, es necesario algún elemento de aleatoriedad.

Desde una perspectiva práctica, se necesitan una serie de características para construir un programa de póquer sólido. La primera es la capacidad de evaluar la mano dada (en comparación con las manos invisibles de los oponentes) y determinar si la mano podría ganar. La verosimilitud se mediría como probabilidad, pero dada la necesidad de evitar la previsibilidad del jugador, se debe incorporar el farol para aprovechar manos débiles. La estrategia de apuestas también es una característica importante. Si bien esto podría basarse únicamente en la fuerza de la mano, también debería incluir datos del modelo del oponente, el pago del bote, etc. El modelo del oponente es otro elemento importante que se utiliza para comprender las cartas ocultas del jugador en función de su comportamiento (estrategia de apuestas). , experiencia pasada, etc.).

## Loki: un jugador de póquer que aprende

El jugador de Loki Poker es un programa de aprendizaje que incorpora el modelado de oponentes con un juego que puede ser difícil de predecir. La arquitectura básica simplificada de Loki se muestra en la Figura 4.11. Los elementos principales de esta arquitectura son el Generador Tripler, el Evaluador de Manos, el Modelador de Oponentes y, finalmente, el Selector de Acción.

El elemento fundamental de la arquitectura es lo que se llama el triple. Un triple es un conjunto de tres probabilidades que representan la probabilidad de retirarse, subir e igualar. Utilizando el estado de juego público, el comportamiento del oponente se modela manteniendo triples para los distintos estados de juego. A medida que el oponente toma decisiones, los triples se actualizan para mantener una imagen constante de lo que hace el oponente ante un escenario determinado.

Usando el modelo del oponente, podemos identificar qué debemos hacer dada nuestra mano actual y la probabilidad del movimiento del oponente. A partir de esto generamos un triple. Luego, el selector de acciones puede elegir aleatoriamente una de las acciones según las probabilidades del triple.

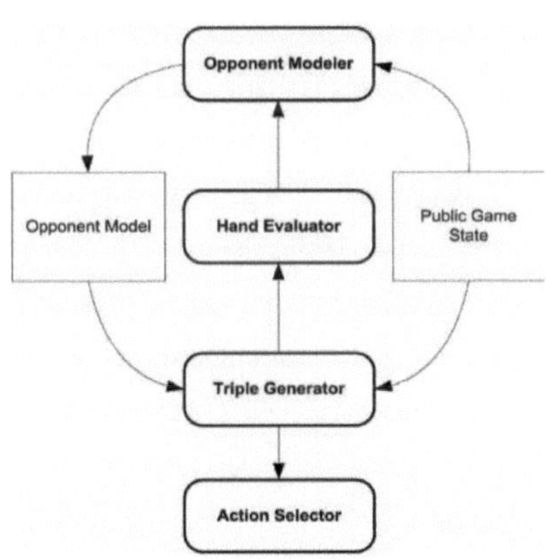


**FIGURA 4.11.** Arquitectura básica del jugador de Loki Poker (Adaptado de [Loki 2003]).

La estrategia de apuestas se basa en una simulación interna dado un escenario y el pago esperado. La simulación utiliza la búsqueda en árbol de juegos para identificar los posibles resultados, pero la búsqueda es selectiva para evitar el gran espacio de estados que podría enumerarse.

Loki también ha utilizado el juego autónomo como medio para aprender a jugar al póquer y optimizarse. La variación en el juego con Loki (usando triples de probabilidad) le permitió jugar numerosas versiones de sí mismo, mientras se adaptaba al juego. El modelado y la simulación del oponente le permiten a Loki jugar un póquer razonablemente fuerte.

## Escarbar

Para nuestro último juego clásico, exploraremos el juego de Scrabble. Las ideas interesantes detrás de la construcción de un jugador de Scrabble también son las que hemos visto hasta ahora en otros jugadores de juegos clásicos.

El jugador Maven Scrabble (creado por Brian Sheppard) divide su juego en tres fases separadas. Estas son la mitad del juego (que dura hasta que quedan nueve fichas o menos en la bolsa), la fase previa al final del juego (que comienza cuando quedan nueve fichas) y, finalmente, la fase del final del juego (cuando no quedan fichas). ).

En la fase intermedia del juego, Maven utiliza un enfoque basado en simulación para determinar qué movimiento realizar. La función de evaluación para elegir el movimiento se basa simplemente en el movimiento que conduce al máximo número de puntos. Dadas las fichas disponibles para el jugador, la computadora identifica las palabras que son posibles (usando el tablero, que determina los movimientos legales que se pueden realizar). Estas palabras (movimientos potenciales) luego se ordenan por calidad (puntuación). Luego, algunos de estos movimientos potenciales se simulan mediante el sorteo aleatorio de fichas (como con Poker AI), y el juego continúa durante una cierta cantidad de turnos (generalmente una búsqueda de dos a cuatro capas en un árbol de juego). Durante la simulación, los puntos obtenidos se evalúan y asocian con el movimiento potencial dado.

Realizar miles de sorteos aleatorios le permite al programa comprender cuál es el mejor movimiento a realizar (palabra a colocar en el tablero).

La fase previa al final del juego funciona de manera similar a la mitad del juego, pero esta Esta fase trabaja para crear una buena situación para el final del juego.

Finalmente, la fase final del juego comienza una vez que no quedan fichas en la bolsa. En esta etapa del juego, no quedan fichas en la bolsa y cada jugador puede deducir las fichas restantes en los estantes del jugador contrario (ya que todas las fichas están en el tablero o en los estantes). En este punto, el juego pasa de ser un juego de información imperfecta a uno de información perfecta. Luego se aplica el algoritmo B* en esta etapa para una búsqueda profunda de las posibilidades de las palabras.

Para una búsqueda rápida de palabras, se almacena un léxico de palabras en un árbol. Esto permite una búsqueda rápida de palabras relacionadas donde la raíz es la primera letra de la palabra y la hoja contiene la última letra de una palabra determinada. Por ejemplo, las palabras "examen" y "ejemplo" existirían a partir de la misma raíz de la letra "e".

Maven comparte una serie de técnicas que hemos explorado hasta ahora en juegos clásicos de IA. Recuerde que muchos juegos, como el ajedrez, dividen el juego en varias fases. Cada fase puede diferir en la complejidad del juego y, por lo tanto, incorporar diferentes algoritmos o estrategias de juego. También es de interés el uso de la simulación para identificar las direcciones del juego que pueden ocurrir (ya que Scrabble es un juego de azar y de información imperfecta).

Recuerde que el póquer utilizó la simulación para identificar los diferentes caminos del juego dadas las cartas ocultas (o ocultas). De manera similar, Maven usa la simulación para comprender mejor los efectos o la selección de palabras desde la perspectiva de las fichas del oponente y también de las fichas que aún permanecen en la bolsa.

## VIDEOJUEGO IA

Mientras que los juegos clásicos se han concentrado en formar jugadores óptimos utilizando La IA, los videojuegos como los de disparos en primera persona (FPS) o los juegos de estrategia se centran Más información sobre cómo crear una IA que sea a la vez desafiante y divertida de jugar. Como el desafío está relacionado con la habilidad del jugador, lo ideal es que la IA sea adaptable y aumente la dificultad a medida que aumenta la habilidad del jugador.

Gran parte del desarrollo de la IA para juegos clásicos se centró en la búsqueda por fuerza bruta basada en informática de alto rendimiento. La IA de los videojuegos se diferencia mucho en que hay poca CPU disponible para la IA (tan solo el 10%, ya que la mayor parte de la CPU está ligada a los motores de física y gráficos).
Por lo tanto, se necesitan algoritmos novedosos para sintetizar personajes y comportamientos creíbles en videojuegos que consumen poca CPU.

Si bien IA es el término comúnmente utilizado para describir el comportamiento del oponente en una variedad de videojuegos, este es un nombre inapropiado. La mayor parte de la IA de los videojuegos es de naturaleza simplista y rara vez supera el nivel de las máquinas de estados finitos.

## Aplicaciones de algoritmos de IA en videojuegos

Repasemos ahora algunas de las técnicas utilizadas en la IA de los videojuegos. Haremos una sección transversal de los dominios en los que se puede aplicar la IA y luego exploraremos algunos de los algoritmos que se han utilizado allí.

Las siguientes secciones definen algunos de los elementos comúnmente utilizados para la IA, pero no necesariamente el estado del arte. Consulte la sección de referencias para obtener más información sobre hacia dónde se dirige la IA de los videojuegos en la actualidad.

La aplicación de la IA a los videojuegos es un área rica para la investigación en varios niveles. Los entornos de videojuegos (como los que se pueden encontrar en los juegos de estrategia en tiempo real o en los juegos de disparos en primera persona) proporcionan un banco de pruebas útil para la aplicación y visualización de técnicas de IA. Los juegos en sí se han convertido en una enorme industria (se estima que los juegos recaudan más que las películas), por lo que el desarrollo de técnicas de inteligencia artificial con las limitaciones asociadas que se pueden encontrar en los juegos (como una asignación mínima de CPU) puede ser muy beneficioso.

También es posible permitir que diferentes algoritmos y técnicas compitan entre sí en estos entornos para comprender sus sutiles diferencias y ventajas.

Además del valor de entretenimiento de los videojuegos, las técnicas para construir personajes creíbles también encuentran valor (y financiación para la investigación) en aplicaciones militares. Por ejemplo, simuladores de combate aéreo que imitan la estrategia y tácticas de pilotos veteranos, o el comportamiento jerárquico y disciplinado de las tropas en tierra en simuladores de gestión de batalla. Cada e estas aplicaciones requiere algoritmos inteligentes que pueden diferir en su realización, pero que evolucionan a partir del mismo conjunto de técnicas.

## Movimiento y búsqueda de caminos

El objetivo de encontrar caminos en muchos juegos, desde juegos de disparos en primera o tercera persona hasta juegos de estrategia en tiempo real, es identificar un camino desde el punto A al punto B. En la mayoría de los casos, existen múltiples caminos desde el punto A al punto B, por lo que Pueden existir restricciones como el camino más corto o el menor costo. Consideremos, por ejemplo, dos puntos separados por una colina. De hecho, puede ser más rápido rodear la colina que pasarla, pero subir la colina podría darle cierta ventaja al jugador (por ejemplo, un arquero con un oponente enemigo en la pendiente descendente opuesta).

En algunos casos, encontrar el camino es buscar. El paisaje sobre el que vamos a trazar una ruta es un gráfico de nodos que representan puntos de referencia. Cada borde del gráfico tiene un costo determinado (por ejemplo, las llanuras podrían tener un costo de borde de uno, donde las pendientes podrían tener un costo de borde consistente con su pendiente).

Considerando la búsqueda de caminos como una búsqueda a través de un gráfico de nodos con aristas ponderadas, el algoritmo de búsqueda A* (explorado en el Capítulo 3) es ideal para esta aplicación. Es óptimo en comparación con DFS y BFS y puede brindarnos la ruta óptima.

El problema con A* es que es un algoritmo que requiere mucha computación.

Considerando la cantidad de agentes en un juego de estrategia en tiempo real que necesitan moverse por el mapa, la cantidad de tiempo que le tomaría a A* se multiplicaría. Como la IA en un juego de estrategia en tiempo real también necesitaría respaldar la planificación de objetivos de alto nivel y la estrategia económica, la búsqueda de caminos es sólo un elemento que debe optimizarse.

Afortunadamente, existen otras opciones para simplificar la operación de determinar qué movimiento realizar en un mapa. Comenzaremos con un ejemplo simple que demuestra el movimiento ofensivo y defensivo usando un gráfico y una tabla de búsqueda, y luego exploraremos algunas de las otras técnicas utilizadas.

**Búsqueda de mesa con estrategia ofensiva y defensiva**

Cualquier mapa se puede reducir a un gráfico, donde los nodos son los lugares que se pueden visitar y los bordes son los caminos entre los nodos. Reducir un mapa de esta manera consigue un par de cosas. Primero, potencialmente reduce un mapa con un número infinito de puntos a un gráfico con menos puntos. Los bordes, o los caminos entre los nodos en el gráfico, definen las diversas formas en que podemos viajar alrededor de nuestro gráfico (y nuestro mapa).

Considere el mapa simple de una habitación en la Figura 4.12. En este mapa, el jugador humano ingresa por la parte inferior. Nuestro personaje no jugador (o NPC) ingresa en la parte superior. Hay muchas ubicaciones en el mapa a las que el jugador y el NPC pueden ir, pero muy pocas de ellas son importantes. Tenga en cuenta que este es un ejemplo simplista y un sistema real incluiría muchos más puntos del mapa.

Considere que estamos desarrollando una IA para un FPS. El objetivo es que el jugador y el NPC luchen entre sí, pero esto implica que debemos inculcarle a nuestro NPC la capacidad de atacar al jugador moviéndose a su ubicación.

Además, si nuestro NPC se lesiona, queremos evitar que el jugador recupere nuestras fuerzas. Para hacerlo más sencillo para nuestro agente NPC, codificaremos el mapa como un gráfico simple. Este gráfico contiene las posiciones defensivas que serán importantes para nuestro NPC (ver Figura 4.13).

En la Figura 4.13, nuestro mapa simple se ha reducido a un gráfico aún más simple. Este contiene las siete posiciones en las que puede existir nuestro agente NPC. Además, los bordes del gráfico muestran los movimientos legales que nuestro NPC-

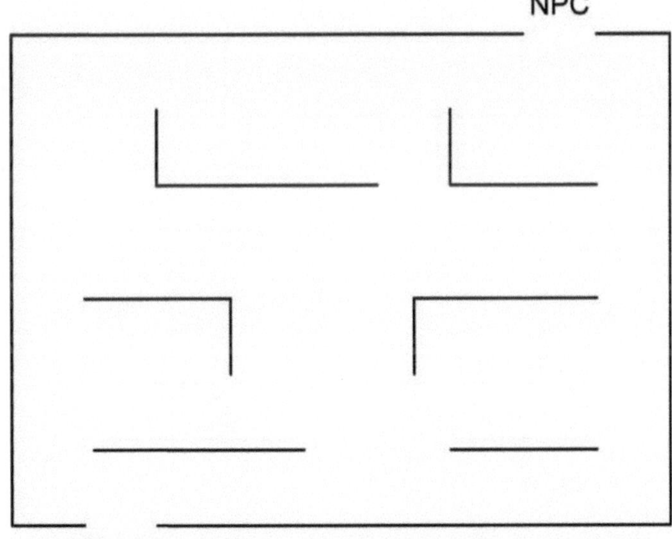


**FIGURA 4.12.** Mapa simple para una IA NPC.

Tenga en cuenta que dado que el jugador puede existir en cualquier ubicación del mapa (no restringido al gráfico), definimos rectángulos para el jugador. Si el jugador está en el rectángulo, simplificaremos su posición al nodo contenido en el rectángulo. El propósito de esto quedará claro en breve.

Asumiremos aquí, por simplicidad, que el NPC siempre ve al jugador. En un sistema más complicado, el jugador necesitaría estar en el campo de visión (FOV) del NPC para que el NPC identifique la presencia del jugador.

Ahora tenemos un gráfico simple para nuestro NPC. El siguiente paso es definir qué debe hacer nuestro agente NPC en función de su estrategia. Para simplificar, implementaremos dos estrategias básicas. Si nuestro NPC está sano, adoptaremos una estrategia ofensiva para atacar al jugador. Si el NPC no está sano, entonces adoptaremos una estrategia defensiva.

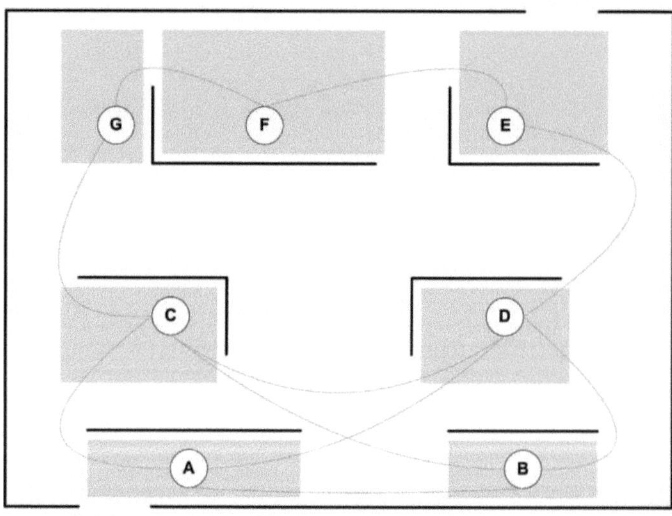


**FIGURA 4.13.** Mapa simple reducido a un gráfico aún más simple.

Comencemos con la estrategia ofensiva (que se muestra en la Figura 4.14). La estrategia se implementa como una matriz de conectividad gráfica simple con dos dimensiones. Las filas representan la ubicación actual de nuestro NPC, mientras que las columnas representan la ubicación actual del jugador. Recordemos que nuestro jugador puede existir en cualquier parte del mapa. Si el jugador está en un rectángulo, usaremos el nodo contenido en el rectángulo para identificar la posición actual del jugador. Si el jugador no está en un rectángulo, simplemente lo definiremos como desconocido.

La estrategia definida en la Tabla 4.14 es seguir al jugador hasta su posición en el mapa. Por ejemplo, si el NPC está en el nodo E y el jugador está alrededor del nodo A, entonces el NPC usará la tabla de estrategia ofensiva y se moverá al nodo D. Si el jugador luego se mueve del nodo A al nodo C, usamos la tabla nuevamente para el NPC en el nodo D y el jugador en el nodo C, lo que resulta en que el NPC se mueva al nodo C (en el ataque).

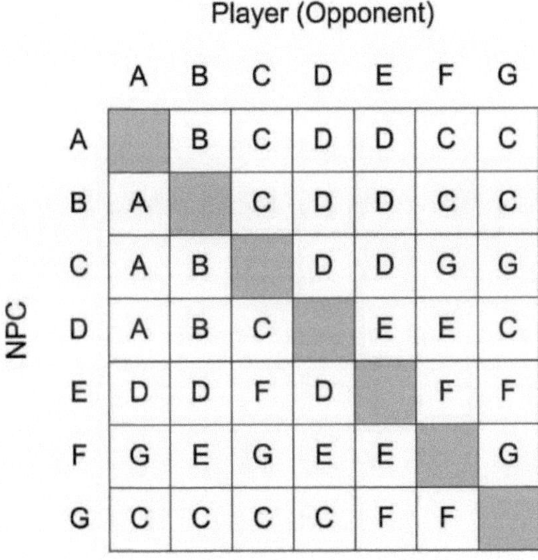


**FIGURA 4.14.** Tabla de búsqueda de la estrategia ofensiva del agente NPC.

La tabla de búsqueda proporciona comportamientos reactivos, ya que nuestro NPC simplemente reacciona al movimiento del jugador. Tenga en cuenta que tampoco tiene estado, no se mantiene ningún estado entre búsquedas y el NPC simplemente usa su posición y la posición del jugador para determinar el siguiente movimiento.

La estrategia defensiva se muestra en la Tabla 4.15. Esta estrategia consiste en tomarse un tiempo para curarse evitando al jugador. Tomemos, por ejemplo, el NPC en el nodo D y el jugador nuevamente alrededor del nodo A. La tabla de búsqueda devuelve un movimiento del nodo D al nodo E, esencialmente poniendo distancia entre nosotros y el jugador. Si luego el jugador se movió al nodo D, la tabla de búsqueda devolvería el nodo F, alejándose de un eventual movimiento del jugador al nodo E. Tenga en cuenta que, en algunos casos, el mejor movimiento es no moverse en absoluto. Si el NPC estaba en el nodo G y el jugador en el nodo B, el valor devuelto de la tabla es '-', lo que indica que simplemente debe quedarse quieto.

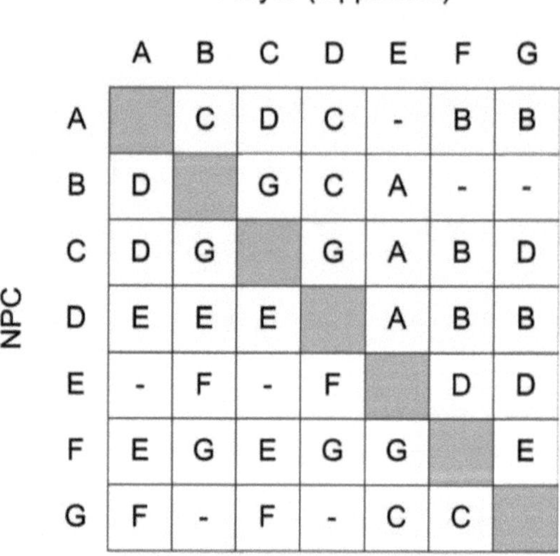



| | | A | B | C | D | E | F | G |
|---|---|---|---|---|---|---|---|---|
| | A | | C | D | C | - | B | B |
| | B | D | | G | C | A | - | - |
| | C | D | G | | G | A | B | D |
| NPC | D | E | E | E | | A | B | B |
| | E | - | F | - | F | | D | D |
| | F | E | G | E | G | G | | E |
| | G | F | - | F | - | C | C | |

**FIGURA 4.15.** Tabla de búsqueda de la estrategia defensiva del agente NPC.

Si bien es simple, este método nos brinda una forma eficiente de crear estrategias ofensivas y defensivas para un NPC. No se requiere ninguna búsqueda, simplemente una búsqueda en la tabla. Para agregar cierto nivel de imprevisibilidad a la estrategia ofensiva, el movimiento podría seleccionarse aleatoriamente con cierta probabilidad, en lugar de simplemente tomar el valor de búsqueda.

Considere también la estrategia ofensiva de la Figura 4.14 como un camino para encontrar un nodo determinado. Si necesitamos ir del nodo G al nodo B, la tabla de búsqueda nos lleva del nodo G al nodo C y luego finalmente al nodo B. De esta manera, la tabla de búsqueda nos brinda un algoritmo simple y eficiente para ir del punto A al punto B.

En entornos grandes, también es posible segregar un mapa en varios mapas conectados, cada uno con puntos de embudo por los que puede viajar un NPC. La Figura 4.16 muestra un mapa de tres zonas. En lugar de incluir una única tabla de búsqueda para todos los puntos, existirían tres tablas de búsqueda separadas. Si nuestro agente NPC estuviera en la habitación de la izquierda, podría usar la tabla de búsqueda para determinar qué camino tomar hacia un nodo determinado. Si el destino estuviera fuera de la sala, de forma predeterminada se movería al nodo A y, desde allí, la tabla de búsqueda externa se haría cargo de enrutar al NPC a su destino.

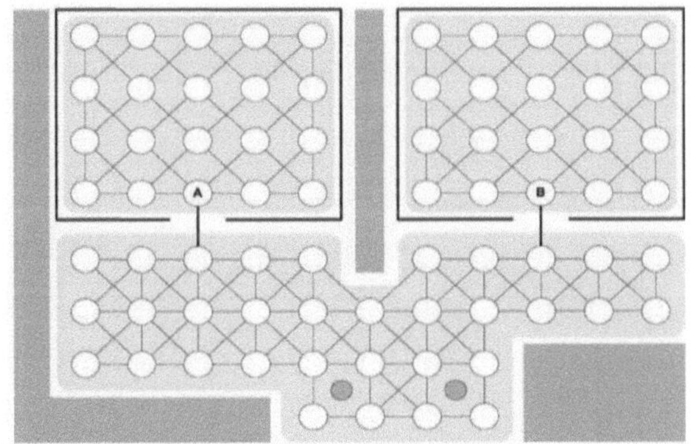

**FIGURA 4.16.** Segregación de un mapa en zonas separadas para simplificar la búsqueda de caminos.

El destino fuera la habitación del lado derecho, el NPC sería dirigido al nodo B y, al llegar al nodo B, usaría su tabla de búsqueda para recorrer el resto del camino.También es muy común que estos algoritmos dividan su procesamiento en el tiempo. Esto permite que el trabajo se realice en varias iteraciones, sin ocupar la CPU en una sola operación.

## Comportamiento de los PNJ

En la última sección, le dimos a nuestro NPC la capacidad de atravesar un mapa usando estrategias basadas en la salud del NPC (usando estrategias ofensivas y defensivas intencionales). Exploremos ahora algunas opciones para darle a nuestro NPC la capacidad de comportarse de manera inteligente en su entorno.

El comportamiento de un NPC no puede considerarse de forma aislada, porque en última instancia el comportamiento se basa en el entorno. El NPC debe poder percibir su entorno (ver, oír, etc.). Con la información percibida del entorno (así como la información del estado interno, como la motivación), el NPC puede razonar sobre lo que debe hacerse. El resultado del razonamiento es potencialmente un acto intencional, que se realiza como una acción. (ver Figura 4.17). Esta acción (y las acciones posteriores) es lo que externamente vemos como el comportamiento del agente.

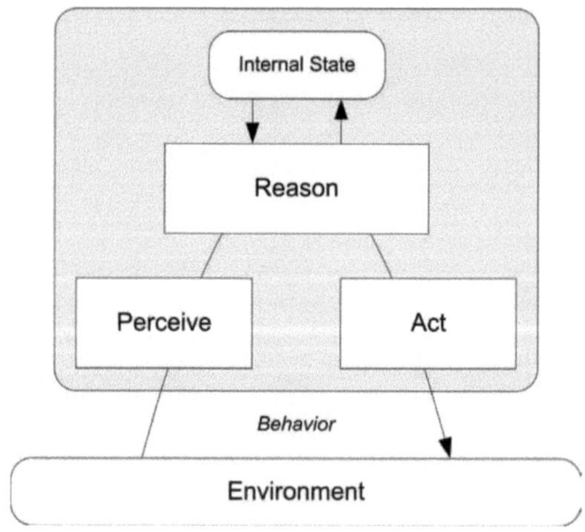


**FIGURA 4.17.** El circuito cerrado del razonamiento.

El NPC estará equipado con un conjunto de sensores que le permitirán sentir o percibir su entorno.

Estos sensores podrían indicar objetos (como el jugador) en su campo de visión en términos de visión o dirección de un objeto mediante la localización del sonido. Con un conjunto de sensores como entrada, el NPC ahora puede razonar sobre qué hacer. El estado interno también se mantiene para indicar un conjunto de objetivos de nivel superior que se deben alcanzar, o para indicar la salud del NPC (que podría cambiar su estrategia). Dado el estado del entorno y el estado interno del NPC, se puede seleccionar una acción. Esto puede alterar el entorno, cambiar el estado interno del NPC y dar como resultado un cambio en lo que hará el NPC a continuación. La acción de un NPC podría ser moverse a una nueva ubicación (como se describe en la sección anterior), comunicarse con otros NPC (posiblemente sobre la ubicación del jugador), cambiar su arma o cambiar su postura (pasar de una posición erguida a una posición boca abajo).).

Repasemos ahora algunas de las opciones que pueden darle a nuestro NPC algunas habilidades básicas de razonamiento.

## Máquinas de estados estáticos

Uno de los métodos más simples, y también uno de los más comunes, es la máquina de estados. Las máquinas de estados consisten en un conjunto de estados y arcos entre los estados que definen las condiciones necesarias para la transición. Considere la máquina de estados de IA del juego simple de la Figura 4.18.

Nuestro centinela NPC definido por la máquina de estados (más conocida como Máquina de Estados Finitos o FSM) tiene dos funciones básicas en la vida. El NPC marcha entre dos ubicaciones,

protegiendo la entrada del jugador. Cuando el jugador está a la vista, el NPC lucha hasta la muerte. La máquina de estados implementa esto como tres estados simples (se pueden considerar estados mentales). En el primer estado, el NPC marcha hacia la ubicación identificada como X. Continúa marchando hacia X a menos que suceda una de dos cosas.

Si el NPC llega a la ubicación X, está en su destino para el estado y hacemos la transición a la marcha alternativa.

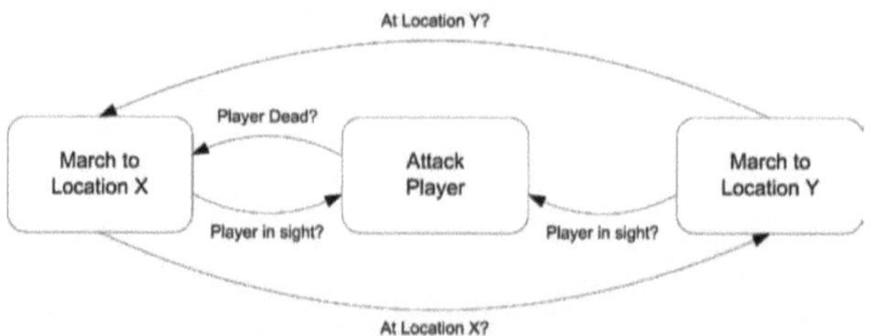


**FIGURA 4.18.** Máquina de estados para un juego simple de IA.

Si el NPC ve al jugador, ataca. Si ninguno de estos eventos ocurre, el NPC continúa marchando. Cuando el NPC ve al jugador, al entrar en su campo de visión, el FSM pasa al estado de ataque. En este estado, el NPC lucha a muerte. Si el NPC muere, entonces la máquina de estados ya no está activa (el NPC yace sin vida en el entorno). Si el NPC derrota al jugador, comienza a marchar nuevamente hacia la ubicación X.

FSM no tiene mucho que ofrecer, pero es simple y fácil de depurar.

También son muy predecibles, pero es posible agregar probabilidades de transición para darle al NPC un pequeño elemento de aleatoriedad.

## Arquitecturas de comportamiento en capas

Nuestro FSM anterior definió un agente muy simple que tenía dos cosas en mente: marchar y atacar. Lo más importante para el NPC era atacar, pero mientras no había ningún jugador en su campo de visión, estaba muy feliz de marchar de un lado a otro. Pero ¿qué pasa si nuestro NPC tiene más cosas de qué preocuparse? Si la salud del NPC es baja, debería dirigirse a la enfermería. Si el NPC tiene poca munición, debe dirigirse a la armería para recargar. Si más de un jugador parece atacar, ¿debería luchar o correr a la caseta de vigilancia para activar la alarma?

Estos no son del todo complejos, pero el NPC ahora necesita pensar un poco para determinar la acción más apropiada para el escenario dado.

Una forma de manejar este conflicto en la selección de acciones es la arquitectura de subsunción de Rodney Brooks. Esta arquitectura limita las responsabilidades a capas aisladas, pero permite que las capas se subsuman entre sí si surge la necesidad. Miremos nuevamente a nuestro NPC simple para ver cómo podríamos mapear los nuevos comportamientos refinados en la subsunción (ver Figura 4.19).

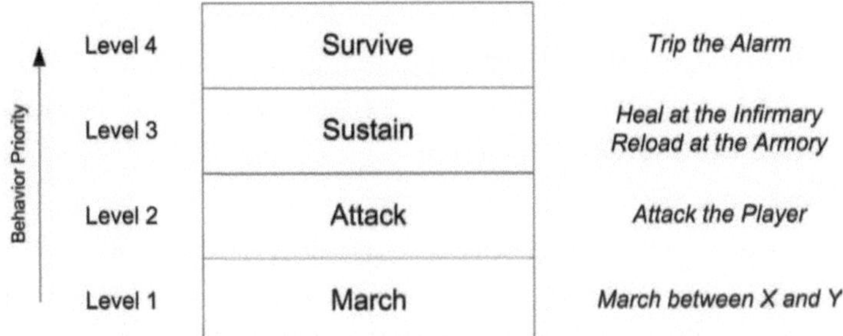


**FIGURA 4.19.** Capas de comportamiento para el NPC simple.

La Figura 4.19 ilustra un ejemplo de los requisitos de nuestro NPC para una arquitectura en capas.

Estos niveles deben considerarse en importancia relativa.

En el nivel uno, nuestro NPC realiza su tarea de guardia y marcha obedientemente a lo largo de su ruta. Si el jugador aparece a la vista, el NPC cambia a la capa de ataque para eliminar del entorno al molesto jugador. Desde la arquitectura de Brookes, la capa de Ataque subsumió (tuvo prioridad sobre) la capa de Marcha . Si no hay jugadores en el campo de visión y el NPC necesita ser curado o reponer sus municiones, la capa de sustentación se hace cargo de realizar esas acciones. Finalmente, el NPC recurrirá a la capa de supervivencia si se ve más de un jugador en el campo de visión. A medida que se cumplan las restricciones dentro de las capas, el NPC irá por defecto a la capa más baja. Por lo tanto, una vez eliminado el jugador y devuelta la munición y la salud, el NPC volverá a la marcha en el nivel uno.

Dentro de cada una de estas capas, se pueden utilizar FSM individuales para implementar el comportamiento relevante. De esta manera, se consultan máquinas de estado completamente nuevas basadas en la capa de comportamiento actual del NPC.

Una analogía interesante con los NPC en los videojuegos es el campo de los agentes inteligentes.

## Otros mecanismos de selección de acciones

Discutiremos otros algoritmos relevantes que podrían usarse para seleccionar una acción para un NPC en los siguientes capítulos. Las redes neuronales son un ejemplo interesante de selección (clasificación) de comportamiento, al igual que los algoritmos de planificación y muchos otros algoritmos de aprendizaje automático (aprendizaje por refuerzo, por nombrar uno). Los algoritmos de aprendizaje automático son de particular interés, ya que pueden inculcar al NPC la capacidad de aprender y comportarse de nuevas maneras en función de encuentros previos con el jugador.

En un juego típico, un motor de juego proporciona la plataforma base para los gráficos y el juego fundamental. Los comportamientos de los NPC se implementan comúnmente mediante scripts de alto nivel, con un intérprete de script implementado dentro del motor del juego. Esto proporciona una gran flexibilidad, donde el motor del juego se implementa en un lenguaje de alto nivel como C o C++ para mayor eficiencia, y los comportamientos de los NPC se implementan en un lenguaje de secuencias de comandos para mayor flexibilidad.

## Equipo de IA

En muchos juegos, no hay un único soldado NPC contra el que luchamos, sino todo un ejército que debe trabajar en armonía con un solo o un puñado de objetivos en mente. El control puede existir en varios niveles dentro de una jerarquía (ver Figura 4.20), desde el líder del escuadrón que dirige las tropas para flanquear a un enemigo en el campo usando información del campo de batalla en tiempo real, hasta el general que administra todo su ejército para implementar las políticas superiores. estrategias militares de nivel Gestionar un ejército en general puede implicar una gran cantidad de problemas, desde la programación y la producción, hasta la asignación de recursos y la estrategia y tácticas generales de la fuerza en el campo.

El problema aquí se puede simplificar enormemente minimizando el número de niveles u organización. En primer lugar, los soldados individuales simplemente siguen órdenes y, a menos que sean derrotados, pueden luchar hasta la muerte. Estas unidades individuales se pueden programar utilizando máquinas de estados finitos u otros mecanismos de comportamiento simples.

## CONSEJO

Seguir órdenes es un requisito, pero también hay algo que decir sobre la autonomía a nivel de soldado, aprovechando una situación local para mejorar las posibilidades de una victoria global.

El problema a resolver entonces es el control de alto nivel de toda la fuerza. Esto también puede subdividirse, especialmente cuando las fuerzas se dividen en pos de objetivos independientes. En el nivel más alto está la IA estratégica.

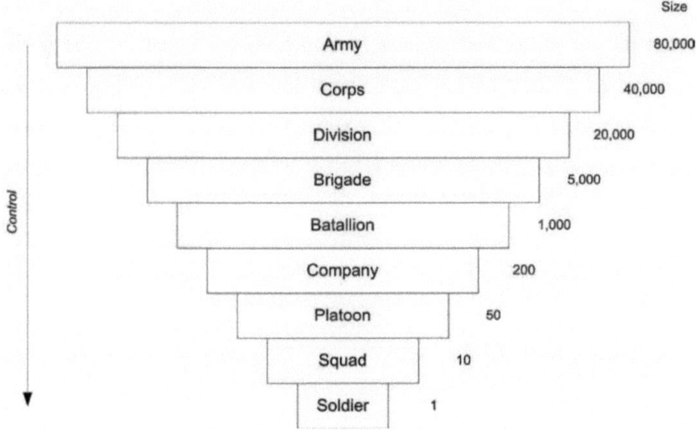


**FIGURA 4.20.** Estructura organizativa de un ejército simplificado.

Esta capa de la IA tiene la visión global del campo de batalla, fortalezas de las tropas, recursos disponibles, etc. La siguiente es la IA táctica cuyo trabajo es implementar la estrategia proporcionada desde arriba. En el peldaño más bajo está el soldado individual, sobre cuyos hombros colectivos depende esa estrategia general.

Para esta discusión, nos centraremos en el Equipo AI que se opone a un jugador humano, pero mucho de esto también se puede aplicar al Equipo AI que apoya cooperativamente al jugador, aunque esto puede ser considerablemente más difícil. Por ejemplo, trabajar cooperativamente con el jugador requiere que el NPC ayude, pero también se mantenga fuera del camino del jugador.

## Metas y planes

Un mecanismo interesante para el control de alto nivel sobre una jerarquía de unidades militares es definir un objetivo y luego crear un plan para alcanzarlo. También es necesaria la necesidad de reformular un plan, cuando finalmente fracasa.

Primero analicemos la lengua vernácula de planificación y luego exploremos cómo se puede aplicar a la IA en equipo. Primero, está el objetivo. Un objetivo puede ser un objetivo final (para el final del juego) o un objetivo intermedio que nos acerque a una situación de final del juego. Formalmente, una meta es una condición que se desea satisfacer. Ejemplos de objetivos incluyen tomar una posición enemiga, destruir un puente, flanquear a un enemigo, etc. Para alcanzar un objetivo, debemos realizar una serie de acciones, que son pasos independientes dentro de un plan.

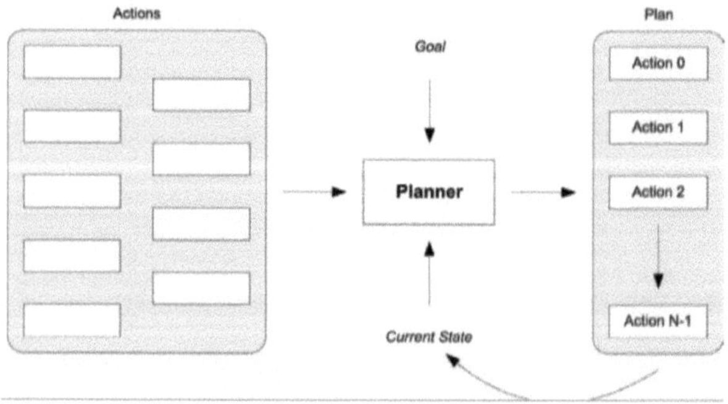


**FIGURA 4.21.** El plan y sus elementos.

El plan, entonces, es un conjunto de acciones

que, cuando se realizan en el orden dado, logran un objetivo (ver Figura 4.21). El método mediante el cual se formula un plan es mediante el uso de un planificador.

Como ejemplo, digamos que tenemos dos NPC que desean atacar a un jugador que está disparando desde una posición cubierta. Un ataque efectivo es que un NPC proporcione fuego de cobertura al jugador, mientras que el otro NPC se mueve a una posición de flanqueo para estar en una mejor posición para atacar al jugador. Esto podría representarse simplemente como se muestra en la Figura 4.22.

Para eliminar al jugador, un NPC proporciona fuego de cobertura sobre el jugador para que otro NPC pueda moverse a una posición de flanqueo para atacar al jugador. Una vez que este NPC está en posición de disparar, el otro NPC corre hacia la posición del jugador. Implícita en el plan está la cooperación, y a través de una estricta ordenación de las acciones, coordinación. Más adelante veremos cómo se logra la planificación (y como gran parte de la IA, es fundamentalmente un problema de búsqueda).

```
Goal: Eliminate( Player )

    Prerequisites:

        Covered_Position( Player )

        Alive( Player )

    Plan:

        Action-1: Identify_Flanking_Position( NPC_1 )

        Action-2: Covering_Fire( NPC_2 )

        Action-3: Move_to_Flanking_Position( NPC_1 )

        Action-4: Fire_at_Player( NPC_1 )

        Action-5: Rush_Player_Position( NPC_2 )
```

**FIGURA 4.22.** Ejemplo de plan para eliminar a un jugador en una Posición cubierta.

En la planificación están implícitas las condiciones previas (o requisitos previos) que deben cumplirse para que el plan sea válido. Considere el plan de la Figura 4.22 si solo hay un NPC presente. ¿Qué sucede si NPC_1 es eliminado mientras se mueve hacia su posición de flanqueo? Se deben cumplir condiciones previas para que un plan sea válido y, si en algún momento no se pueden realizar las acciones de un plan, el plan no puede continuar. Por tanto, en entornos dinámicos, la planificación y la replanificación van de la mano.

## IA estratégica en tiempo real

Un último uso interesante de la IA es el desarrollo de juegos de estrategia en tiempo real. La IA de estrategia en tiempo real se diferencia de la IA de equipo en que nos ocuparemos no solo de los aspectos militaristas del juego, sino también de los aspectos económicos. Por ejemplo, en un juego de estrategia en tiempo real, elementos de la civilización deben participar en la recolección de recursos como parte de un objetivo de nivel superior: construir un ejército para derrotar a un oponente.

Por ejemplo, al comienzo de un juego de estrategia en tiempo real, la atención se centra en el fortalecimiento social y militar. Esto implica crear nuevos ciudadanos para construir la economía. Una vez que la economía alcanza un cierto nivel, puede ocurrir una acumulación militar para atacar y derrotar a un enemigo.

Las condiciones descritas podrían integrarse dentro del propio motor del juego, pero para mayor flexibilidad, podrían implementarse por separado, permitiendo una fácil modificación sin tener que reconstruir el motor del juego. Una posibilidad que se ha utilizado en el pasado son los sistemas basados en reglas (o RBS).

## Programación basada en reglas

Los sistemas basados en reglas son una forma eficaz de codificar el conocimiento experto sobre el juego en un juego de estrategia. Los sistemas basados en reglas son tan interesantes que se ha formado un comité de estándares para estudiar su uso en los juegos. Un sistema basado en reglas se compone de dos memorias, una que contiene hechos y otra que contiene un conjunto de reglas que existen para determinar el comportamiento. Se aplica un algoritmo de coincidencia de reglas a los hechos y aquellas reglas que coinciden con los hechos se guardan en el conjunto de conflictos. Este conjunto de reglas luego se revisa y una regla elegida para activarse en un proceso llamado resolución de conflictos. Luego se aplica la regla y se actualiza la memoria de trabajo.

Seleccionar una regla para activar de una lista de reglas que coinciden puede utilizar varios algoritmos. Se podría seleccionar al azar la última regla que coincida o la regla que sea más específica (que tenga la mayor cantidad de condiciones).

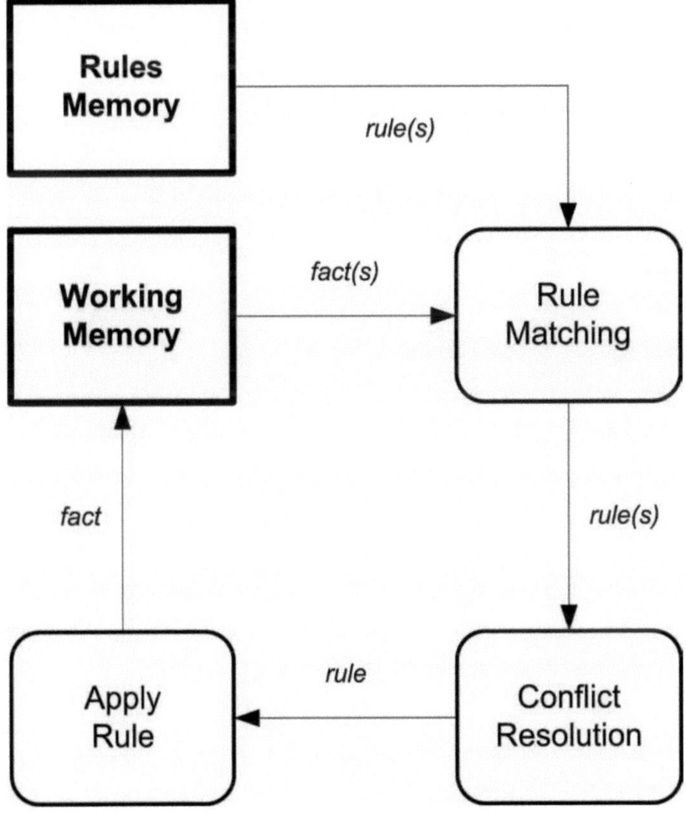


**FIGURA 4.23.** Flujo típico de un sistema basado en reglas.

Ahora que hemos explorado el proceso, veamos la anatomía de los hechos y las reglas. Un hecho es un elemento atómico de conocimiento que puede usarse junto con otros hechos para razonar usando reglas. Los hechos pueden adoptar diversas formas; una de las más comunes es la expresión S (o expresión simbólica), que simplemente es una forma de estructurar los datos. Considere los siguientes cuatro hechos en nuestra sencilla base de conocimientos:

(oponente-1 talla grande) (oponente-2 tamaño pequeño) (tamaño militar grande)

Con respecto a nuestro mundo de juego, estos hechos nos dicen que el primer oponente es grande, el segundo oponente es pequeño y nuestro ejército también se considera grande. Antes de ver algunas reglas dada nuestra pequeña base de conocimientos, revisemos la estructura de una regla.

Las reglas se componen de dos cosas, antecedentes y consecuentes. Si piensa en una regla como una construcción si/entonces, entonces el "si" es el antecedente y el "entonces" es el consecuente.

Considere la siguiente comparación simple:

```
if ((oponente.tamaño <= SMALL_SIZE) && (ejército.tamaño >= LARGE_SIZE)) {
ataque_oponente();
}
```

Este condicional simplemente dice que si el tamaño militar del oponente es pequeño y el nuestro es grande, los atacaremos. Una regla simple que codifica este comportamiento podría implementarse de la siguiente manera:

(regla "Atacar al oponente según el tamaño"
(?tamaño del oponente pequeño)
(tamaño militar grande)
==>

(¿ataque del ejército? oponente))

Tenga en cuenta que el elemento '?opponent' coincidirá con cualquier oponente en la memoria de trabajo, y cuando coincida con uno, usaremos este mismo oponente al atacar. Una vez que se activa esta regla, nuestra memoria de trabajo existirá como:
(oponente-1 talla grande) (oponente-2 tamaño pequeño) (tamaño militar grande)
(ataque del ejército oponente-1)

Este nuevo hecho impulsaría el comportamiento dentro del motor del juego para formular un plan para atacar al enemigo. La RBS también podría eliminar hechos impulsados por las consecuencias para reflejar el entorno dinámico del juego.

Para abordar los tamaños, la RBS puede "difuminar" los valores desde rangos hasta conjuntos distintos. Por ejemplo, el tamaño utilizado en los ejemplos anteriores podría identificar el rango [0..4999] como pequeño, [5000..9999] como mediano y [10000..50000] como grande. Esto reduce la complejidad de las entradas y simplifica la base de reglas.

Una RBS es un método útil para codificar conocimientos en un juego que puede usarse para impulsar comportamientos, especialmente comportamientos de alto nivel en cuestiones
de estrategia. También es ventajoso porque permite que el elemento de estrategia se desacople del motor del juego y permite que los desarrolladores del juego lo modifiquen posteriormente.

## RESUMEN DEL CAPÍTULO

Este capítulo proporcionó un amplio espectro de técnicas utilizadas en la IA de juegos, desde juegos clásicos hasta videojuegos modernos. En juegos clásicos como el ajedrez y las damas, e incluso en juegos con información imperfecta como el póquer, se puede encontrar el algoritmo de búsqueda de árbol de juegos minimax con poda alfa-beta. En estos juegos, el objetivo de

los desarrolladores es crear un oponente que pueda derrotar a jugadores de talla mundial.
Por el contrario, el objetivo de los videojuegos es crear oponentes que sean difíciles de
jugar, pero no perfectos. Incluso con esta limitación en mente, se pueden encontrar varias
tecnologías de IA en los juegos modernos, desde redes neuronales hasta sistemas basados
en reglas y árboles de decisión, para incorporar oponentes que sean a la vez desafiantes y
adaptables al nivel de juego del ser humano.


## REFERENCIAS

[AI Horizon] Disponible en línea en:
http://www.aihorizon.com/essays/chessai/boardrep.htm [Ajedrez AI] Disponible en línea
en:
http://www.cs.cornell.edu/boom/2004sp/ProjectArch/Chess/algorithms.
HTML
[Archer 1999] Archer, AF "Un tratamiento moderno del rompecabezas 15", Matemáticas
americanas. 106:, 793-799, 1999.
[Anderson 2005] Anderson, Gunnar. "Escribir un programa de Otelo", disponible en línea
en:
http://www.radagast.se/othello.
[Chellapilla, Fogel 2000] Chellapilla, Kumar y Fogel, David B. "Anaconda derrota a
Hoyle 6-0: un estudio de caso que compite con un programa de damas evolucionado
contra software disponible comercialmente (2000)". Actas del Congreso de Computación
Evolutiva de 2000 CEC00.
[IGDA 2005] "Grupo de trabajo sobre sistemas basados en reglas", Comité de
estándares de interfaz de IA, Informe AIISC de 2005, 2005. Disponible en línea en:
http://www.igda.org/ai/report-2005/rbs.html
[Johnson 1997] Johnson, George. "Para probar una computadora potente, juegue un
juego antiguo". Introducción a la Computación y la Cognición. Disponible en línea en:
http://www.rci.rutgers.edu/%7Ecfs/472_html/Intro/NYT_Intro/ChessMatch/
ParaTest.html
[Loki 2003] Jonathan Schaeffer, Darse Billings, Lourdes Peña, Duane Szafrón.

"Aprender a jugar al póquer fuerte". 2003.

[Lu 1993] Lu, Chien-Ping Paul. "Búsqueda paralela de árboles de caza estrechos".

Tesis de maestría, Universidad de Alberta, Departamento de Ciencias de la Computación,

Edmonton, Canadá, 1993.

[McCarthy 1990] Disponible en línea en:

http://www-db.stanford.edu/pub/voy/museum/samuel.html

[Samuel 1959] Samuel, AL "Algunos estudios sobre aprendizaje automático utilizando

el juego de damas", IBM Journal of Research and Development, 1959.

[Shannon 1950] J. Schaeffer "Campeonato Mundial de Ajedrez por Computadora de

1989", Computadoras, ajedrez y cognición, Springer-Verlag, Nueva York, 1990.

[Sutton/Barto 1998] Sutton, Richard S. y Barto, Andrew G. "Aprendizaje por refuerzo:

una

introducción". Prensa del MIT, 1998.


## RECURSOS

Temas de programación de ajedrez de Bruce Moreland. Disponible en línea en:

http://www.seanet.com/~brucemo/topics/topics.htm

[Chinook] Disponible en línea en:

http://www.cs.ualberta.ca/%7Echinook/

La Fundación Intelligent Go. Disponible en línea en:

http://intelligentgo.org/en/computer-go/overview.html

Bouzy, Bruno y Cazenave, Tristán. "Computer Go: una solución orientada a la IA

Encuesta." Universidad de París


Brooks, Rodney. "Un robusto sistema de control en capas para un robot móvil" IEEE

Journal of Robotics and Automation RA-2, abril de 1986.

Tesauro, Gerald. "Aprendizaje de diferencias temporales y TD-Gammon".

Disponible en línea en:

http://www.research.ibm.com/massive/tdl.html

TD-learning, redes neuronales y backgammon. Disponible en línea en:

http://www.cs.cornell.edu/boom/2001sp/Tsinteris/gammon.htm    [Sheppard    2002]

Sheppard, Brian. "Calibre de campeonato mundial
Escarbar,"
Inteligencia artificial 134: (2002), 241-275.


## EJERCICIOS

1. ¿Qué se entiende por búsqueda contradictoria y en qué se diferencia de
¿Búsqueda tradicional de árboles?


2. ¿Qué es ply en la búsqueda del árbol de juegos?

3. Dado el árbol de juego que se muestra en la Figura 4.24, ¿cuál es el valor en la raíz?
¿nodo?

4. Minimax puede buscar hasta las hojas del árbol o hasta una profundidad predefinida.
¿Cuáles son las consecuencias de finalizar una búsqueda a una profundidad predefinida?

5. Dado el árbol de juego que se muestra en la Figura 4.25, ¿cuál es el valor en el nodo
raíz y qué nodos se eliminan de la búsqueda?

6. ¿Cuál fue el primer programa de juego exitoso que utilizó el juego por cuenta propia
para aprender una estrategia efectiva?

7. Explique qué se entiende por juegos de información perfecta y de información
imperfecta. Dé algunos ejemplos de cada uno y defina de qué tipo son.

8. Defina algunas de las similitudes y diferencias para construir un juego. jugando IA para
damas y ajedrez.

9. ¿Cuáles son algunas de las principales diferencias entre crear IA para la versión clásica?
juegos y videojuegos?

# Capítulo 5

## CONOCIMIENTO Y REPRESENTACIÓN

La representación y práctica de representar el conocimiento para sistemas informáticos. Por forma que sea directamente manipulable por software. Esta es una distinción importante porque representar el conocimiento sólo es útil si hay alguna manera de manipular el conocimiento e inferir de él.

## INTRODUCCIÓN

Desde la perspectiva de Strong AI, KR se ocupa de la ciencia cognitiva detrás de la representación del conocimiento. ¿Cómo, por ejemplo, la gente almacena y manipula la información? Muchos de los primeros esquemas de representación resultaron de esta investigación, como los marcos y las redes semánticas.

Este capítulo explorará los diversos esquemas para la representación del conocimiento, desde los primeros métodos de representación hasta los métodos actuales como la Web Semántica. También exploraremos algunos de los mecanismos para la comunicación de conocimiento, tal como se usarían en sistemas multiagente.

## TIPOS DE CONOCIMIENTO

Si bien se podría crear una gran taxonomía de los distintos tipos de conocimiento, nos centraremos en dos de los más importantes: el declarativo y el procedimental.

El conocimiento declarativo (o descriptivo) es el tipo de conocimiento que se expresa como declaraciones de proposiciones (o conocimiento fáctico). Por otro lado, el conocimiento procedimental se expresa como el conocimiento de lograr algún objetivo (por ejemplo, cómo realizar una tarea determinada). El conocimiento procedimental se representa comúnmente mediante producciones y es muy fácil de usar pero difícil de manipular. El conocimiento declarativo se puede representar como lógica y es más sencillo de manipular, pero es más flexible y tiene el potencial de usarse de maneras que van más allá de la intención original.

## EL PAPEL DEL CONOCIMIENTO

Desde el contexto de la IA, representar el conocimiento se centra en utilizar ese conocimiento para resolver problemas, y la implicación de que el conocimiento es más que solo información fáctica. Por tanto, la forma en que se almacena el conocimiento es importante. Por ejemplo, podemos almacenar conocimiento en una forma legible por humanos y usarlo (como este libro), pero la IA no puede utilizar fácilmente el conocimiento almacenado en esta forma. Por lo tanto, el conocimiento debe almacenarse de manera que permita a la IA buscarlo y, si es necesario, inferir nuevo conocimiento a partir de él.

El objetivo principal de la representación del conocimiento es permitir que una entidad (programa) inteligente con una base de conocimiento le permita tomar decisiones inteligentes sobre su entorno. Esto podría incluir un agente encarnado para saber que el fuego está caliente (y debe evitarse), o que en ciertos casos se puede usar agua para apagar un fuego y hacerlo transitable. También podría usarse para razonar que los intentos repetidos de iniciar sesión en una dirección segura son potencialmente un intento de piratear un dispositivo y que la dirección del mismo nivel asociada con esta actividad podría monitorearse en otras actividades.

## REDES SEMÁNTICAS

Las redes semánticas son una forma útil de describir relaciones entre varios objetos. Esto es similar a una característica importante de la memoria humana, donde existe una gran cantidad de relaciones. Considere el concepto de libre asociación. Esta técnica fue desarrollada por Sigmund Freud, donde el paciente relaciona continuamente conceptos dado un concepto semilla inicial. La técnica suponía que los recuerdos están dispuestos en una red asociativa, por lo que pensar en un concepto puede conducir a muchos otros. La idea detrás de la asociación libre es que, durante el proceso, el paciente eventualmente tropezará con un recuerdo importante.

Considere el ejemplo que se muestra en la Figura 5.1. Esta simple red semántica contiene una serie de hechos y relaciones entre ese conocimiento. Las redes semánticas típicas utilizan la relación "IS_A" y "AKO" (A Kind Of) para vincular el conocimiento. Como se muestra aquí, hemos actualizado las relaciones para proporcionar más significado a la red. Los rectángulos de la red representan objetos y los arcos representan relaciones. Aquí podemos ver que se muestran dos ciudades capitales, y son capitales del mismo continente. Una capital es de un estado de Estados Unidos, mientras que otra es de Venezuela. Relaciones simples también muestran que dos ciudades de Nuevo México son Albuquerque y Santa Fe.

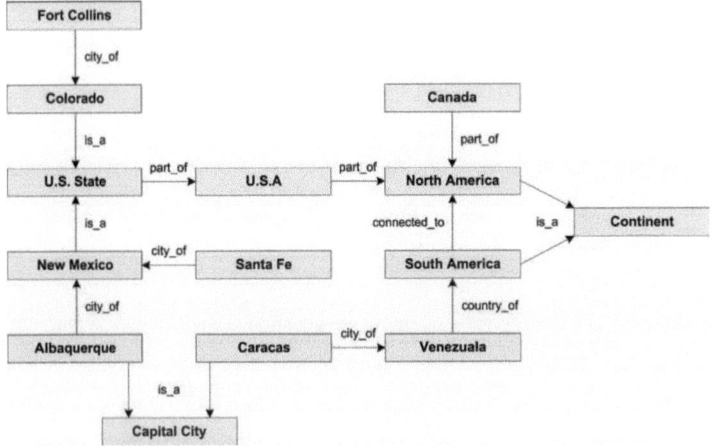


**FIGURA 5.1.** Una red semántica simple con una pequeña cantidad de hechos y relaciones.

La característica interesante de las redes semánticas es que tienen la capacidad de representar una gran cantidad de relaciones entre una gran cantidad de objetos. También se pueden formar de diversas formas, con distintos tipos de relaciones. La construcción de la red semántica está impulsada por la aplicación particular.

Un ejemplo interesante de red semántica es el Lenguaje Unificado de Modelado o UML. UML es una especificación para el modelado de objetos en notación gráfica. Es un mecanismo útil para visualizar relaciones de sistemas grandes y complejos e incluye la capacidad de traducir desde una forma gráfica (modelo abstracto) a una forma de software.

## MARCOS

Los marcos, presentados por Marvin Minsky, son otra técnica de representación que evolucionó a partir de redes semánticas (los marcos pueden considerarse como una implementación de redes semánticas). Pero en comparación con las redes semánticas, los marcos están estructurados y siguen una abstracción más orientada a objetos con mayor estructura. La representación del conocimiento basada en marcos se basa en el concepto de marco, que representa una colección de espacios que pueden llenarse con valores o enlaces a otros marcos (ver Figura 5.2).

En la Figura 5.3 se muestra un ejemplo de uso de marcos. Este ejemplo incluye varios marcos diferentes y diferentes tipos de marcos. Los marcos coloreados en gris en la Figura 5.3 son los llamados marcos genéricos . Estos marcos son marcos que describen una clase de objetos. El fotograma único que no está coloreado se denomina fotograma de instancia . Este marco es una instancia de un marco genérico. Tenga en cuenta también el uso de herencia en este ejemplo. El marco genérico Archer define una cantidad de espacios que son heredados por los marcos genéricos de su clase. Por ejemplo, el marco genérico Longbowman hereda las ranuras del marco genérico Archer. Por lo tanto, aunque la ranura del arma no está definida en el marco Longbowman, hereda esta ranura y valor del marco Archer.

De manera similar, 'john' es una instancia del marco Longbowman y también hereda el espacio y el valor de 'arma'.

Tenga en cuenta también la
redefinición del valor del espacio de "defensa".
Si bien un marco puede definir un valor predeterminado para esta
ranura, el marco de instancia puede anularlo.

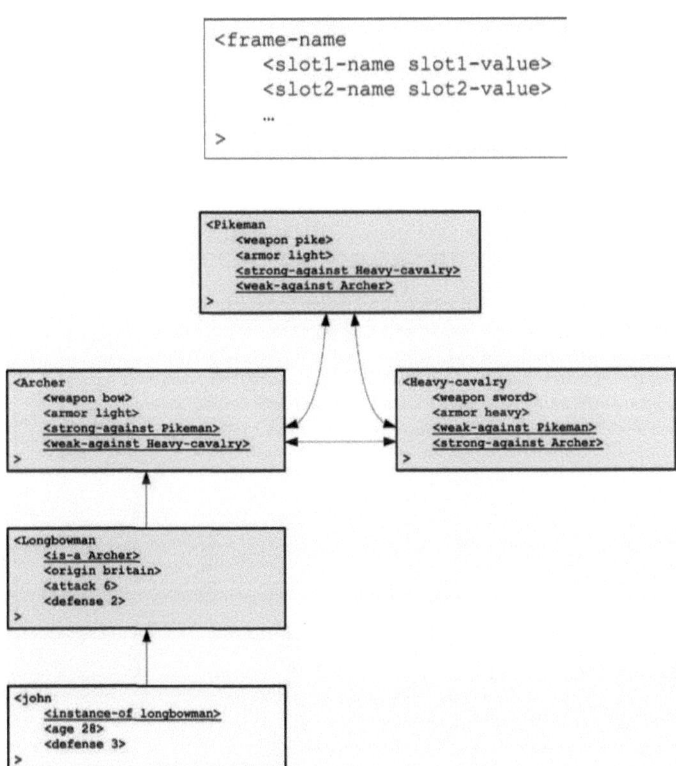


**FIGURA 5.2.** La estructura de un marco.

Finalmente, en este ejemplo, también relacionamos fotogramas genéricos mediante comparación. Definimos que una instancia de un Arquero es fuerte contra una instancia del marco Pikeman.

Lo que diferencia los marcos de las redes semánticas son los componentes activos que provocan efectos secundarios cuando se crean, manipulan o eliminan marcos. Incluso hay elementos que controlan acciones para manipulaciones a nivel de tragamonedas. Estos pueden considerarse desencadenantes, pero también se les conoce como demonios. Agregar disparadores a un lenguaje de representación de marco se llama adjunto procedimental y es una forma de incluir capacidades inferenciales en la representación de marco (ver Tabla 5.1).

**TABLA 5.1.** Anexos procesales para uso en marcos.

| | |
|---|---|
| if_added | Se activa cuando se coloca un nuevo valor en una ranura. |
| if_removed | Se activa cuando se elimina un valor de una ranura. |
| if_replaced | Se activa cuando se reemplaza un valor en una ranura. |
| if_needed | Se activa cuando un valor debe estar presente en una instancia marco. |

Un ejemplo de esto se muestra en el Listado 5.1. En este ejemplo, definimos algunos de los marcos que se muestran en la Figura 5.3. Con marcos (en iProlog), podemos definir rangos para algunos de los parámetros necesarios (como la defensa), y si el valor cae fuera de este rango, indicar este problema a la consola. Esto permite que los marcos no solo incluyan sus propios metadatos, sino también su propia autoverificación para garantizar que los marcos sean correctos y consistentes.

LISTADO 5.1: Ejemplos de marcos con iProlog

Objeto Archer ako con
arma: arco; armadura: ligera;
fuerte en contra: Pikeman; débil contra: Caballería pesada;

Arquero ako arquero con
origen: gran bretaña;
ataque: 6;

defensa de alcance: 2;
ayuda de rango

john isa longbowman con
if_removed
edad: 28;

0..9

0.                          .9
si el nuevo valor > 9 entonces
printf(nuevo valor, "defensa demasiado grande".
print("Ya no…")!
 defensa de alcance 3;

Una extensión del concepto de marco son los llamados guiones. Un guión es un tipo de fotograma que se utiliza para describir una línea de tiempo. Por ejemplo, se puede utilizar un guión para describir los elementos de una tarea que requieren la realización de varios pasos en un orden determinado.

## LÓGICA PROPOSICIONAL

La Lógica Proposicional, también conocida como lógica sentencial, es un sistema formal en el que el conocimiento se representa como proposiciones. Además, estas proposiciones se pueden unir de varias maneras utilizando operadores lógicos. Estas expresiones pueden entonces interpretarse como reglas de inferencia que preservan la verdad y que pueden usarse para derivar nuevos conocimientos a partir de los antiguos o probar el conocimiento existente.

Primero, introduzcamos la propuesta. Una proposición es un enunciado o una simple oración declarativa. Por ejemplo, "la langosta es cara" es una proposición. ¿Tenga en cuenta que no se asigna una definición de verdad a esta proposición;  puede ser verdadero o falso. En términos de lógica binaria, esto.

Esta proposición podría ser falsa en Massachusetts, pero cierta en Colorado. Pero una proposición siempre tiene un valor de verdad. Entonces, para cualquier proposición, podemos definir el valor verdadero con base en una tabla de verdad (ver Figura 5.4). Esto simplemente dice que cualquier proposición dada puede ser verdadera o falsa.

También podemos negar nuestra proposición para transformarla en el valor de verdad opuesto. Por ejemplo, si P (nuestra proposición) es "la langosta es cara", entonces ~P es "la langosta no es cara". Esto se representa en una tabla de verdad como se muestra en la Figura 5.5.

Las proposiciones también se pueden combinar para crear proposiciones compuestas. La primera, llamada conjunción, es verdadera sólo si ambas conjunciones son verdaderas (P y Q). La segunda, llamada disyunción, es verdadera si al menos una de las disyunciones es verdadera (P o Q). Las tablas de verdad para estos se muestran en la Figura 5.6. Estas son obviamente las tablas de verdad AND y OR de la lógica booleana.

El poder de la lógica proposicional entra en juego utilizando las formas condicionales. Las dos formas más básicas se denominan Modus Ponens y Modus Tollens. El modo de configuración se define como:

| P |
|---|
| T |
| F |

| P | ~P |
|---|---|
| T | F |
| F | T |

**FIGURA 5.4.** Tabla de verdad para una proposición.

**FIGURA 5.5.** Tabla de verdad para la negación de una proposición.

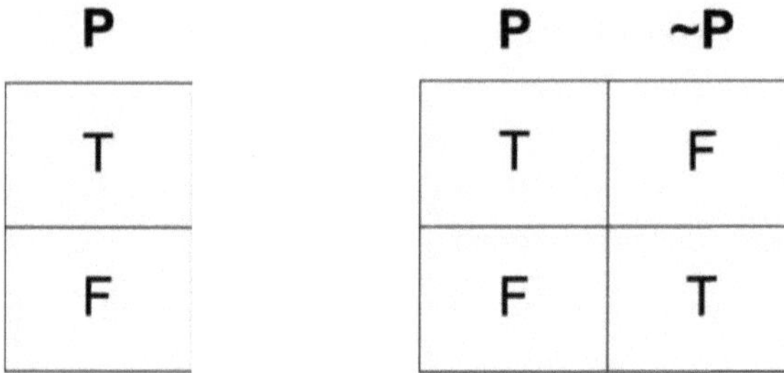

| P | Q | P • Q |
|---|---|---|
| F | F | F |
| F | T | F |
| T | F | F |
| T | T | T |

| P | Q | P v Q |
|---|---|---|
| F | F | F |
| F | T | T |
| T | F | T |
| T | T | F |

**FIGURA 5.6.** Tabla verdadera para conjunción y disyunción de dos proposiciones

| P | Q | P → Q |
|---|---|-------|
| F | F | T |
| F | T | T |
| T | F | F |
| T | T | T |

**FIGURA 5.7:** Tabla de verdad para Modus Despegando

| P | Q | P → Q |
|---|---|-------|
| F | F | F |
| F | T | F |
| T | F | T |
| T | T | T |

**FIGURA 5.8**: Tabla de verdad para Modus Poniendo

P, (P->Q), inferir Q

lo que simplemente significa que dadas dos proposiciones (P y Q), si P es verdadera, entonces Q es verdadera. En inglés, digamos que P es la proposición "la luz está encendida" y Q es la proposición "el interruptor está encendido". El condicional aquí se puede definir como:

si "la luz está encendida", entonces "el interruptor está encendido"

Entonces, si "la luz está encendida" es cierto, la implicación es que "la luz está encendida". Tenga en cuenta aquí que lo contrario no es cierto. El hecho de que "el interruptor esté encendido" no significa que "la luz esté encendida". Este es un conocimiento que nos da una idea del estado del interruptor del cual conocemos el estado de la luz.

En otras palabras, usando esta regla, tenemos una manera de obtener sintácticamente nuevos conocimientos de lo antiguo.

En estos ejemplos, podemos pensar en P como antecedente y Q como consecuente. Usando la forma si/entonces, la parte condicional de la afirmación es el antecedente y la afirmación que sigue al "entonces" es el consecuente.

La tabla de verdad del Modus Ponens se muestra en la Figura 5.7

Modus Tollens adopta el enfoque contradictorio de Modus Ponens. Con Modus Tollens, asumimos que Q es falso y luego inferimos que P debe ser falso. El Modus Tollens se define como:

P, (P->Q), no Q, por lo tanto no P.

Volviendo a nuestro ejemplo del interruptor y la luz, podemos decir "el interruptor no está encendido", por lo tanto "la luz no está encendida". El nombre formal de este método es prueba por contrapositiva. La tabla de verdad para Modus Tollens se proporciona en la Figura 5.8.

Para ayudar a entender los nombres, Modus Ponens en latín significa "modo que afirma", mientras que Modus Tollens en latín significa "modo que niega".

Una famosa regla de inferencia de la lógica proposicional es el silogismo hipotético. Este tiene la forma:

((P->Q) ^ (Q->R), por lo tanto (P->R)

En este ejemplo, P es la premisa mayor y Q es la premisa menor. Tanto P como Q tienen un término común con la conclusión, P->R. El uso más famoso de esta regla, y la ilustración ideal, se proporciona a continuación:

 Premisa mayor (P):

 Todos los hombres son mortales.

 Premisa menor (Q): Sócrates es un hombre.

Conclusión: Sócrates es mortal.

Observe en este ejemplo que tanto P como Q comparten un término común (men/ hombre) y la Conclusión comparte un término de cada uno (Sócrates de Q y mortal de P).

La lógica proposicional incluye una serie de reglas de inferencia adicionales (más allá del Modus Ponens y el Modus Tollens). Estas reglas de inferencia se pueden utilizar para inferir conocimiento a partir del conocimiento existente (o deducir conclusiones a partir de un conjunto existente de premisas verdaderas).

## Razonamiento deductivo con lógica proposicional

En el razonamiento deductivo, la conclusión se llega a partir de un conjunto de premisas previamente conocidas. Si las premisas son verdaderas, entonces la conclusión también debe ser verdadera.

Exploremos ahora un par de ejemplos de razonamiento deductivo utilizando lógica proposicional. Como el razonamiento deductivo depende del conjunto de premisas, investiguemos estas primero.

1) Si llueve, el suelo está mojado.

2) Si el suelo está mojado, el suelo está resbaladizo.

Los dos hechos (conocimiento sobre el medio ambiente) son la Premisa 1 y la Premisa 2. Estas también son reglas de inferencia que se utilizarán en la deducción.

Ahora introducimos otra premisa: está lloviendo.

3) Está lloviendo.

Ahora, demostremos que es resbaladizo. Primero, usando Modus Ponens con Premisa 1 y Premisa 3, podemos deducir que el suelo está mojado:

4) El suelo está mojado. (Modus Ponens: Premisa 1, Premisa 3)

Nuevamente, usando Modus Ponens con las Premisas 3 y 4, podemos demostrar que es resbaladizo:

5) El suelo está resbaladizo. (Modus Ponens: Premisa 3, Premisa 4)

Tenga en cuenta que, en este ejemplo, el silogismo hipotético también funcionaría, demostrando que el suelo está resbaladizo en un solo paso.

## Limitaciones de la lógica proposicional

Si bien la lógica proposicional es útil, no puede representar la lógica de propósito general de manera compacta y sucinta. Por ejemplo, una fórmula con N variables tiene 2**N interpretaciones diferentes. Tampoco admite cambios en la base de conocimientos fácilmente.

¿Los valores de verdad de las proposiciones también pueden ser problemáticos, por ejemplo; Considere la siguiente proposición compuesta. Esto se considera verdadero (usando Modus Ponens donde P -> Q es verdadero cuando P es falso y Q es falso, consulte la Figura 5.7).

Si los perros pueden volar, los gatos también pueden volar.

Ambas afirmaciones son obviamente falsas y, además, no existe ninguna conexión entre las dos. Pero desde el punto de vista de la lógica proposicional, son sintácticamente correctos. Un problema importante de la lógica proposicional es que proposiciones enteras se representan como un solo símbolo. En la siguiente sección, veremos otra representación lógica que permite un control más preciso y una representación más precisa de un entorno.

## LÓGICA DE PRIMER ORDEN (LÓGICA DE PREDICADOS)

En la sección anterior se exploró la lógica proposicional. Un problema con este tipo de lógica es que no es muy expresiva. Por ejemplo, cuando declaramos una proposición como:

El suelo está mojado.

No está claro a qué terreno nos referimos. Tampoco podemos determinar qué líquido está mojando el suelo. La lógica proposicional carece de la capacidad de hablar de detalles.

En esta sección, exploraremos el cálculo de predicados (también conocido como lógica de primer orden o FOL). Usando FOL, podemos usar tanto predicados como variables para agregar mayor expresividad y más generalización a nuestro conocimiento.

En FOL, el conocimiento se construye a partir de constantes (los objetos del conocimiento), un conjunto de predicados (relaciones entre el conocimiento) y una serie de funciones (referencias indirectas a otros conocimientos).

### Oraciones atómicas

Una constante se refiere a un solo objeto en nuestro dominio. Un conjunto de muestra de constantes incluye:

marc, elise, bicicleta, scooter, el extraño, colorado

Un predicado expresa una relación entre objetos o define propiedades de esos objetos. A continuación se definen algunos ejemplos de relaciones y propiedades:

posee, paseos, sabe,

persona, soleado, libro, dos ruedas

Con nuestras constantes y predicados definidos, ahora podemos usar los predicados para definir relaciones y propiedades de las constantes (también llamadas oraciones atómicas). Primero, definimos que tanto Marc como Elise son "Personas". La 'Persona' es una propiedad de los objetos (Marc y Elise).

Persona (marco) Persona (elise)

Lo anterior puede aparecer como una función, con Persona como función y Marc o Elise como argumento. Pero en este contexto, Persona(x) es una relación unaria que simplemente significa que Marc y Elise entran en la categoría de Persona. Ahora definimos que Marc y Elise se conocen. Usamos el predicado know para definir esta relación. Tenga en cuenta que los predicados tienen aridad, que se refiere al número de argumentos. El predicado 'Persona' tiene una aridad si uno donde el predicado 'sabe' tiene una aridad de dos.

Sabe (marc, elise)

Sabe (elise, marc)

Luego podemos ampliar nuestro dominio con una serie de otros átomos. oraciones, que se muestran y definen a continuación:

Paseos (marc, bicicleta) - Marc anda en bicicleta.

Paseos (elise, scooter)  - Elise anda en scooter.


De dos ruedas (bicicleta) Libro (el-extraño)


- Una Bicicleta es de dos ruedas.

- El-Extraño es un libro.


Posee (elise, Libro (el-extraño)): Elise posee un libro llamado The Stranger.

Finalmente, una función nos permite transformar una constante en otra constante.

Por ejemplo, la función sister_of se muestra a continuación:

Sabe( marc, sister_of( sean ) ) -Marc conoce a la hermana de Sean.

## Oraciones compuestas

Recuerde de la lógica proposicional que podemos aplicar operadores booleanos para construir oraciones más complejas. De esta forma, podemos tomar dos o más oraciones atómicas y con conectivos construir una oración compuesta. A continuación se muestra un conjunto de muestra de conectores:

Y O

¬ NO

Condicional Lógico (entonces) Bicondicional lógico

A continuación se muestran ejemplos de oraciones compuestas:

Sabe( marc, elise )        Sabe( elise, marc )

-                          Marc y Elise se conocen.

Sabe( marc, elise )        ¬Sabe( elise, marc )

-                          Marc conoce a Elise y Elise no conoce a Marc.

Paseos( marc, scooter )    Paseos( marc, bicicleta )

-    Marc anda en scooter o Marc anda en bicicleta.

También podemos construir condicionales usando el conectivo condicional lógico, por ejemplo:

Sabe (marc, elise)        Sabe (elise, marc)

-    Si Marc conoce a Elise, entonces Elise conoce a Marc.

Esto también se puede escribir como bicondicional, lo que cambia ligeramente el significado. El bicondicional, a b simplemente significa "b si a y a si b", o "b implica a y a implica b".

Sabe( marc, elise )  Sabe( elise, marc )

-    Marc conoce a Elise si Elise conoce a Marc.

Otra forma de pensar el bicondicional es a partir de la construcción de dos condicionales en forma de conjunción, o:

(a  b)                    (b  a)

## Variables

Esto implica que ambas son verdaderas o ambas son falsas.

Hasta ahora, hemos explorado oraciones en las que toda la información estaba presente, pero para que sean útiles, necesitamos la capacidad de construir oraciones abstractas que no especifiquen objetos específicos. Esto se puede hacer usando variables. Por ejemplo:

Sabe( x, elise )          Persona( x )

- Si x conoce a Elise, entonces x es una persona.

Si también supiéramos que: 'Sabe (marc, elise)' entonces podríamos deducir que Marc es una persona (Persona(marc))-

## Cuantificadores

Juntémoslo ahora con los cuantificadores. Un cuantificador se utiliza para determinar la cantidad de una variable. En lógica de primer orden, existen dos cuantificadores, el cuantificador universal ( ) y el cuantificador existencial ( ). El cuantificador universal se utiliza para indicar que una oración debe ser válida cuando se sustituye la variable por algo. El cuantificador existencial indica que hay algo que puede sustituirse por la variable de modo que la oración se cumpla. Veamos un ejemplo de cada uno.

x. Persona( x )

-                          Existe x, que es una Persona.

x.                         x. Persona( x )    (Sabe( x, elise)        Sabe (x, marc))

-                          Para todas las personas, existe alguien que conoce a Marc o Elise.

x.                         x. Sabe( x, elise ) Persona( x )

-                          Para cualquier x, si hay alguien x que conoce a Elise, entonces x es una Persona. Ahora que tenemos una comprensión básica de la lógica de primer orden, exploremos

FOL más lejos con Prolog.

## Lógica de primer orden y prólogo

En realidad, Prolog se basa en una versión de FOL con algunas diferencias sutiles que exploraremos. Prolog es en esencia un lenguaje para la representación del conocimiento. Permite definir hechos (o cláusulas) y también reglas (que también son cláusulas, pero tienen cuerpo). Comencemos con una introducción rápida a Prolog y sigamos con algunos ejemplos para demostrar tanto su representación del conocimiento como sus capacidades de razonamiento.

Un entorno Prolog se compone de varios elementos, pero tres de los elementos importantes son la base de conocimientos (reglas y hechos), el motor de inferencia y el intérprete (la interfaz con el motor de inferencia y la base de conocimientos).

## Ejemplo sencillo

Comencemos con un ejemplo que se exploró por primera vez con lógica proposicional. Considere el argumento:

Todos los hombres son mortales.
Sócrates es un hombre.
Por tanto, Sócrates es mortal.

Podemos traducir todo menos la conclusión a lógica de predicados de la siguiente manera:

x Hombre(x)          Mortal(x) Hombre (Sócrates)

Entonces, para todo X donde X es un Hombre, entonces X también es un Mortal. Hemos proporcionado el predicado que indica que Sócrates es un Hombre, por lo tanto Sócrates también es Mortal. Ahora veamos cómo se traduce esto a Prolog. Primero, definiremos la regla:

mortal(X) :-

de la isla de Man).

Tenga en cuenta que en Prolog, la regla se define de manera diferente que el argumento FOL (como una cláusula de Horn). Para el demostrador del teorema de Prolog, esto puede leerse como "para mostrar mortal(X), resolver hombre(X)". La regla también se puede leer "mortal(X) si hombre(X)".
Tenga en cuenta que el punto al final de la regla indica el final de la oración.

A continuación, proporcionamos nuestro hecho (Sócrates es un hombre):
hombre(sócrates).

Tenga en cuenta que esto es idéntico a definir una regla para un hecho, que podría especificarse como:
hombre(Sócrates) :- cierto.

Toda la información ya ha sido definida. Ahora se puede enviar una consulta a Prolog para probar la conclusión. A continuación se muestran dos métodos. El primero simplemente prueba la conclusión y el segundo es una consulta de aquellos objetos que satisfacen el predicado:
| ?- mortal(Sócrates).
Sí
| ?-mortal(X)
X = sócrates Sí
A principios de la década de 1980, Japón inició el proyecto de sistemas informáticos de quinta generación. El objetivo de este proyecto era el desarrollo de una supercomputadora de "quinta generación" construida para un paralelismo masivo con la IA como su aplicación principal. El lenguaje principal de la computadora era Prolog, pero como Prolog en ese momento no admitía la concurrencia, se desarrollaron otros lenguajes en su lugar. Mientras el proyecto estaba en desarrollo, la tecnología en todo el mundo evolucionó en diferentes direcciones (microprocesadores y software). El proyecto no tuvo

éxito, pero produjo cinco máquinas paralelas y una variedad de aplicaciones.
[Feigenbaum 1983]

## Recuperación de información y KR

Prolog a menudo se considera una forma de almacenar y recuperar información de manera inteligente, pero puede hacerlo de una manera que la haga más útil que lo que comúnmente está disponible en un sistema de base de datos relacional tradicional. Comencemos con un ejemplo del uso de Prolog para representar una pequeña cantidad de conocimiento y luego exploremos algunas reglas para darle sentido al conocimiento.

El primer paso es definir el dominio del conocimiento, o los hechos para los cuales se utilizarán las reglas posteriores. Este ejemplo utilizará un conjunto de datos simples sobre el Sistema Solar, comenzando con los planetas que orbitan alrededor del sol. Se utilizará un predicado común llamado órbitas, que se utilizará no sólo para describir los planetas (objetos que orbitan alrededor del sol) sino también para definir los satélites que orbitan los planetas (ver Listado 5.1). Observe en el Listado 5.1 que primero se definen los planetas (aquellos que orbitan alrededor del sol). A esto le sigue cada uno de los planetas. Cada planeta que tiene satélites utiliza el predicado de órbitas para identificar los satélites que orbitan cada uno de los planetas (en el Listado 5.1 solo se muestra una muestra).

Finalmente, el predicado gaseous_planet se utiliza para definir los gigantes gaseosos del sistema solar.

LISTADO 5.1: Una base de conocimiento de hechos sobre el Sistema Solar.

Órbitas (sol, mercurio). Órbitas (sol, venus). Órbitas (sol, tierra). Órbitas (sol, marte).
órbitas(sol, júpiter). órbitas(sol, saturno). órbitas(sol, urano). órbitas(sol, neptuno).
órbitas (tierra, la_luna). órbitas(marte, fobos). órbitas(marte, deimos). órbitas(júpiter, metis).
órbitas (Júpiter, Adrastea).
…

órbitas(saturno, pan). órbitas(saturno, atlas).

…

órbitas(urano, cordelia). órbitas (Urano, Ofelia).

…

órbitas(neptuno, náyade). órbitas (neptuno, thalassa).

…

planeta_gaseoso(júpiter).    planeta_gaseoso    (saturno).    planeta_gaseoso    (urano).
planeta_gaseoso(neptuno).


Con este conjunto de hechos, ahora se puede definir un conjunto de reglas para incorporar conocimientos adicionales en la base de datos y respaldar una pequeña cantidad de razonamiento. Primero, recordemos que un planeta se define como un objeto importante que

orbita alrededor del sol. Esta regla puede utilizar el predicado de las órbitas con el sol para

identificar aquellos elementos que son planetas (y no satélites). planeta (P) : -
órbitas(sol, P).

Como se muestra, cualquier objeto (de nuestra base de conocimientos) que orbita alrededor del sol es un planeta. Con esta definición, podemos definir fácilmente una regla para los satélites. Un satélite es simplemente un objeto que orbita alrededor de un planeta. satélite(s) :-
órbitas(P, S), planeta(P).


Este predicado utiliza una conjunción que primero utiliza el objeto satélite (S) para determinar qué objetos (P) con el predicado de órbitas se satisfacen. Si este predicado produce un objeto P y es un planeta (usando el predicado planeta), entonces S es un satélite.


La siguiente regla separa los planetas gigantes gaseosos (planetas gaseosos) de los planetas terrestres. Tenga en cuenta que al final del Listado 5.1, los planetas gaseosos se definen utilizando el predicado gaseous_planet. Esto se utiliza como se muestra a continuación en la forma negada (\+) junto con el predicado de planeta, para determinar si un objeto es un planeta terrestre.

planeta_terrestre (P) : -

planeta(P) , \+ planeta_gaseoso(P).

Finalmente, con los datos satelitales proporcionados, es muy sencillo determinar si el objeto no tiene satélites. Dado el objeto planeta (que se valida con el predicado planeta), esto se usa junto con el predicado de órbitas para determinar si no se devuelven resultados con la negación (\+).

no_lunas(P) :-

planeta(P) , \+ órbitas(P, S).

Tener un predicado que identifique que un planeta no tiene satélites (no_

lunas), es muy sencillo negar esto para identificar si un planeta tiene satélites (has_moons).

tiene_lunas(P) :-

\+ no_lunas(P).


Este ejemplo ilustra una propiedad interesante de la representación del conocimiento y también de la acumulación humana de conocimiento.

El conocimiento se puede construir sobre otros conocimientos. Dado un conjunto y una distinción entre una parte de ese conjunto, las clasificaciones pueden definirse y refinarse aún más a partir de un conjunto de conocimientos inicialmente pequeño. Por ejemplo, sabiendo que un planeta orbita alrededor del sol, sabemos que todos los demás objetos que orbitan alrededor de un objeto distinto del sol son satélites. Un satélite es la luna de un objeto, por lo que es sencillo determinar qué objetos tienen lunas y cuáles no. Esta propiedad también puede ser una maldición porque a medida que crecen las relaciones entre los datos, cualquier error puede tener amplios efectos en toda la base de conocimientos.


## Representar y razonar sobre un entorno.

Además del simple razonamiento con una base de datos, Prolog se puede utilizar para representar un entorno y razonar sobre él. Exploremos ahora un mapa muy simple que identifica un conjunto de ubicaciones y luego veamos algunas funciones que le brindan a

Prolog la capacidad de recorrer el mapa. Observe en la Figura 5.9 que nuestro mapa en realidad no es más que un simple gráfico. Las conexiones en el mapa son bidireccionales (de modo que puedes ir de Lyons a Longmont, y también de Longmont a Lyons). Recuerde del capítulo 2 que en un gráfico existe un conjunto de aristas. Una arista es una conexión entre dos vértices del gráfico. Así que el primer punto de nuestra.

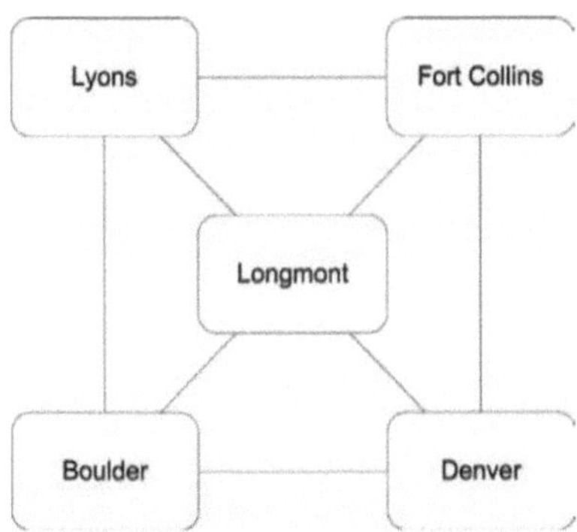


**FIGURA 5.9.** Mapa representado como un gráfico bidireccional simple

LISTADO 5.2: Definiendo los bordes de nuestro mapa simple para Prolog

borde(lyons, fort_collins). borde(lyons, longmont). borde(lyons, canto rodado). borde(roca, monte largo). borde(boulder, denver). borde(longmont, lyons). borde(longmont, roca). borde(longmont, fort_collins). borde(longmont, denver). borde (fort_collins, denver).

Con este conjunto de hechos definido, podemos realizar algunas consultas con Prolog. Por ejemplo, podemos proporcionar una ciudad y luego consultar qué ciudades están conectadas con el predicado:

| ?- borde (longmont, Y).

Y = Lyon? ;

Y = roca? ;

Y = fort_collins? ; Y = denver

Sí

| ?-

También podríamos usar el predicado en la forma borde(X, longmont), pero como no detallamos la naturaleza bidireccional de nuestro gráfico, esto no es tan útil.

A continuación, se define una regla para determinar la conexión de dos ciudades. Llamaremos a esta regla conectar y devolverá verdadero si las ciudades están conectadas en el mapa por un borde, o falso si no están conectadas (ver Listado 5.3). Observe cómo se construye esta regla. Usamos el predicado borde para consultar si se ha definido un borde, pero como no codificamos cada dirección en los hechos, podemos probar ambos casos aquí para asegurarnos de detectar un hecho que indique que el borde existe. Recuerde que el punto y coma es una operación booleana OR, por lo que si uno u otro es verdadero, devolvemos verdadero (que existe una arista y una conexión).

LISTADO 5.3: Definición de una regla para probar si existe una arista.

```
conectado (X, Y): -
borde(X, Y); borde (Y, X).
```

Ahora exploremos un conjunto de reglas que se pueden usar para determinar uno o más caminos entre ciudades en nuestro mapa simple. Llamaremos ruta de reglas y utiliza otras dos reglas; atravesar y retroceder. El recorrido de regla es una regla recursiva que busca un camino entre una ciudad inicial y final (etiquetadas X e Y). También mantiene una variable Ruta, que es la consulta mediante la cual se define la regla. Una vez que Traverse ha encontrado un camino, se utiliza la regla inversa para invertir el orden del camino encontrado y devolvérselo al usuario (consulte el Listado 5.4). Tenga en cuenta el uso de [X] en la regla transversal. Los corchetes indican que se está creando una lista y el contenido de la lista se define como X, o la primera ciudad en la ruta.

LISTADO 5.4: Reglas para determinar caminos recursivamente.

```
ruta (X, Y, ruta): -
atravesar(X, Y, [X], Q),
```

marcha atrás (Q, ruta).

Se crearán dos reglas de alto nivel para recorrer el gráfico. El primero (que se muestra en el Listado 5.5) es el caso especial de un camino entre sólo dos ciudades. En este caso, el predicado conectado se utiliza para determinar esta condición y no se realizan llamadas recursivas. Tenga en cuenta que en la llamada transversal, el camino se construye con Y (ciudad final) como inicio y el camino como final. Esto se hace porque la lista se construye en el orden de la ciudad visitada más recientemente. La ciudad inicial es el último elemento de la lista y la ciudad visitada más recientemente es el primer elemento. Cuando se utiliza lo contrario, la lista aparecerá normalmente en la salida (de la primera a la última ciudad).

LISTADO 5.5: Primera regla para la travesía.

traverse(X, Y, P, [Y|P]) :- conectado(X,Y).

La segunda regla más compleja crea una llamada recursiva después de una serie de pruebas (condiciones previas). Primero, el predicado conectado se utiliza para devolver las ciudades conectadas a la ciudad actual (X). Este paso determina los siguientes pasos posibles en el camino, que pueden ser numerosos. Cada uno se devuelve como una lista construida por separado (llamadas separadas para recorrer rutas separadas). La siguiente ciudad a visitar se llama Z, y la siguiente prueba es asegurar que la siguiente ciudad no sea nuestro destino (Z\==Y).

Finalmente, usamos la función miembro para probar si la ciudad actual es parte de la ruta actual (ya que no visitaremos una ciudad más de una vez). Si estas pruebas pasan, entonces hacemos una llamada recursiva para recorrer con Z como la ciudad actual (la siguiente a visitar) e Y como destino. El camino se actualiza, agregando Z al camino de la ciudad. Luego, las llamadas continúan (para cada ruta), hasta que una o más de las pruebas fallan, momento en el que las llamadas recursivas se detienen y la cadena de llamadas se desenrolla (se devuelve al llamante principal). (Ver Listado 5.6.)

LISTADO 5.6: Segunda regla recursiva para la travesía.

atravesar (X, Y, V, ruta): -

conectado(X,Z), Z\==Y, \+miembro(Z,V), atravesar(Z, Y, [Z|V], Ruta).

Ahora se puede realizar una consulta para determinar las rutas disponibles de una ciudad a otra ciudad. En el Listado 5.7 se muestra un ejemplo de este proceso usando Prolog. Tenga en cuenta que se devuelven todas las permutaciones de las rutas.

LISTADO 5.7: Una consulta de prueba de la base de conocimiento del mapa.

```
| ?- camino(lyons, denver, P).
P = [lyons,fort_collins,denver] ? ;
P = [lyons,fort_collins,longmont,denver] ? ;
[lyons,fort_collins,longmont,boulder,denver]        ?        ;        P        =
[lyons,fort_collins,longmont,boulder,denver] ? ; P = [lyons,longmont,denver] ? ;
P = [lyons,longmont,boulder,denver] ? ;
P = [lyons,longmont,fort_collins,denver] ? ; P = [lyons,longmont,boulder,denver] ? ;
P = [lyons, boulder, denver]? ;
P = [lyons, boulder, longmont, denver]? ;
P = [lyons,boulder,longmont,fort_collins,denver] ? ; P = [lyons, boulder, longmont,
denver]? ;
P = [lyons,boulder,longmont,fort_collins,denver] ? ; P = [lyons,longmont,denver] ? ;
P = [lyons,longmont,boulder,denver] ? ;
P = [lyons,longmont,fort_collins,denver] ? ; P = [lyons,longmont,boulder,denver] ? ; (10
ms) no
| ?-
```

## WEB SEMÁNTICA

La Web Semántica es el nombre detrás de un esfuerzo por cambiar la forma en que se define e interpreta la web. Hoy en día, Internet se compone de servidores y contenidos que se definen predominantemente mediante el lenguaje de marcado de hipertexto (o HTML). Este lenguaje proporciona una manera de agregar textura a las páginas web, de modo que en lugar de ser simplemente documentos de texto, se pueda incluir otra información como información gráfica o de audio. Pero HTML simplemente proporciona una forma de embellecer el contenido para que pueda representarse en un dispositivo de forma independiente.

En el Listado 5.8 se muestra un ejemplo sencillo de HTML. Este ejemplo define una página web simple que incluye un título (que se coloca en el encabezado del navegador) y un cuerpo que simplemente emite dos párrafos.

Cada párrafo de este ejemplo define un autor y un título del que es autor. Usando la etiqueta HTML de párrafo (<p>), estas líneas están separadas por una sola línea.

LISTADO 5.8: Un ejemplo simple de HTML.

```
<html>
<cabeza>
<title>Lista de autores</title>
</cabeza>
<cuerpo>
<p>Artículo A de John Doe</p>
<p>Artículo B de Jane Doe</p>
</cuerpo>
</html>
```

Entonces, en el Listado 5.8 vemos que es relativamente fácil crear una página web que pueda ser vista por cualquier navegador web estándar. Si bien esto es útil, sólo lo es desde una perspectiva humana. El navegador entiende cómo mostrar la información dada por el marcado, pero no sabe nada del contenido. Si vamos a crear agentes de software que puedan leer páginas web y comprender su contenido, se requiere algo más. Aquí es donde se puede aplicar RDF, o marco de descripción de recursos.

RDF permite la definición de metadatos dentro del marcado, llamados declaraciones. Cada declaración en RDF contiene tres partes estructurales: un sujeto, un predicado y un objeto (ver Listado 5.9). En este ejemplo también se proporciona el espacio de nombres (xmlns codificado), que proporciona un espacio inequívoco de nombres definidos por un localizador uniforme de recursos (o URL, una dirección web). El espacio de nombres proporciona una aclaración de los términos utilizados en el RDF.

LISTADO 5.9: Un ejemplo simple de RDF.

```
<rdf:RDF
xmlns:rdf="http://www.w3.org/2006/09/test-rdf-syntax-ns#"
xmlns=”http://schemas.mtjones.com/rdftest/”>
<rdf:Descripción=”http://mtjones.com/rdf”>
<publicaciones>
<rdf:ID de descripción=”mtjones.com”>
<artículo>
<autor>John Doe</autor>
<título>Artículo A</artículo>
</artículo>
<artículo>
<autor>Jane Doe</autor>
<título>Artículo B</artículo>
</artículo>
</rdf:Descripción>
</publicaciones>
```

## DESCUBRIMIENTO DEL CONOCIMIENTO COMPUTACIONAL

Los sistemas de descubrimiento de conocimiento computacional brindan una perspectiva interesante sobre la creatividad y la creación de conocimiento humano. Muchos de estos sistemas se basan en el uso de heurísticas para limitar la búsqueda, así como la aplicación recursiva de un pequeño conjunto de métodos de descubrimiento. También suelen confiar en el uso de formas simples (del conocimiento inicial) para
ayudar en el proceso de descubrimiento. [Wagman 2000] Dos de los sistemas más famosos son BACON y el Automático.

## Matemático (AM).

El tema que nos ocupa se diferencia de otras técnicas de aprendizaje automático en función de sus métodos para descubrir conocimiento. Los métodos de aprendizaje automático o minería de datos producen conocimiento en una variedad de formas, como árboles de decisión. Los métodos de descubrimiento de conocimiento (o científico) utilizan formalismos como ecuaciones que producen otras ecuaciones para representar el conocimiento descubierto. Pero cada método analiza los datos iniciales y las relaciones de esos datos mediante una búsqueda heurística para producir nuevo conocimiento.

Un problema con el descubrimiento de conocimiento computacional es que su uso requiere un posprocesamiento por parte de un humano para filtrar e interpretar el conocimiento resultante. Desde esta perspectiva, el descubrimiento de conocimiento computacional se describe mejor como descubrimiento de conocimiento asistido, ya que comúnmente se requiere que un ser humano interprete y aplique los resultados. Pero incluso con este inconveniente, el descubrimiento de conocimiento computacional ha producido nuevos conocimientos en muchos campos científicos (lo que ha dado lugar a publicaciones en literatura arbitrada).

## El sistema BACON

BACON es en realidad una serie de sistemas de descubrimiento desarrollados a lo largo de varios años. Un aspecto de BACON es su capacidad para descubrir leyes físicas simples.

dadas las relaciones entre dos variables. Por ejemplo, utilizando los métodos generales simples proporcionados por BACON, se pueden revisar dos variables para determinar su relación. Si una variable (X) aumenta y la otra variable (Y) aumenta, entonces se puede aplicar la heurística CRECIENTE, lo que hace que BACON analice su relación (X/Y). Si una variable aumenta mientras la otra disminuye, entonces se puede emplear la heurstica DECRECIENTE (lo que hace que BACON analice su producto, XY). Finalmente, si el valor X permanece constante (o casi constante), BACON puede plantear la hipótesis de que X mantiene este valor.

Tenga en cuenta que, si bien BACON recibe una serie de datos (de dos variables), tiene la capacidad de crear nuevos datos basados en reglas predefinidas (proporcionando proporciones, productos y constantes). BACON también utiliza estas nuevas series en su intento de analizar los datos. Si bien estas reglas son muy simples, BACON las utilizó para redescubrir con éxito la tercera ley del movimiento planetario de Kepler (consulte la ecuación 5.1, donde d es la distancia del planeta al Sol, p es su período y k es una constante).

$$\frac{d^3}{p^2} = k \qquad \text{(Ecuación 5.1)}$$

Otras variantes de BACON emplean procedimientos de descubrimiento aún más avanzados, pero cada una sigue un modelo similar de complejidad creciente (más de dos variables, variables numéricas y simbólicas, etc.).

La función de BACON es la construcción de ecuaciones dado un conjunto de datos utilizando una variedad de heurísticas (ajustar ecuaciones a los datos).

## Matemático automático (AM)

El Matemático Automático (o AM) es un sistema de descubrimiento matemático con diferencias significativas con BACON. AM fue diseñado por Doug Lenat para descubrir nuevos conceptos en matemáticas elementales y teoría de conjuntos. Pero en lugar de buscar una solución a un problema o un objetivo predefinido, la AM simplemente sigue heurísticas "interesantes" y genera nuevos ejemplos en busca de regularidades. Cuando se encuentran regularidades, se pueden crear conjeturas.

Cuando se inicia el AM, se le proporcionan algunos datos sobre su dominio (conceptos matemáticos simples) utilizando la técnica de representación del conocimiento del marco. Por ejemplo, AM podría entender el concepto de números primos. Dados estos conceptos y reglas generales, AM luego aplica estos conceptos en función de su valor (cuanto más interesante sea una regla, más probable es que se use).

AM utiliza un conjunto de métodos generales para crear nuevos conceptos matemáticos (como crear la inversa de una relación existente o especializarse por restringir el dominio de un concepto). El modelo subyacente utilizado por AM eran pequeños programas LISP, que representaban una variedad de conceptos matemáticos.

Se generaron y modificaron nuevos programas LISP para representar nuevos conceptos (en base a su interpretación con un intérprete LISP).

AM no descubrió los conceptos por sí solo, sino que se basó en un intérprete humano para revisar los datos producidos y comprender lo que encontró. AM redescubrió numerosos conceptos matemáticos, como los números primos y la conjetura de Goldbach, pero en lugar de identificar estas características, ha sido criticado por proporcionar los datos para realizar el descubrimiento con revisión humana.

Doug Lenat siguió el desarrollo de AM con otro sistema de descubrimiento llamado EURISKO. Este desarrollo, en lugar de buscar conceptos matemáticos, se centró en la búsqueda de heurísticas útiles.

## ONTOLOGÍA

Una ontología es un concepto central en la representación del conocimiento moderno, aunque las ideas detrás de ella existen desde el comienzo de KR. Una ontología desde la perspectiva de la IA es un modelo que representa un conjunto de conceptos dentro de un dominio específico, así como las relaciones entre esos conceptos.

Recuerde el ejemplo de la red semántica de la Figura 5.1. Esta es una ontología para el dominio de los lugares y las capitales. El tipo de relación 'es-a' define una taxonomía jerárquica que define cómo los objetos se relacionan entre sí.

Tenga en cuenta que la Figura 5.1 también se puede definir como un conjunto de relaciones de meronimia, ya que define cómo los objetos se combinan para formar objetos compuestos (ciudades, estados, países y continentes).

Un uso interesante de una ontología es en forma de lenguaje como medio para codificar una ontología con el fin de comunicar conocimiento entre dos entidades (agentes). Esto se explora en la siguiente sección.

## COMUNICACIÓN DEL CONOCIMIENTO

Tener un vasto depósito de conocimientos es más útil si se puede compartir y utilizar desde diversas perspectivas. Poder compartir conocimientos permite múltiples agentes dispares para utilizar cooperativamente el conocimiento disponible y modificar el conocimiento (como se hace en las arquitecturas de pizarra).

## SENTIDO COMÚN

Los sistemas informáticos que incluyen alguna forma de IA para un dominio de problema determinado aún pueden considerarse, con razón, poco inteligentes porque carecen de algunos de los conocimientos más fundamentales llamados sentido común. Por ejemplo:
• Los objetos caen hacia la Tierra (debido a la gravedad) y no hacia arriba lejos de la Tierra.
• Si te acercas al fuego, podrías quemarte.
• Es peligroso volar una cometa durante una tormenta eléctrica.

Para permitir el razonamiento a un nivel de sentido común, se propone una base de conocimiento de sentido común que contiene el conocimiento de sentido común que posee la mayoría de las personas. Esta base de conocimiento está construida de manera que una aplicación pueda usarla para crear inferencias (para razonar). Ejemplos del tipo de conocimiento que se representa incluyen el comportamiento de los elementos, los efectos de las acciones (gritarle a alguien puede enojarlo) y las condiciones previas de las acciones (uno se pone los calcetines antes que los zapatos). Se podrían cubrir muchos otros temas, como las propiedades de los objetos (el fuego calienta) y descripciones de los comportamientos humanos (si alguien llora, es posible que esté triste).

Un ejemplo interesante de proyecto de sentido común se llama Cyc.

Este proyecto fue creado por Doug Lenat (quien también creó el Matemático Automático). La base de conocimientos de Cyc incluye más de un millón de conceptos y reglas, que se definen en un lenguaje basado en cálculo de predicados (similar al lenguaje de programación LISP). Ejemplos de conocimientos básicos codificados en Cyc incluyen:

(#$Ciudad Capital #$Colorado #$Denver)

que codifica "Denver es la ciudad capital de Colorado".

(#$generales #$Hombres #$Mortales)

que representa "Todos los hombres son mortales". La base de conocimientos de Cyc se divide en una serie de colecciones de conocimientos denominadas microteorías.

Una microteoría es una contradicción libre de conceptos y hechos sobre un dominio particular de conocimiento (como una ontología). Las microteorías pueden relacionarse entre sí y están organizadas en una jerarquía, lo que respalda la herencia.

El desarrollo de Cyc y su motor de inferencia continúa, pero el trabajo principal se centra principalmente en la ingeniería del conocimiento o codificación manual de conocimientos y reglas para representar conocimientos básicos de sentido común.

## RESUMEN DEL CAPÍTULO

La representación del conocimiento se centra en los mecanismos mediante los cuales la información se puede almacenar y procesar de manera que sea útil como conocimiento. Este capítulo presentó algunos de los mecanismos más importantes para la representación del conocimiento, como las redes y marcos semánticos, y también métodos que permiten no sólo el almacenamiento del conocimiento, sino también el procesamiento, como la lógica proposicional y la lógica de primer orden (o predicado). Finalmente, se exploraron aplicaciones de la representación del conocimiento, incluido el descubrimiento científico computacional y el razonamiento de sentido común con el proyecto Cyc.

# REFERENCIAS

[Feigenbaum 1983] Feigenbaum, Edward A., McCorduck, Pamela "La quinta
generación: la inteligencia artificial y el desafío informático de Japón para el mundo".
1983.

[Wagman 2000] Wagman, Morton. "Procesos de descubrimiento científico en humanos
y computadoras: teoría e investigación en psicología e inteligencia artificial", Praeger
Publishers, 2000.


# RECURSOS

Brachman, Ronald J., "Qué es y qué no es IS-A. Un análisis de vínculos taxonómicos en
redes semánticas. Computadora IEEE, 16: (10), octubre de 1983.

Langley, P. "BACON.1: Un sistema de descubrimiento general". En Actas de la segunda
conferencia bienal de la Sociedad Canadiense de Estudios Computacionales de
Inteligencia", 173-180, 1978.

Lenat, DB "AM: Un enfoque de inteligencia artificial para el descubrimiento en
matemáticas como búsqueda heurística", Ph.D. Tesis, AIM-286, STAN-CS-76-570,
Universidad de Stanford, AI

Lab, Stanford, 1976.

Lenat, DB y Brown, JS "Por qué AM y EURISKO parecen funcionar".
Inteligencia artificial 23(3):269-294, 1984.

Post, Emil "Introducción a una teoría general de proposiciones", estadounidense Revista
de Matemáticas 43: 163-185.

Freud, Sigmund "La interpretación de los sueños", Macmillan, 1913. Grupo de gestión
de objetos, "Especificación UML", 2007.

Disponible en línea en: http://www.omg.org/technology/documents/modeling_
spec_catalog.htm

Woods, W. "Qué hay en un vínculo: fundamentos de las redes semánticas",
Representación y

comprensión: estudios en ciencia cognitiva, Academic Press, 1975.

# EJERCICIOS

1. Defina representación del conocimiento con sus propias palabras. ¿Cuáles son sus características más importantes?

2. Definir dos tipos de conocimiento y sus diferencias.

3. Considere un árbol genealógico y represéntelo utilizando una red semántica.

4. Los marcos incluyen lo que se llama un archivo adjunto de procedimiento que se puede utilizar para activar funciones para varios tipos de eventos. Describa estos archivos adjuntos y demuestre cómo se pueden utilizar.

5. Defina el modo de configuración y el modo de eliminación y proporcione un ejemplo de cada uno.

6. Definir el cuantificador universal y existencial utilizado en la lógica de predicados.

7. Representa cada una de las siguientes oraciones en lógica de primer orden:

a. Una ballena es un mamífero.

b. Jane ama a John.

C. John conoce al padre de Jane.

d. Si llueve, entonces el suelo está mojado.

mi. Si el interruptor está encendido y la luz está apagada, entonces la bombilla está rota.

F. Todas las computadoras tienen un procesador.

8. Describe las ventajas de la lógica de predicados sobre la lógica proposicional.

9. Representa la oración en 7.d en Prolog.

10. Describe el propósito detrás de la Web Semántica. cuál es su representación y ¿cómo ayuda?

# Capítulo 6

## MÁQUINA APRENDIENDO

Dado un conjunto de datos, el aprendizaje automático puede aprender sobre los datos y sus relaciones, produciendo información. En este capítulo, se investigará el aprendizaje automático, incluidos varios algoritmos de aprendizaje automático. Los algoritmos que se explorarán incluyen árboles de decisión, modelos de Markov, aprendizaje del vecino más cercano y otros.

## ALGORITMOS DE APRENDIZAJE MÁQUINA

Existen numerosos tipos de algoritmos de aprendizaje automático. Algunos de los enfoques más populares incluyen el aprendizaje supervisado, el aprendizaje no supervisado y el aprendizaje probabilístico.

Los algoritmos de aprendizaje supervisado implican que un profesor está presente para identificar cuándo un resultado es correcto o incorrecto. Los datos de entrada contienen tanto un predictor (variable independiente) como un objetivo (variable dependiente) cuyo valor se va a estimar. A través del proceso de aprendizaje
supervisado, el algoritmo predice el valor de la variable objetivo en función de las variables predictoras.

Finalmente, los enfoques probabilísticos del aprendizaje son un método útil en la IA moderna. Este enfoque se basa en el principio de que la asignación de probabilidades a eventos se puede realizar en función de probabilidades previas y datos observados. Esto es útil porque, en teoría, este método puede llegar a decisiones óptimas.
Aprendizaje supervisado

Los algoritmos de aprendizaje supervisado utilizan datos de entrenamiento que han sido clasificados (tienen un valor objetivo para cada vector de entrenamiento). El propósito del algoritmo de aprendizaje supervisado es crear una función de predicción utilizando los datos de entrenamiento que se generalizarán para vectores de entrenamiento invisibles para clasificarlos correctamente.

En esta sección, se explora el aprendizaje del árbol de decisiones para construir un árbol de decisión a partir del comportamiento observado.

## Aprender con árboles de decisión

Uno de los métodos más intuitivos y prácticos para el aprendizaje supervisado es el árbol de decisiones. Un árbol de decisión es el resultado de un proceso de clasificación en el que los datos de origen se reducen a un árbol predictor que representa un conjunto de reglas si/entonces/si no.

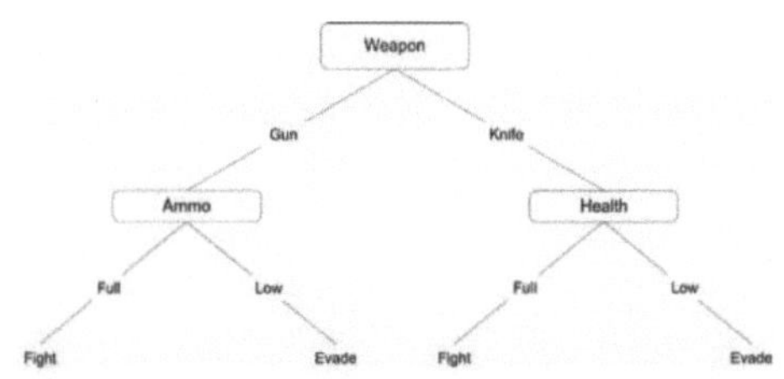


```
If ( (Weapon == Gun) && (Ammo == Full) ) then Fight
else if ( (Weapon == Knife) && (Health == Full) ) then Fight
else Evade
```

**FIGURA 6.1.** Un árbol de decisión simple para un jugador de FPS

Un ejemplo simple de un árbol de decisión, creado a partir de los datos observados en La Tabla 6.1 se muestra en la Figura 6.1.

Como se muestra en la Figura 6.1, este jugador tiene tres variables predictivas. Estos son Arma (el arma que lleva actualmente el jugador), Munición (la cantidad de munición que lleva el jugador) y, finalmente, Salud (el nivel de salud del jugador). Los nodos interiores del árbol de decisión son las características y los arcos que salen de los nodos de características son los valores de las características. Cada hoja del árbol es una categoría (o clase). El desglose de este árbol de decisión da como resultado una expresión condicional simple que se muestra en la Figura 6.2.

Esta expresión de condición (que representa el árbol de decisión) define que si el jugador tiene un arma con munición completa, peleará. Si el jugador tiene un cuchillo y tiene plena salud, peleará. De lo contrario, el jugador evadirá. Esto se muestra claramente en el condicional simple de la Figura 6.2.

Es fácil ver cómo se puede construir el árbol de decisión a partir de los datos de la tabla 6.1, pero con conjuntos de datos mucho más grandes con muchas variables predictoras, la tarea es considerablemente más difícil. El algoritmo ID3 (Iterative Dichotomizer 3) automatiza esta tarea mediante una forma de búsqueda codiciosa de arriba hacia abajo a través del espacio del árbol de decisión.

El aprendizaje del árbol de decisiones es una técnica común utilizada en la minería de datos. La minería de datos es un campo más amplio que estudia la extracción de información útil de conjuntos de datos. La minería de datos es una técnica popular en el análisis financiero y también se utiliza para identificar fraudes.
El uso de un árbol de decisión se define simplemente como comenzar en la raíz y tomar el camino a través del árbol cuyos valores de características representan los de un ejemplo dado.
Cuando se llega a la hoja del árbol, el ejemplar ha sido clasificado.

## Crear un árbol de decisiones

Crear un árbol de decisiones a partir de un conjunto de ejemplos es un proceso sencillo. Pero el objetivo es crear un árbol de decisión simple que sea coherente con los datos de entrenamiento. Lo simple puede ser ambiguo, pero los árboles de decisión más simples tienden a ser más confiables y generalizar mejor.

La creación de un árbol de decisión es un proceso recursivo sobre las características del conjunto de datos, pero siempre comienza con la determinación de la raíz del árbol.

Para elegir qué característica comenzar a construir el árbol, se utiliza la propiedad estadística de ganancia de información. Se selecciona la característica con la mayor ganancia de información, que especifica la característica más útil para la clasificación. La ganancia de información se basa en otra idea de la teoría de la información llamada entropía, que mide la cantidad de información detrás de la característica.

La entropía se define en la ecuación 6.1.

$$E(S) = \sum - p(I)\log_2 p(I) \qquad \text{Ecuación 6.1}$$

Dado un conjunto de muestras (S), se toma la suma de las proporciones de S que pertenecen a la clase I. Si todas las muestras de S pertenecen a la misma clase I, entonces la entropía es 0. La entropía de 1,0 define que el conjunto de muestras (por clase I) es completamente aleatorio.

Para calcular la entropía para el comportamiento enumerado en la Tabla 6.1, aplicaríamos la Ecuación 6.1 de la siguiente manera:

E(S) = -(2/5)Log2(2/5) + -(3/5)Log2(3/5) E(S) = 0,528771 + 0,442179 = 0,970951

Con la entropía calculada para el objetivo (Comportamiento), el siguiente paso es elegir la característica con la mayor ganancia de información. Para calcular la ganancia de información de una característica, se utiliza la ecuación 6.2.

$$Gain(S, A) = E(S) - \sum_{v \in Values(A)} \frac{|S_v|}{S} E(S_v) \qquad \text{Ecuación 6.2}$$

La ganancia de información identifica cuánta influencia tiene una característica dada sobre la predicción de la categoría resultante (en este caso, Comportamiento). Un ejemplo de cálculo de la ganancia de información de la función Munición se demuestra como:

Ganancia(Arma) = E(S) - (2/4)*Entropía(Sgun) - (2/4)*Entropía(Sknife)

La entropía de un valor de un atributo determinado se calcula en función de la característica objetivo. Por ejemplo, el arma tiene valor (pistola) en dos de cuatro ejemplos. En los ejemplos en los que Arma tiene un valor de Arma, los objetivos se dividen entre Luchar y Evadir (1/2 para cada uno). Por tanto, la entropía del valor de Gun es:

Entropía(Sgun) = -(1/2)Log2(1/2) - (1/2)Log2(1/2) Entropía(Sgun) = 0,5 - 0,5 = 0,0

En los ejemplos en los que el arma tiene el valor Cuchillo, también se divide (la mitad tiene Cuchillo, y cuando el ejemplo es Cuchillo, el Comportamiento objetivo se divide entre Luchar y Evadir, o 1/2).

Entropía(Sknife) = -(1/2)Log2(1/2) - (1/2)Log2(1/2) Entropía (Sknife) = 0,5 - 0,5 = 0,0

Entonces, volviendo al cálculo de ganancia para Arma, el resultado es:

Ganancia (arma) = 0,970951 - (2/4)*(0,0) - (2/4)*(0,0) Ganancia (arma) = 0,970951 - 0,0 - 0,0 = 0,970951

A continuación, se calcula la ganancia de información tanto para Munición como para Salud:

Ganancia (Sammo) = E (S) - (1/4) * Entropía (completa) - (3/4) Entropía (lenta) Entropía (completa) = -(1/1)Log2(1/1) - (0/1)Log2(0/1)

Entropía (completa) = 0

Entropía (lento) = -(1/3)Log2(1/3) - (2/3)Log2(2/3) Entropía (lenta) = 0,528321 - 0,389975 = 0,138346

Ganancia(Sammo) = 0,970951 - (1/4)*0 - (3/4)*0,138346

Ganancia (Sammo) = 0,970951 - 0 - 0,103759 = 0,867192

Ganancia(SSalud) = E(S) - (2/4)*Entropía(Completa) - (2/4)Entropía(Lenta) Entropía (completa) = -(1/2)Log2(1/2) - (1/2)Log2(1/2)

Entropía (completa) = 0,5 - 0,5 = 0,0

Entropía (lento) = -(1/2)Log2(1/2) - (1/2)Log2(1/2) Entropía (lenta) = 0,5 - 0,5 = 0,0

Ganancia (Salud) = 0.970951 - (2/4)*0.0 - (2/4)*.0.

Ganancia(Salud) = 0,970951 - 0,0 - 0,0 = 0,970951

Las ganancias resultantes son entonces:

Ganancia (arma) = 0,970951 - 0,0 - 0,0 = 0,970951

Ganancia (Sammo) = 0,970951 - 0 - 0,103759 = 0,867192

Ganancia(Salud) = 0,970951 - 0,0 - 0,0 = 0,970951

Para un desempate, simplemente seleccionamos la primera ganancia de información más grande y la usamos como la más grande. Esto produce Arma como la característica para representar el raíz del árbol. Luego, el algoritmo continúa, con la bifurcación del conjunto de datos en dos conjuntos, divididos por la característica seleccionada y los valores de la característica, y el proceso continúa construyendo el resto del árbol (ver Figura 6.3).

El proceso continúa como arriba en las dos patas del árbol. Se calcula la entropía y se obtiene información sobre cada característica restante para determinar cuál usar para continuar desarrollando el árbol. Un posible resultado se mostró originalmente en la Figura 6.1.

## Características del aprendizaje del árbol de decisiones

Como se exploró anteriormente, el algoritmo ID3 utiliza una forma de búsqueda codiciosa. Esto significa que el algoritmo elige el mejor atributo en cada paso y no vuelve a evaluar las elecciones de atributos anteriores. Esto puede resultar problemático, ya que codicioso no significa necesariamente óptimo. El resultado puede ser un árbol subóptimo o desequilibrado que no produce la mejor segregación de características.

Los árboles de decisión que son grandes o que se crean a partir de una pequeña cantidad de datos de entrenamiento tienden a sobreajustarse (o generalizarse demasiado). En general, mientras que los árboles de decisión más grandes son más consistentes con los datos de entrenamiento, los árboles más pequeños tienden a generalizar mejor. Una forma de gestionar este problema es reducir los datos de entrenamiento a un subconjunto más pequeño para evitar un ajuste excesivo.

Las ventajas de los árboles de decisión es que son muy rápidos (tienden a clasificarse en menos decisiones que las características del conjunto de datos) y también son fáciles de interpretar. Lo más importante es que, dado que un árbol de decisión es inherentemente legible por humanos, es muy fácil entender cómo funciona la clasificación.

## Aprendizaje sin supervisión

Recuerde que el aprendizaje supervisado aprende de datos preclasificados (cada vector de entrenamiento incluye la clase objetivo). El aprendizaje no supervisado se diferencia en que no existe ninguna variable objetivo. Todas las variables se tratan como entradas y, por lo tanto, se utiliza el aprendizaje no supervisado para encontrar patrones en los datos. Esto permite reducir y segmentar los datos en sus clases representativas.

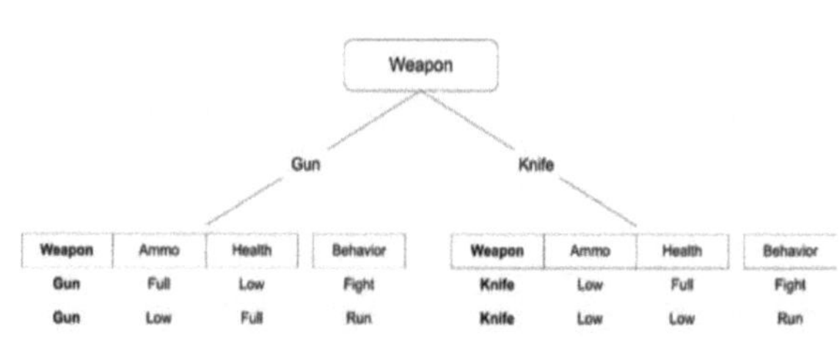


**FIGURA 6.3**. Bifurcación del conjunto de datos dada una decisión de característica raíz.

## Modelos de Markov

Un ejemplo útil de modelo de Markov es la cadena de Markov, que lleva el nombre de su creador, Andrey Markov. Una cadena de Markov es una especie de máquina de estados probabilísticos que se puede entrenar fácilmente con un conjunto de datos de entrenamiento. Cada estado puede conducir probabilísticamente a otros estados, pero los estados anteriores no tienen relevancia para las transiciones de estado posteriores (solo el estado actual).

Lo que hace que las cadenas de Markov sean interesantes es que pueden crearse muy fácilmente a partir de observaciones. Tomemos, por ejemplo, la idea de la casa inteligente.

La casa monitorea las acciones del ocupante durante el tiempo que el ocupante está en casa. Todas las noches, el ocupante pone la alarma a las 6:00 horas (de domingo a jueves). A las 6 de la mañana, después de que suena la alarma, el monitor nota que la luz del baño está encendida. A través de la observación, capturamos lo siguiente durante una semana de entrenamiento:

De lunes a viernes, alarma a las 6 a. m., luz del baño encendida
Fin de semana, sin alarma, baño con luz apagada

Con estos datos (cinco muestras de día laborable, dos muestras de fin de semana), se ve que entre semana la alarma da como resultado la observación de que la luz del baño se enciende con una probabilidad de 1,0. Con este dato, el Smart Home podría encender la luz del baño cuando vea saltar el evento precursor de la alarma.

Esta idea se puede aplicar a una gran variedad de problemas en el ámbito de la predicción, la agrupación y la clasificación. En la siguiente sección, se utiliza la cadena de Markov para entrenar máquinas de estados de probabilidad de caracteres para generar palabras aleatorias. Estas palabras se generan a partir de una máquina de estados probabilísticos utilizando palabras regulares para el entrenamiento.

## Aprendizaje en forma de palabras con cadenas de Markov

Se puede utilizar una cadena de Markov simple para generar palabras sintácticamente correctas razonables utilizando palabras conocidas para el entrenamiento. Para construir palabras aleatorias pero razonables se utiliza la probabilidad de que unas letras sigan a otras letras.

Por ejemplo, si se usara la palabra "el" como ejemplo de capacitación, se pueden recopilar cuatro puntos de datos. Estos son:

la palabra comienza con la letra 't' la letra 'h' sigue a la letra 't' la letra 'e' sigue a la letra 'h' la letra 'e' termina la palabra.

Si analizamos varias palabras de esta manera, podemos identificar la frecuencia con la que las letras comienzan, terminan y siguen a otras letras. Una representación de tabla

|  | **Next** | | | | | | |
| First | a | s | t | m | e | \0 | Sum |
| --- | --- | --- | --- | --- | --- | --- | --- |
| a |  | 1 | 1 | 5 |  |  | 7 |
| e | 4 | - |  | 1 |  | 2 | 7 |
| m | 1 | 1 |  |  | 3 | 3 | 8 |
| s | 1 |  | 3 |  |  | 1 | 5 |
| t | 1 |  |  |  | 4 | 2 | 7 |
| Count of First Letter |  | 3 | 3 | 2 |  |  | 8 |

**FIGURA 6.4.** Matriz de transición de letras resultante.

Se utiliza para identificar la letra inicial (filas) seguida de la letra siguiente (columnas). Como ejemplo, consideremos la palabra "como" que se está analizando. Para comenzar, se incrementa la celda indicada por la transición a->s (fila 'a', columna 's'). Luego, la transición s->'end' se incrementa (se muestra como fila 's', columna '\0').

Considere la muestra de entrenamiento que consta de las palabras:

mástil, domesticado, mismo, equipos,
equipo, carne, vapor y tallo.

El producto del análisis de estas palabras se muestra en la Figura 6.4. Para cada palabra, se cuentan las transiciones de letras para llegar a la representación matricial.

Tenga en cuenta también que se calcula la suma de las filas (esto se utiliza más adelante para la generación de palabras). También se cuenta el número de veces que una letra determinada apareció primero (nuevamente, se usa en la generación de palabras).

Ahora que existe la matriz, ¿cómo se crearía una palabra aleatoria a partir de esta representación?

Para esto, los conteos se utilizan como probabilidades para determinar qué letra usar dada una letra previamente seleccionada. Para lograr esto, se genera un número aleatorio utilizando el valor de la suma como límite (el número aleatorio máximo que se puede usar). Con este valor aleatorio, la selección de la rueda de la ruleta se utiliza para determinar qué letra de una fila usar (representada gráficamente en la Figura 6.5 para la fila 'm').

La selección de la rueda de la ruleta ve las opciones disponibles como una rueda de ruleta. Los elementos con probabilidad cero de selección no aparecen. Aquellos con probabilidad distinta de cero ocupan un espacio en la rueda proporcional a su frecuencia.

Por ejemplo, con una suma de 9, la letra a se selecciona 2/9 de las veces, o P(0,22).

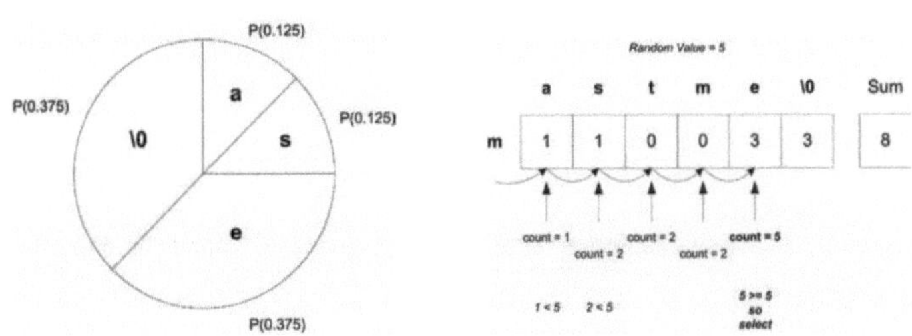


| FIGURA 6.5. La ruleta enfoque | FIGURA 6.6. Selección probabilística de una letra. |

Para la selección de la rueda de la ruleta, se selecciona un valor aleatorio que sirve como límite. Se selecciona un punto de partida aleatorio (en este ejemplo, la primera celda) y se incrementa un recuento dado el contenido de la celda (consulte la Figura 6.6). Si el recuento es mayor o igual que el valor aleatorio, entonces se selecciona la letra. De lo contrario, la rueda continúa y se acumula la siguiente ranura. Este proceso continúa hasta que el valor del conteo sea igual o mayor que el valor aleatorio. Cuando se cumple esta prueba, se selecciona la letra (en este caso, se selecciona 'e' después de la letra 'm'). Luego, el proceso continuaría con la letra 'e' hasta que se seleccionara el carácter terminal ('\0'), lo que indica que la palabra está completa.

Esto sigue los datos de muestra, que indican que la letra 'e' sigue a la letra 'm' 3/8 del tiempo o P(0,375)).

Lo útil de este algoritmo es que las letras con frecuencias más altas (lo que significa un mayor número de apariciones en las muestras de entrenamiento) se seleccionan con mayor probabilidad que las letras con apariciones más bajas.
Esto permite que la generación de palabras (en este caso) siga probabilísticamente el conjunto de entrenamiento.

## Generación de palabras con cadenas de Markov

Para generar una nueva palabra aleatoria, el primer paso es definir qué letra usar primero. Para ello se utiliza el vector (llamado 'recuento de la primera letra' en la Figura 6.4).
Se selecciona una letra al azar (según la discusión anterior usando la selección de la ruleta). Con la primera letra seleccionada, emitimos esta letra y luego seleccionamos la siguiente letra usando la fila de la letra actual en la matriz (ver Figura 6.4).

La selección de la siguiente letra se exploró en la Figura 6.6. Cuando la letra seleccionada es el carácter NULL (o \0), la palabra está completa.

Esto se puede demostrar manualmente usando la matriz de representación en la Figura 6.4.

En la Tabla 6.1 se muestra el valor aleatorio y la letra resultante seleccionada.

Tabla 6.1: Ejemplo de iteración de generación de palabras. Acción de valor aleatorio

| | |
|---|---|
| 7 | Iterar el 'vector de primera letra', seleccionar 'm' |
| 1 | Iterar la fila de la matriz 'm', seleccionar 'a' |
| 2 | Iterar la fila de la matriz 'a', seleccionar 't' |

| 5 | Iterar la fila de la matriz 't', seleccionar 'e' |
| 6 | Iterar la fila de la matriz 'e', seleccionar \0 (NULL) |

El resultado es la generación de la palabra aleatoria 'compañero' (no forma parte del entrenamiento). colocar). En la siguiente sección, se explora el código para implementar esta capacidad.

## Implementación de la cadena de Markov

La implementación de la cadena de Markov para la construcción aleatoria de palabras requiere dos componentes básicos. El primero es el elemento de entrenamiento que lee el archivo de entrenamiento (llamado corpus) y construye la representación matricial de la letra "máquina de estados". El segundo elemento es el elemento de generación de palabras que utiliza la representación matricial para generar palabras aleatorias.

La matriz se representa mediante una matriz bidimensional simple como: #definir FILAS 28
#definir COLS 28
matriz int sin signo [FILAS] [COLS];

Los índices (fila y columna) del 0 al 25 representan las letras de la "a" a la "z". El índice 26 (fila y columna) representa la nueva línea (fin de palabra). La columna 27 representa la suma de la fila particular. Finalmente, la fila 27 representa el recuento de la letra dada que aparece como primera letra (ver Figura 6.4).

Construir la matriz de letras (como se ilustra en la Figura 6.4) es un proceso simple que se basa en una máquina de estados muy simple. El primer estado, llamado START_LTR_STATE, existe para identificar que se ha recibido una sola letra y que se requiere otra letra para incrementar una celda. En este estado, cuando se recibe un carácter, se incrementa el recuento del vector de primera letra (que identifica cuántas veces este carácter es el primero en una palabra). Después de recibir un carácter inicial, se ingresa al siguiente estado llamado NEXT_

LTR_ESTADO. En este estado, los recuentos de transición se incrementan (la frecuencia con la que un carácter conduce a otro). Cuando el siguiente carácter recibido es

LISTADO 6.1: Creando la representación matricial a partir de los datos de entrenamiento

```
int read_corpus( char *nombre de archivo )
{  ARCHIVO  *fp;  línea  de  carácter[MAX_LINE+1];  int  i,  estado  =
START_LTR_STATE;
char ch, prev_char; /* Abrir y probar el archivo corpus */ fp =
fopen(filename, "r"); si (fp ==
NULL) devuelve -1; /* Recorrer cada línea del
archivo */ while (fgets(line, MAX_LINE, fp) != (char *)0)
{ /* Recorrer la línea */ for (i =
0 ; ((i < MAX_LINE) && (línea[i] != 0)) ; i++) { ch = tolower(línea[i]); /*
Máquina de estado para manejo de caracteres */ switch(state)
{ case START_LTR_STATE:
/* Estamos en la letra inicial, guárdela si no es terminal */ if (! is_terminal(ch)) {
prev_char  =  canal;  matriz[FIRST_LETTER][to_idx(ch)]++;  estado  =
NEXT_LTR_STATE;
}
romper;
caso NEXT_LTR_STATE:
si (is_terminal(ch)) {
/* Si la siguiente letra es una terminal, retrocede */ matriz[to_idx(prev_char)][26]++;
estado = START_LTR_STATE;
} demás {
/* Si la siguiente letra no es terminal, incrementa el recuento */
matriz[to_idx(prev_char)][to_idx(ch)]++;
prev_char = canal;
}
romper;
```

}

}

}

/* Completar las columnas de suma en la matriz */ calcular_máximos();

devolver 0;

}


Cuando read_corpus ha finalizado, la matriz se actualiza y representa los datos de entrenamiento. La matriz ahora se puede utilizar para generar palabras aleatorias que imiten la estructura de las palabras en los datos de entrenamiento. Se utilizan dos funciones para la generación de palabras, estas son generar_palabra y seleccionar_letra. La función generar_palabra (ver Listado 6.2) es la función de nivel superior que selecciona letras para construir una palabra. Se comienza seleccionando una letra, pero a partir del vector que representa la frecuencia de letras que aparecen primero (FIRST_ CARTA). Cada nueva letra (fila de la matriz) se solicita utilizando la letra actual (que representa la fila desde la cual seleccionar). Una vez que se selecciona el carácter terminal, la palabra se completa y la función regresa.

LISTADO 6.2: Función generate_word para crear una nueva palabra aleatoria.

vacío generar_palabra ( vacío)

{


selección interna;

Selecciona la primera letra a usar */

sel = seleccionar_letra(PRIMERA_LETTER);

/* Continuar, seleccionando letras adicionales según

* la ultima carta.

*/

mientras (sel != END_LETTER) { printf("%c", ('a'+sel));

sel = seleccionar_letra(sel);

}

printf("\n");
devolver;

}

El núcleo del algoritmo de creación de palabras es la función select_letter (ver Función 6.3). Esta función implementa el algoritmo de selección de la rueda de la ruleta. El algoritmo comienza con la fila que representa la letra anterior. Esto proporciona la fila que se utiliza para determinar qué letra seguirá.

Se crea un valor aleatorio (max_val), que representa el límite (donde se detendrá la bola en la ruleta). Luego, la fila se acumula (comenzando en la primera celda) hasta que se alcanza o

excede max_val. En este punto, se devuelve la carta. Si no se alcanza max_val, se acumula la siguiente celda y el proceso continúa.

Listado 6.3: La función select_letter que selecciona probabilísticamente letras basándose en la letra actual.

```c
char select_letter ( int fila)
{
int max_val;
int i=0, suma = 0;
/* Elija el valor máximo (para la selección de la ruleta) */ max_val = RANDMAX( matriz[fila][MAX_COUNTS] )+1;
/* Realizar la ruleta */
mientras (1) {
/* Agregar el valor de la ranura actual */ suma += matriz[fila][i];
/* Si >= max_val, entonces seleccione esta letra */
si (suma >= max_val) devuelve i;
/* De lo contrario, salte a la siguiente letra de la fila */ si (++i >= MAX_COUNTS) i = 0;
}
salir(0); }
```

Generar palabras aleatorias a partir de un programa creado a partir de esta fuente puede dar como resultado palabras interesantes y también palabras no tan interesantes. Por ejemplo, estas palabras se generaron a partir de un corpus de muestra:

antisubaizado sutosermado eroconado

axpogado

porantide envuelto

anvilizado

comercializado

Desde esta perspectiva, extraer las palabras más útiles de las palabras sin sentido se puede lograr con la participación humana. En otras palabras, la aplicación genera conjuntos de soluciones que luego son revisadas por un humano para identificar aquellas que tienen valor (por ejemplo, si se estaba buscando una nueva empresa o nombre de medicamento). Esto se denomina aprendizaje

no supervisado asistido por humanos y da como resultado el mejor enfoque (software para búsqueda, revisión humana para filtrado).

## Otras aplicaciones de las cadenas de Markov

Las cadenas de Markov y sus variantes se pueden encontrar en varias áreas, incluido el reconocimiento de voz, la comprensión del habla, la composición musical y muchas otras áreas. La simplicidad del algoritmo lo hace muy eficiente. ¿El sistema no tiene idea de los eventos para los cuales se definen las probabilidades;  todo lo que aprende es la probabilidad entre eventos dentro de un sistema. Pero incluso sin comprender la semántica detrás de las relaciones, el sistema aún puede reaccionar ante ellas (como en el ejemplo de la alarma/luz del baño). El enfoque también es útil desde la perspectiva del aprendizaje asistido por humanos (donde los operadores humanos consideran la importancia de las relaciones encontradas).

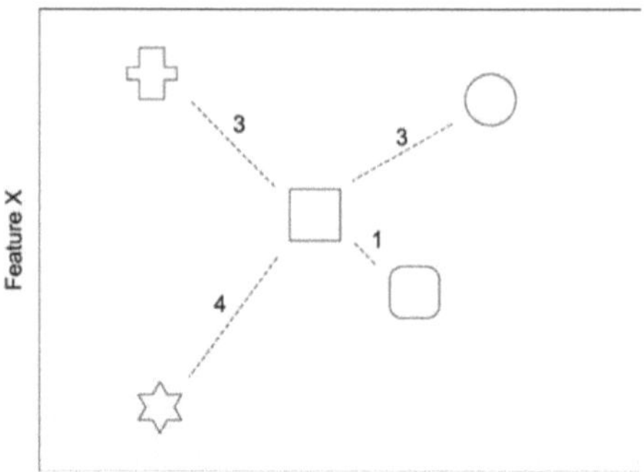


**FIGURA 6.8**. Espacio de características de muestra para la clasificación 1NN

## Clasificación del vecino más cercano

Uno de los primeros algoritmos de aprendizaje no supervisado, que también es uno de los más simples, se llama clasificación del vecino más cercano. Este algoritmo clasifica un patrón o concepto invisible encontrando el patrón más cercano en el conjunto de datos conocido. Esto es lo que se entiende por vecino más cercano. La clase del vecino más cercano en el espacio de características multidimensional es la clase del vector de prueba (invisible).

Un ejemplo de esto se muestra en la Figura 6.8. En el centro del espacio de características hay una nueva muestra que aún no se ha clasificado. Se calcula la distancia entre la nueva muestra y otros ejemplos en el espacio. El ejemplo más cercano se utiliza como la clase en la que se debe agrupar esta nueva muestra.

En este ejemplo, el ejemplo más cercano está a una unidad de distancia y, por lo tanto, se utiliza la clase de este ejemplo. La declaración de la clase basada en la muestra más cercana se denomina vecino más cercano (1NN).

El cálculo de la distancia entre dos vectores de características se puede realizar de varias formas, pero la más popular es la medida euclidiana. Otra función popular utiliza la distancia de Manhattan. La distancia euclidiana se calcula utilizando la ecuación 6.3 para los vectores de características p y q.

$$d = \sqrt{\sum_{i=1}^{n} (p_i - q_i)^2}$$
Ecuación 6.3

El vecino más cercano (1NN) adopta un enfoque de clasificación simple pero eficaz. En la siguiente sección, se explora una demostración simple de 1NN para la clasificación de animales.

## Ejemplo 1NN

El algoritmo para 1NN se describe e implementa fácilmente. Con 1NN, el vector de características de muestra (sin clasificar) se compara con todos los ejemplos conocidos. La clase del ejemplo más cercano se utiliza luego como clase para el vector de características de muestra.

Para los vectores de ejemplo, se utiliza la tabla de la Figura 6.9. Este contiene una serie de características que, en determinadas combinaciones, definen un tipo de animal. Aquí se clasifican cinco tipos de animales utilizando 14 vectores de ejemplo y 10 atributos.

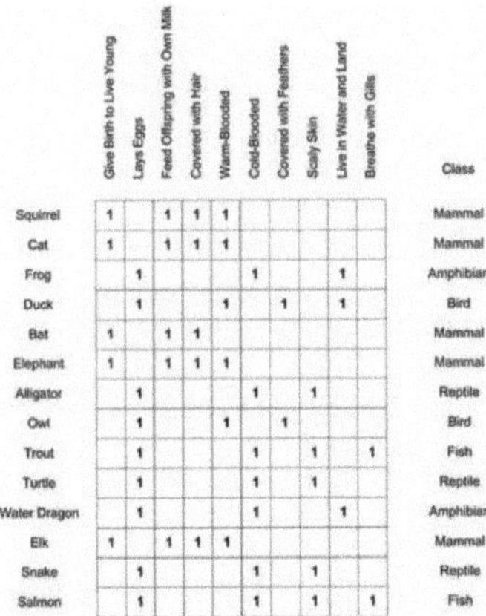

| | Give Birth to Live Young | Lays Eggs | Feed Offspring with Own Milk | Covered with Hair | Warm-Blooded | Cold-Blooded | Covered with Feathers | Scaly Skin | Live in Water and Land | Breathe with Gills | Class |
|---|---|---|---|---|---|---|---|---|---|---|---|
| Squirrel | 1 | | 1 | 1 | 1 | | | | | | Mammal |
| Cat | 1 | | 1 | 1 | 1 | | | | | | Mammal |
| Frog | | 1 | | | | 1 | | | 1 | | Amphibian |
| Duck | | 1 | | | 1 | | 1 | | 1 | | Bird |
| Bat | 1 | | 1 | 1 | | | | | | | Mammal |
| Elephant | 1 | | 1 | 1 | 1 | | | | | | Mammal |
| Alligator | | 1 | | | | 1 | | 1 | | | Reptile |
| Owl | | 1 | | | 1 | | 1 | | | | Bird |
| Trout | | 1 | | | | 1 | | 1 | | 1 | Fish |
| Turtle | | 1 | | | | 1 | | 1 | | | Reptile |
| Water Dragon | | 1 | | | | 1 | | | 1 | | Amphibian |
| Elk | 1 | | 1 | 1 | 1 | | | | | | Mammal |
| Snake | | 1 | | | | 1 | | 1 | | | Reptile |
| Salmon | | 1 | | | | 1 | | 1 | | 1 | Fish |

**FIGURA 6.9**. Vectores de características de ejemplo para clasificación de animales.

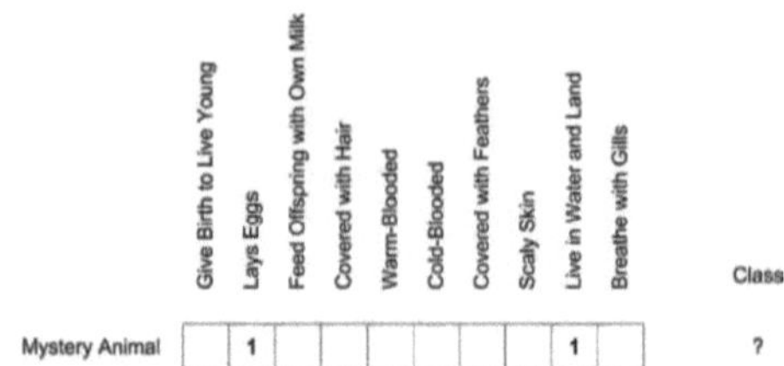


**FIGURA 6.10.** Cálculo de la distancia del animal misterioso a los ejemplos conocidos.

LISTADO 6.4: Ejemplo de implementación del algoritmo de agrupamiento 1NN.

```
#definir MAX_FEATURES #definir10
MAMÍFERO #definir      0
PÁJARO #definir        1
PESCADO #definir       2
ANFIBIO #definir REPTILE3
typedef struct {       4
características int[MAX_FEATURES];
clase interna;
} muestra_t;
#define MAX_SAMPLES    14
 sample_t muestras[MAX_SAMPLES] = {
/* LY LE FBM CWH WB CB HF SS LWL BWG */
{{ 1, 0, 1, 1, 1, 0, 0, 0, 0, 0 }, MAMÍFERO }, /* Ardilla */
{{ 1, 0, 1, 1, 1, 0, 0, 0, 0, 0 }, MAMÍFERO }, /* Gato */
{{ 0, 1, 0, 0, 0, 1, 0, 0, 1, 0 }, ANFIBIO }, /* Rana */
{{ 0, 1, 0, 0, 1, 0, 1, 0, 1, 0 }, PÁJARO },
/* Pato */
{{ 1, 0, 1, 1, 0, 0, 0, 0, 0, 0 }, MAMÍFERO }, /* Murciélago */
{{ 1, 0, 1, 1, 1, 0, 0, 0, 0, 0 }, MAMÍFERO }, /* Elefante */
{{ 0, 1, 0, 0, 0, 1, 0, 1, 0, 0 }, REPTIL }, /* Caimán */
{{ 0, 1, 0, 0, 1, 0, 1, 0, 0, 0 }, PÁJARO }, /* Búho */
```

{{ 0, 1, 0, 0, 0, 1, 0, 1, 0, 1 }, PESCADO },

{{ 0, 1, 0, 0, 0, 1, 0, 1, 0, 0 }, REPTIL }, /* Tortuga */

{{ 0, 1, 0, 0, 0, 1, 0, 0, 1, 0 }, ANFIBIO }, /* Wtr Dragn */ {{ 1, 0, 1, 1, 1, 0, 0, 0, 0, 0 },

MAMÍFERO }, /* Alce */ {{ 0, 1, 0, 0, 0, 1, 0, 1, 0, 0 }, REPTIL }, /* Serpiente */

{{ 0, 1, 0, 0, 0, 1, 0, 1, 0, 1 }, PESCADO } /* Salmón */ }; char

*names[5]={"Mamífero", "Ave", "Pez", "Anfibio", "Reptil"}; double

calc_distance( int *feature_vector, int ejemplo ) { doble distancia = 0.0; ent i; /* Calcula

la distancia para cada característica del vector */ for (i = 0 ; i <

MAX_FEATURES ; i++)

{ distancia += sqr( (samples[example].features[i] - feature_vector[i]) ); } return

sqrt(distancia); } int principal( vacío ) { int

i, clase = 0; doble distancia, min = 100,0; int fv[MAX_FEATURES]={ 0, 1, 0, 0, 0, 0, 0,

0, 1, 0 }; for (i = 0; i < MAX_SAMPLES;

i++) { /* Calcular la

distancia entre la muestra y el vector

ejemplo_i */ distancia = calc_distance( fv, i ); /* Si este es el vector más cercano, guárdelo

*/ if (distancia < min)

{ min = distancia; clase = muestras[i].clase; } } printf( "La clase es %s\n", nombres[clase]

); devolver 0; }

## Ejemplo k-NN

Un problema con la clasificación 1NN es que puede ser susceptible a datos ruidosos. Una solución a este problema es, en lugar de simplemente clasificar según el vecino más cercano, tomar los k vecinos más cercanos y utilizar el voto mayoritario para determinar la clase correcta (consulte la Figura 6.11).

| | Give Birth to Live Young | Lays Eggs | Feed Offspring with Own Milk | Covered with Hair | Warm-Blooded | Cold-Blooded | Covered with Feathers | Scaly Skin | Live in Water and Land | Breathe with Gills | Class | Distance |
|---|---|---|---|---|---|---|---|---|---|---|---|---|
| Squirrel | 1 | | 1 | 1 | 1 | | | | | | Mammal | 2.44949 |
| Cat | 1 | | 1 | 1 | 1 | | | | | | Mammal | 2.44949 |
| Frog | | 1 | | | | 1 | | | 1 | | Amphibian | 1 |
| Duck | | 1 | | | 1 | | 1 | | 1 | | Bird | 1.41421 |
| Bat | 1 | | 1 | 1 | | | | | | | Mammal | 2.23607 |
| Elephant | 1 | | 1 | 1 | 1 | | | | | | Mammal | 2.44949 |
| Alligator | | 1 | | | | 1 | | 1 | | | Reptile | 1.73205 |
| Owl | | 1 | | | 1 | | 1 | | | | Bird | 1.73205 |
| Trout | | 1 | | | | 1 | | 1 | | 1 | Fish | 2 |
| Turtle | | 1 | | | | 1 | | 1 | | | Reptile | 1.73205 |
| Water Dragon | | 1 | | | | 1 | | | 1 | | Amphibian | 1 |
| Elk | 1 | | 1 | 1 | 1 | | | | | | Mammal | 2.44949 |
| Snake | | 1 | | | | 1 | | 1 | | | Reptile | 1.73205 |
| Salmon | | 1 | | | | 1 | | 1 | | 1 | Fish | 2 |
| Mystery Animal | | 1 | | | | | | | 1 | | Amphibian | |

**FIGURA 6.11.** Uso de los k ejemplos más cercanos para clasificar una nueva muestra.

La ventaja de k-NN (donde k > 1) es que la probabilidad de clasificar erróneamente una muestra se reduce porque más ejemplos pueden influir en el resultado. La porción k puede llevarse demasiado lejos y, si el valor k es demasiado grande, también puede dar lugar a una clasificación errónea. Por tanto, el valor de k debería ser pequeño, pero no demasiado grande.

## Ejemplos no relacionados influyen en la votación.

La implementación de k-NN es una variación de 1-NN en que k ejemplos se utilizan para la clasificación en lugar de simplemente uno.

La representación de datos para k-NN es idéntica a la de 1-NN, como se muestra en el Listado 6.4. Lo que difiere es cómo ocurre la clasificación una vez que se calculan las distancias
euclidianas. El Listado 6.5 proporciona la función principal para la clasificación k-NN. Como se muestra, cada distancia se calcula para el vector de características fc (con calc_distance) y luego se guarda en la matriz de distancias. Luego se invoca la función count_votes (con el valor k) para buscar y contar los ejemplos de votación.

La implementación completa de la demostración de k-NN se puede encontrar en el CD-ROM en ./software/ch6/k_nn.c.

LISTADO 6.5: Función principal para la implementación de k-NN. int principal (vacío)

```
{
int i, clase = 0;
int fv[MAX_FEATURES]={ 0, 1, 0, 1, 0, 0, 0, 0, 1, 0 };
doble distancia[MAX_SAMPLES]; intk=3;
/* Recorrer cada vector de ejemplo */ para (i = 0; i < MAX_SAMPLES; i++) {
distancia[i] = calc_distance( fv, i );
}
/* Contar, ordenar y devolver la clase ganadora */ clase = contar_votos (distancia, k);
printf("La clase es %s\n", nombres[clase]); devolver 0;
}
```

La función calc_distance es la misma que se muestra en el Listado 6.4. La siguiente función, count_votes, se utiliza para encontrar los k ejemplos más cercanos al vector de muestra y luego para encontrar la clase representada por la mayoría de los ejemplos.
La función comienza moviendo los miembros de la clase de los vectores de ejemplo a un nuevo vector de lista. Luego, la lista se ordena utilizando el vector de distancia pasado a la función.

Luego, la matriz de votos de la clase se pone a cero y se cuentan los k miembros superiores de la lista (los más cercanos a la muestra no clasificada). Finalmente, la clase con más votos regresa a la función principal para emitir la clase a la que pertenece la muestra (basada en el voto mayoritario de los k ejemplos más cercanos).

LISTADO 6.6: Función para encontrar y contar los k vectores de ejemplo más cercanos.

```
int count_votes( doble *dist, int k )
{
int i, lista[MAX_SAMPLES]; int votos[MAX_CLASSES]; int ordenado;
```

```
int máx, clase;
/* Mover clases a la nueva matriz de lista temporal */
for (i = 0; i < MAX_SAMPLES; i++) lista[i] = muestras[i].clase;
/* Ordena la lista en orden ascendente de distancia */ ordenado = 0;
mientras (! ordenado) {
ordenado = 1;
para (i = 0; i < MAX_SAMPLES-1; i++) {
si (dist[i] > dist[i+1]) {
int temp = lista[i]; lista[i] = lista[i+1]; lista[i+1] = temporal; doble tdist = dist[i]; dist[i] =
dist[i+1]; dist[i+1] = tdist;
0; } } }
/* Cuente los votos */
for (i = 0 ; i < MAX_CLASSES ; i++) votos[i] = 0;
/* Agrega el voto a la clase particular */ for (i
= 0 ; i < k ; i++)
{ votos[lista[i]]+
+; }
/* Cuente los votos y devuelva la clase más grande */ max = votos[0];
clase = 0;
for (i = 1; i < MAX_CLASSES; i++) { if (votos[i] > max) { max
= votos[i]; clase
= yo; } }
```

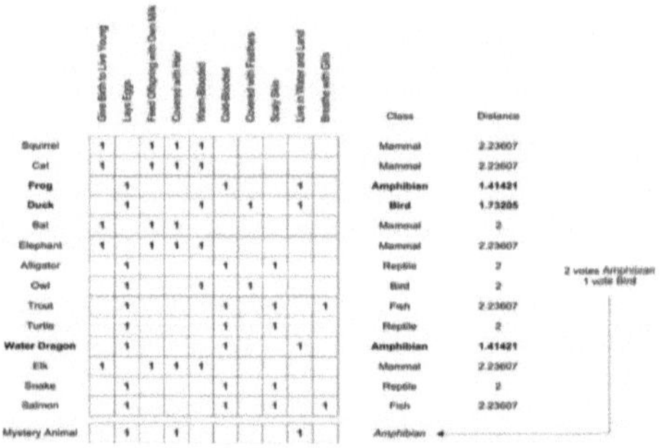

| | Give Birth to Live Young | Lays Eggs | Feed Offspring with Own Milk | Covered with Hair | Warm-Blooded | Cold-Blooded | Covered with Feathers | Scaly Skin | Live in Water and Land | Breathe with Gills | Class | Distance |
|---|---|---|---|---|---|---|---|---|---|---|---|---|
| Squirrel | 1 | | 1 | 1 | 1 | | | | | | Mammal | 2.23607 |
| Cat | 1 | | 1 | 1 | 1 | | | | | | Mammal | 2.23607 |
| **Frog** | | 1 | | | | 1 | | | 1 | | **Amphibian** | **1.41421** |
| **Duck** | | 1 | | | 1 | | 1 | | 1 | | **Bird** | **1.73205** |
| Bat | 1 | | 1 | 1 | | | | | | | Mammal | 2 |
| Elephant | 1 | | 1 | 1 | 1 | | | | | | Mammal | 2.23607 |
| Alligator | | 1 | | | | 1 | | 1 | | | Reptile | 2 |
| Owl | | 1 | | | 1 | | 1 | | | | Bird | 2 |
| Trout | | 1 | | | | 1 | | 1 | | 1 | Fish | 2.23607 |
| Turtle | | 1 | | | | 1 | | 1 | | | Reptile | 2 |
| **Water Dragon** | | 1 | | | | 1 | | | 1 | | **Amphibian** | **1.41421** |
| Elk | 1 | | 1 | 1 | 1 | | | | | | Mammal | 2.23607 |
| Snake | | 1 | | | | 1 | | 1 | | | Reptile | 2 |
| Salmon | | 1 | | | | 1 | | 1 | | 1 | Fish | 2.23607 |
| Mystery Animal | | 1 | | 1 | | | | | 1 | | *Amphibian* | |



**FIGURA 6.12.** Ejemplo de clasificación k-NN (k=3).

El algoritmo k-NN es mucho menos susceptible al ruido que el 1-NN y, por tanto, puede proporcionar una clasificación mucho mejor que el 1-NN. El valor de k debe ser lo suficientemente grande como para producir un conjunto representativo de ejemplos de votación, pero lo suficientemente pequeño como para evitar una muestra demasiado pequeña.

El proceso de k-NN se muestra en la Figura 6.12. Se realiza la distancia desde cada ejemplo hasta el vector de muestra (animal misterioso) y se elige la parte superior. En este caso, los ejemplos no están ordenados, sino que simplemente se seleccionan de la lista (que se muestra en negrita). En este ejemplo, dos de los ejemplos más cercanos son de la clase de anfibios y uno de la clase de aves.

El algoritmo del vecino más cercano k-NN es un excelente algoritmo para clasificar vectores de características utilizando un conjunto de ejemplos clasificados conocidos. Los inconvenientes pueden incluir el tiempo de procesamiento requerido si el conjunto de ejemplos y el vector de características son grandes. Su mayor ventaja es su sencillez.

## RESUMEN DEL CAPÍTULO

Si bien el aprendizaje automático es una de las técnicas más antiguas de la IA, sigue siendo útil y eficaz para el aprendizaje general. En este capítulo, se exploraron las ideas detrás del aprendizaje supervisado y no supervisado y se proporcionó una colección de algoritmos que demuestran estos enfoques. Se introdujeron árboles de decisión desde la perspectiva del aprendizaje supervisado, y también cadenas de Markov y algoritmos del vecino más cercano desde la perspectiva del aprendizaje no supervisado. Todos son útiles para el aprendizaje y la clasificación en una amplia variedad de dominios de problemas.

## RECURSOS

Anzai, Y. Reconocimiento de patrones y aprendizaje automático Nueva York, Académico Prensa, 1992.

Carbonell, J. (Ed.) Paradigmas y métodos de aprendizaje automático Boston, MA Prensa del MIT, 1990.

Dasarthy, B. (Ed.). "Normas del vecino más cercano (NN): técnicas de clasificación de patrones NN", 1991.

Hastie, T. et al "Los elementos del aprendizaje estadístico", Springer, 2001. Mitchell, TM "Aprendizaje automático", McGraw-Hill, 1997.

## EJERCICIOS

1. En sus propias palabras, defina las diferencias fundamentales entre servicios supervisados y aprendizaje sin supervisión.

2. ¿Cuál es una aplicación común del aprendizaje mediante árboles de decisiones?

3. Definir la entropía y su aplicación al aprendizaje mediante árboles de decisión. Qué puede

¿Se infiere si la entropía es cero o uno?

4. ¿Qué problemas pueden surgir al crear árboles de decisión a partir de conjuntos de entrenamiento que son demasiado pequeños o demasiado grandes?

5. ¿Qué otras aplicaciones son útiles para las cadenas de Markov?

6. En el ejemplo de Markov presentado en este libro, sólo se consideran dos letras para construir una matriz de probabilidad. Actualice el programa de muestra para considerar tres letras en la construcción de probabilidad. ¿Cómo afecta esto a la producción de palabras aleatorias?

7. La clasificación del vecino más cercano utiliza un vector de características para representar conceptos conocidos. ¿Cómo se podría definir un personaje de disparos en primera persona (NPC) si la selección de acciones se realizó con 1NN?

8. Describe la diferencia entre la clasificación 1NN y k-NN.

9. ¿Cuál es el principal problema con la clasificación 1NN?

10. ¿Cómo mejora la clasificación k-NN las capacidades de la clasificación 1NN?

11. ¿Cuál es el principal problema con la clasificación k-NN?

# Capítulo 7

## EVOLUTIVO CÁLCULO

La evolución simulada hasta cierto punto como un medio para resolver una simbólica. Por evolución simulada queremos decir que los algoritmos tienen la capacidad de hacer evolucionar una población de soluciones potenciales de modo que las soluciones más débiles se eliminen y se reemplacen con soluciones incrementalmente más fuertes (mejores). En otras palabras, los algoritmos siguen el principio de selección natural. Cada uno de los algoritmos tiene cierta plausibilidad biológica y se basa en la evolución o la simulación de sistemas naturales. En este capítulo, exploraremos algoritmos genéticos, programación genética, estrategias evolutivas, evolución diferencial y otro algoritmo de inspiración biológica: la inteligencia de enjam.

## BREVE HISTORIA DE LA COMPUTACIÓN EVOLUTIVA

No sorprende que la evolución haya sido utilizada como metáfora para resolver problemas muy difíciles. La evolución en sí misma es un mecanismo de búsqueda incremental, mediante el cual las soluciones más adecuadas a los problemas se propagan a las generaciones futuras y las soluciones menos adecuadas se desvanecen gradualmente. Este proceso de selección natural proporciona un vehículo maravilloso para encontrar soluciones a problemas difíciles de optimización multivariante.

Si bien los algoritmos evolutivos existen desde hace bastante tiempo, su uso ha aumentado a medida que los sistemas informáticos modernos permiten la evolución de poblaciones más grandes de soluciones a problemas mucho más complejos.

### Estrategias evolutivas

Uno de los primeros usos de la evolución se produjo en la década de 1960 por Rechenberg.

Rechenberg introdujo estrategias de evolución como un medio para optimizar vectores de valores reales para optimizar sistemas físicos como los perfiles aerodinámicos. [Rechenberg 1965] En esta estrategia evolutiva temprana, el tamaño de la población se restringía a dos miembros, el padre y el hijo. El miembro hijo se modificaba de forma aleatoria (una forma de mutación), y al miembro que era más apto (padre o hijo) se le permitía propagarse a la siguiente generación como padre. Por ejemplo, como se muestra en la Figura 7.1, el miembro hijo está más en forma que el padre en la primera generación, lo que da como resultado que sea el padre en la siguiente generación.

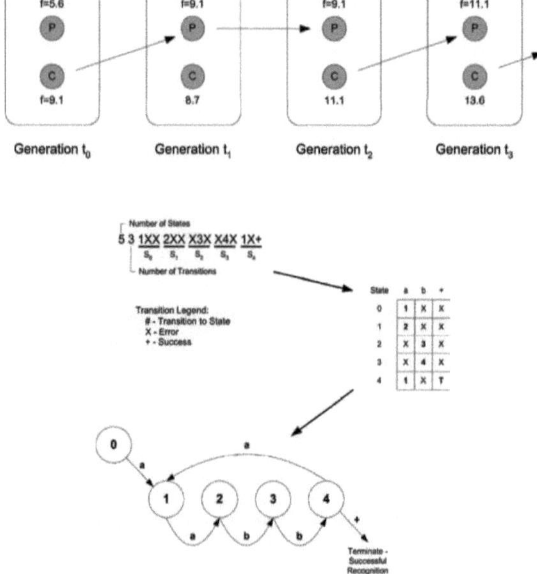


FIGURA 7.1. y 7.2 Demostración de la estrategia evolutiva simple de dos miembros. Evolución de máquinas

## Programación evolutiva

La programación evolutiva también fue introducida y avanzada en la década de 1960 por Fogel. Con la programación evolutiva, Fogel evolucionó poblaciones de máquinas de estados finitos (o autómatas) que resolvieron varios problemas. [Fogel 1966] Una máquina de estados finitos es un gráfico con transiciones de estado basadas en un símbolo de entrada y el estado actual (por ejemplo, muchos analizadores están diseñados como máquinas de estados finitos). El método de Fogel mejoró gradualmente la población mediante mutaciones aleatorias de las transiciones estatales.

El ejemplo que se muestra en la Figura 7.2 demuestra una de las codificaciones que podrían usarse para la evolución de máquinas de estados finitos. El objetivo es desarrollar una máquina de estados finitos que pueda reconocer patrones como aabb, aabbaabb, aabbaabbaabb, etc.

La parte superior izquierda de la Figura 7.2 es la codificación bruta de la máquina de estados finitos que puede mutarse durante la evolución. Esta máquina de estados finitos en particular da como resultado el diagrama de transición de estados que se muestra en el centro a la derecha. Esto se puede diagramar como se muestra en la parte inferior derecha de la Figura 7.2, el diagrama de máquina de estados.

## Algoritmos genéticos

John Holland introdujo la idea de los algoritmos genéticos en la década de 1960 como un algoritmo basado en la población con mayor plausibilidad biológica que los enfoques anteriores. Mientras que las estrategias evolutivas y la programación evolutiva utilizaban la mutación como forma de buscar el espacio de solución, el algoritmo genético de Holland amplió esto con operadores adicionales directamente de la biología.

Las soluciones potenciales (o cromosomas) se representan como cadenas de bits en lugar de valores reales. Además de la mutación, Holland también utilizó el cruce y la inversión para navegar por el espacio de soluciones (ver Figura 7.3).

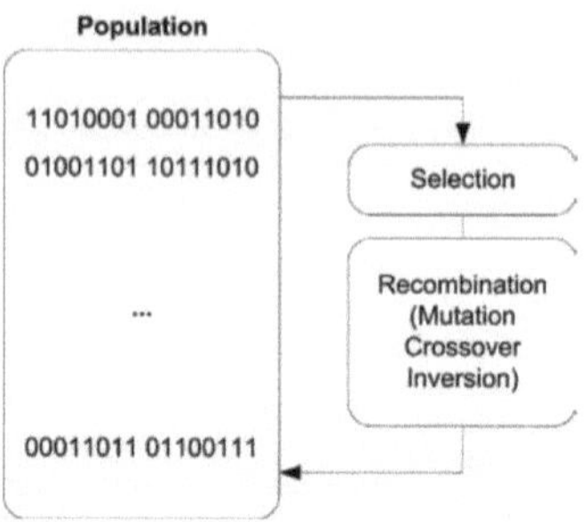


**FIGURA 7.3.** Algoritmo genético de cadenas de bits de Holland.

Holland también estudió los fundamentos matemáticos de sus algoritmos, buscando más comprenderlos desde una perspectiva teórica que usarlos para resolver problemas.

Todos los organismos vivos están formados por células, donde cada célula contiene un conjunto de cromosomas (cadenas de ADN). Cada cromosoma está formado por genes, cada uno de los cuales puede codificar un rasgo (comportamental o físico). Estos cromosomas sirven como base para los algoritmos genéticos, donde una solución potencial se define como un cromosoma y los elementos individuales de la solución son los genes.

## Programación genética

En la década de 1990, John Koza introdujo el subcampo llamado Programación Genética. Este se considera un subcampo porque se basa fundamentalmente en el algoritmo genético central creado por Holland y difiere en la representación subyacente de las soluciones que se desarrollarán. En lugar de utilizar cadenas de bits (como ocurre con los algoritmos genéticos) o valores reales (como es el caso de la programación evolutiva o las estrategias evolutivas), la programación genética se basa en expresiones S (árboles de programas) como esquema de codificación.

Considere el ejemplo que se muestra en la Figura 7.4. La población consta de dos miembros, A y B. Utilizando el operador de cruce, una porción de A se injerta en B, lo que da como resultado una nueva expresión. La programación genética también utiliza el operador de mutación como una forma de extender la población al espacio de búsqueda.

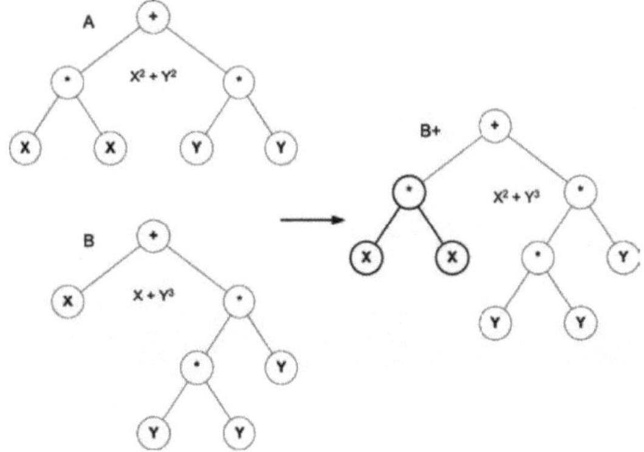

**FIGURA 7.4.** Uso del operador de cruce para crear nuevas expresiones S.

## MOTIVACIÓN BIOLÓGICA

Todos los algoritmos evolutivos tratados en este capítulo son biológicamente plausibles. En cada caso, los algoritmos que exploraremos se basan en la población. Cada uno de los algoritmos opera sobre una población de entidades, paralelizando la capacidad de resolver un problema.

El primer conjunto de algoritmos que revisaremos (algoritmos genéticos, programación genética y estrategias evolutivas) es verdaderamente de naturaleza evolutiva.

Estos algoritmos implican selección natural entre una población de soluciones potenciales. Los miembros de la población nacen y finalmente mueren, pero transmiten su material genético a través de las poblaciones en busca de una solución satisfactoria. En el centro de estos algoritmos está lo que se llama recombinación, o la combinación y mutación de soluciones que pueden cambiar el material de la población. A medida que cambian los miembros del grupo, sólo aquellos que están en forma pueden pasar a la siguiente población (potencialmente en una forma más apta). Este proceso se ilustra en la Figura 7.5.

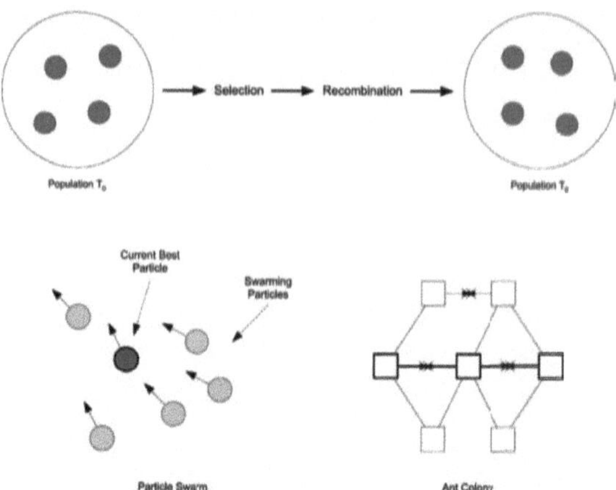


**FIGURA 7.5. y 7.6** Proceso fundamental de algoritmos evolutivos Optimización por sistema natural

## ALGORITMOS GENÉTICOS (GA)

Comencemos nuestra discusión sobre algoritmos evolutivos con el algoritmo más popular y flexible, el algoritmo genético. El algoritmo genético no es realmente un algoritmo único, sino una colección de algoritmos y técnicas que pueden usarse para resolver una variedad de problemas en varios dominios de problemas diferentes. Por ejemplo, muchos consideran que los algoritmos genéticos son una técnica para la optimización numérica, pero los algoritmos genéticos se pueden usar para mucho más (como veremos más adelante en la aplicación de muestra).

La capacidad del algoritmo genético para resolver problemas de gran alcance se deriva del método mediante el cual se representa la solución en la población. Como vimos en la introducción, las soluciones se pueden representar como cadenas de bits (con una representación subyacente), valores reales, así como entidades más abstractas, como codificaciones especiales de expresiones S LISP. El algoritmo genético se puede aplicar a muchos problemas y se limita principalmente a la capacidad del desarrollador para representar una solución de manera eficiente. Veremos una serie de posibles codificaciones de soluciones para algoritmos genéticos, programación genética y estrategias evolutivas.

## Descripción general del algoritmo genético

El GA es una colección de recetas de algoritmos que se pueden utilizar para desarrollar soluciones a una variedad de diferentes tipos de problemas. Lo llamamos receta porque hay una gran cantidad de variaciones del GA que se pueden usar. Estas variaciones generalmente se seleccionan según el tipo de problema a resolver.

Comencemos con una discusión del flujo básico de GA y luego profundizaremos en los detalles y exploraremos qué variantes son más útiles. Tenga en cuenta que el AG se denomina técnica basada en la población porque, en lugar de operar con una única solución potencial, utiliza una población de soluciones potenciales.

Cuanto mayor es la población, mayor es la diversidad de sus miembros y mayor es el área buscada por la población.

Un intento de comprender por qué funcionan los algoritmos genéticos se denomina hipótesis de los componentes básicos (BBH). Esto especifica, para GA binario, que la operación de cruce (dividir dos cromosomas y luego intercambiar las colas) mejora la solución al explotar soluciones parciales (o bloques de construcción) en el cromosoma original. Se puede pensar en esto como una reparación genética, en la que los componentes básicos del fitness se combinan para producir soluciones de mayor fitness. Además, al utilizar una selección proporcional a la aptitud física (los miembros con mayor aptitud física se seleccionan con mayor frecuencia), los miembros menos aptos y sus correspondientes componentes básicos desaparecen, aumentando así la aptitud general de la población.

El algoritmo genético general se puede definir mediante el proceso simple que se muestra en la Figura 7.7. Primero, se crea un conjunto de posibles soluciones aleatorias que sirve como primera generación. Para obtener mejores resultados, este grupo debe tener una diversidad adecuada (lleno de miembros que difieren más de lo que son similares). A continuación, se calcula la aptitud de cada miembro. La idoneidad aquí es una medida de qué tan bien cada solución potencial resuelve el problema en cuestión.

Cuanto mayor sea la aptitud, mejor será la solución en relación con los demás.

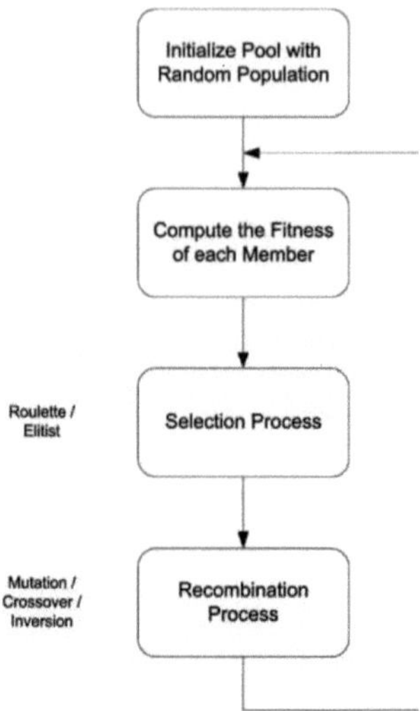



**FIGURA 7.7.** Flujo simple del algoritmo genético.

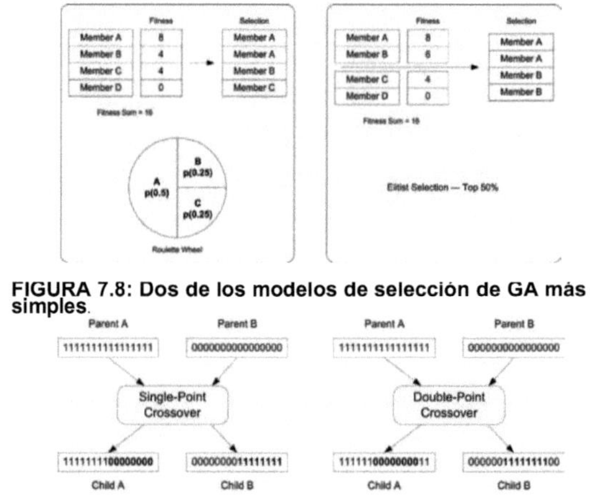



**FIGURA 7.8: Dos de los modelos de selección de GA más simples.**



**FIGURA 7.9.** Ilustración de los operadores de cruce en la recombinación genética.

A continuación, se seleccionan miembros de la población basándose en algún algoritmo. Los dos enfoques más simples son la selección en la ruleta y la selección elitista (ver Figura 7.8). La selección de la rueda de la ruleta es un algoritmo probabilístico que selecciona miembros de la población en proporción a su aptitud (cuanto mejor se ajuste el miembro, más probabilidades hay de que sea seleccionado). En la selección elitista, se seleccionan los miembros de la población con mayor aptitud física, lo que obliga a los miembros menos aptos a morir.

Usando la selección de la rueda de la ruleta (usando los datos de la Figura 7.8), un resultado de selección probable sería que se seleccionarían dos miembros A, y uno de cada miembro C y D. Dado que el miembro A tiene mayor aptitud que los otros miembros, tiene el privilegio de propagar más cromosomas a la siguiente población. La selección elitista en este modelo (que se muestra en la Figura 7.8) simplemente toma el 50% superior de los miembros de la población (los más aptos) y luego los distribuye a la siguiente generación.

Volviendo ahora a nuestro flujo de AG, del proceso de selección tenemos un número de miembros que tienen derecho a propagar su material genético a la siguiente población. El siguiente paso es recombinar el material de estos miembros para formar los miembros de la próxima generación. Por lo general, los padres se seleccionan de dos en dos del conjunto de individuos a los que se les permite propagarse (a partir del proceso de selección). Dados dos padres, dos hijos.

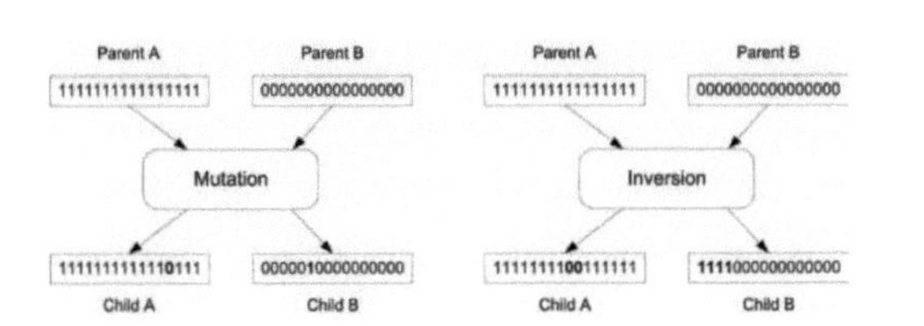


**FIGURA 7.10.** Ilustración de los operadores genéticos de mutación e inversión.

Se crean en la nueva generación con ligeras alteraciones cortesía del proceso de recombinación (con una probabilidad dada de que el operador genético pueda ocurrir). Las figuras 7.9 y 7.10 ilustran cuatro de los operadores genéticos.

La figura 7.9 ilustra los operadores genéticos cruzados. Al utilizar el cruce, los padres se combinan seleccionando un punto de cruce y luego intercambiando las colas de los dos padres para producir los dos hijos. Otra variante de cruce crea dos puntos de cruce, intercambiando el material genético en dos lugares.

La figura 7.10 cubre el operador de mutación y también el operador de inversión. Cada uno de estos operadores eran los operadores genéticos originales del trabajo original de Holland. El operador de mutación simplemente muta (o invierte) un poco. Tenga en cuenta que en los cromosomas de valor real, un ligero cambio en el valor también se puede realizar como mutación (pequeño incremento o disminución del valor). El operador de inversión toma una parte del cromosoma y la invierte. En este caso, se invierte el rango de bits.

Finalmente, hemos discutido el proceso de la Asamblea General, pero no cómo termina. Hay varias formas de finalizar el proceso. La más obvia es terminar cuando se encuentra una solución, o una que cumpla con los criterios del diseñador. Pero desde la perspectiva del algoritmo, también debemos tener en cuenta la población y su capacidad para encontrar una solución.

Otro criterio de terminación, que potencialmente arroja una solución subóptima, es cuando la población carece de diversidad y, por lo tanto, la incapacidad de buscar adecuadamente el espacio de solución. Cuando los miembros de la población se vuelven similares, se pierde la capacidad de búsqueda. Para combatir esto, terminamos el algoritmo tempranamente detectando si la aptitud promedio de la población está cerca de la aptitud máxima de cualquier miembro de la población (por ejemplo, si la aptitud promedio es mayor que 0,99 veces la aptitud máxima). Una vez que la población se vuelve demasiado similar, los miembros se han centrado en áreas similares del espacio de búsqueda y, por lo tanto, son incapaces de expandirse a nuevas áreas en busca de individuos más aptos.

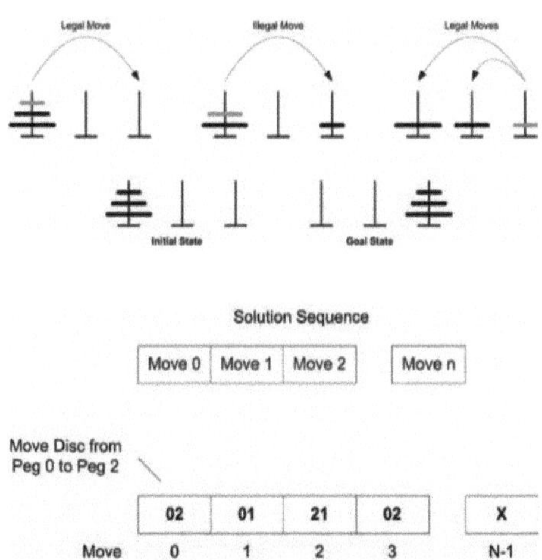


**FIGURA 7.11.** Movimientos legales para las Torres de Hanoi con estados inicial y objetivo.

La cuestión de la falta de diversidad en los algoritmos genéticos da como resultado una convergencia prematura, ya que los miembros convergen en un máximo local, sin haber encontrado el máximo global. La terminación anticipada es una solución, pero otras incluyen el reinicio del algoritmo si se detecta esta situación.

## Implementación de algoritmos genéticos

Exploremos ahora una implementación de un algoritmo genético para resolver el problema de las Torres de Hanoi. Este problema involucra tres clavijas, con tres discos de tamaño único, y el objetivo de mover los discos de una clavija a otra.

Existe la restricción de que un disco se puede mover a una clavija sólo si la clavija está vacía o si el disco actualmente en la clavija es más grande que la clavija que se va a mover (consulte la Figura 7.11).

El primer problema a resolver es cómo representar la secuencia de movimientos para resolver el problema en una forma que pueda evolucionar mediante el algoritmo genético. Lo primero que hay que tener en cuenta es que sólo hay un puñado de movimientos posibles (aunque es posible que no siempre sean legales, dependiendo de la configuración actual). Si numeramos las clavijas del cero al dos, podemos pensar en el espacio de solución como una secuencia de movimientos donde el movimiento codifica la clavija de origen y la clavija de destino.

En la Figura 7.12, el primer movimiento '02' representa un movimiento del disco de la clavija 0 a la clavija 2. El siguiente movimiento '01' mueve el disco de la clavija 0 a la clavija 1. Se puede mostrar la secuencia de movimientos que se muestra en la Figura 7.12. visualmente como se ilustra en la Figura 7.13. La configuración superior representa la configuración inicial del problema y los movimientos posteriores muestran cómo cambia la configuración con cada movimiento (el disco gris es el último que se mueve).

Profundicemos ahora en la fuente que proporciona esta representación (ver Listado 7.1). El cromosoma del GA es una secuencia de movimientos y cada gen es un solo movimiento. Representaremos los movimientos de manera muy simple como números enteros del 0 al 5. Decodificaremos el número de movimiento al comando de clavija hacia/desde usando la matriz de movimientos. Esto nos permite evitar una representación directa y proporcionar un formato más simple para que la Asamblea General evolucione. La simulación de las Torres de Hanoi la proporciona el conjunto de clavijas. Contiene tres estructuras que representan las clavijas y hasta tres discos (con el número de discos actualmente en la clavija definido por conteo). La solución está representada por el tipo solución_t. Contiene la secuencia de movimientos (plan), el número de movimientos activos (op_count) y la evaluación de aptitud actual.

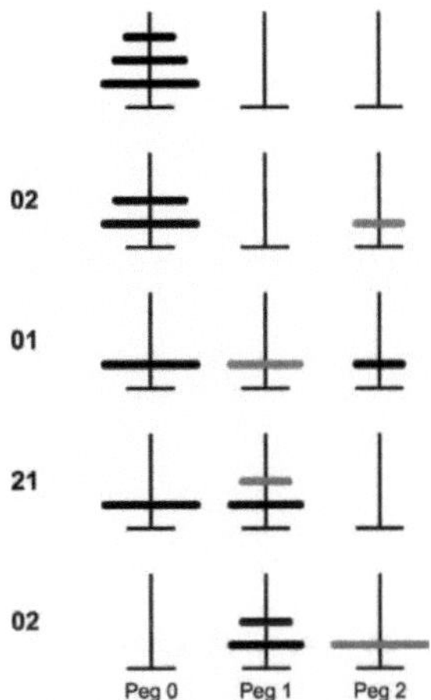


**FIGURA 7.13.** Ilustrando los movimientos proporcionados en la secuencia de solución en la Figura 7.12.

Listado 7.1: Representando el espacio solución para las Torres de Hanoi.

#definir A_TO_B #definir A_TO_C #definir B_TO_A #definir B_TO_C #definir C_TO_A 0x20 #definir C_TO_B 0x21
#definir MAX_OPERACIONES 6

0x01

0x02

0x10

0x12

movimientos de caracteres[MAX_OPERACIONES]={
A_TO_B, A_TO_C, B_TO_A, B_TO_C, C_TO_A, C_TO_B };
estructura typedef {
clavija de carbón[3];
recuento int;

} peg_t;
clavijas peg_t[3];
#define NUM_OPERACIONES        12
estructura tipodef {
int op_count;
plan de caracteres sin firmar[NUM_OPERACIONES+1];
                            doble
} solución_t;


aptitud física;


La población de GA se divide en dos partes. Mantendremos un conjunto de soluciones como la población actual y otro conjunto como la próxima generación de soluciones. La generación actual y la siguiente se alternan entre sí a medida que se realiza el algoritmo (la siguiente se vuelve actual, etc.).


#define POPULATION_SIZE
solución_t soluciones[2][POPULATION_SIZE];


200


Veamos ahora el bucle principal del AG y luego analicemos las funciones principales que proporcionan el proceso de evolución. Comenzamos inicializando aleatoriamente la población de posibles soluciones con una llamada a inicializar_población y luego calculamos la aptitud de cada miembro (probando cada plan con una simulación de las Torres de Hanoi) usando Compute_population_fitness. Luego ingresamos al bucle que invoca el núcleo del AG. La función perform_ga realiza un único ciclo a través de la población, seleccionando los miembros para seguir adelante y recombinándolos en la siguiente generación. Se vuelve a calcular el fitness de cada miembro y se emiten las estadísticas fundamentales (fitness mínimo, fitness medio y fitness máximo de toda la población).

Este proceso continúa mientras haya una diversidad adecuada en la población (comparando la aptitud promedio con la máxima) y aún no hayamos encontrado una solución (una solución perfecta es una aptitud de 75,0).

Listado 7.2: Un fragmento del bucle principal del algoritmo genético.

```
RANDINIT();
inicializar_población( cur ); calcular_población_fitness( cur );
mientras ((promedio < (0,999 * máximo)) && (máximo < 75,0)) {
cur = realizar_ga (cur); calcular_población_fitness( cur ); if (((generación++) % 500) ==
0) {
printf("%6d: %g %g %g\n", generación, mín, promedio, máximo);
}
}
```

La función perform_ga se muestra en el Listado 7.3 y es el núcleo de la implementación del algoritmo genético. Realiza selección y recombinación (utilizando algunas funciones de soporte). El primer paso es identificar qué índice de la matriz de soluciones usaremos para la próxima generación (esencialmente lo opuesto a la generación actual). Luego analizamos la población actual y seleccionamos dos padres con la función select_parent. Si se va a realizar un cruce (al azar, según la probabilidad de cruce), entonces se selecciona un punto de cruce y las colas se intercambian en los dos padres (usando el mínimo de op_counts para garantizar la secuencia de movimientos más pequeña posible).

Tenga en cuenta también que a medida que los genes (movimientos individuales) se copian del padre al hijo, existe la posibilidad de mutación con la macro MUTATE. Cada hijo recibe la cantidad de operaciones utilizadas por el padre (tamaño del plan de mudanza).

Listado 7.3: El núcleo del algoritmo genético.

```
int realizar_ga( int cur_pop)
{
```

```
int i, j, nuevo_pop;
int padre_1, padre_2; cruce int;
new_pop = (cur_pop == 0)? 1: 0;
para (i = 0; i <TAMAÑO_POBLACIÓN; i+=2) {
/* i es niño_1, i+1 es niño_2 */

padre_1 = select_parent(cur_pop); padre_2 = select_parent(cur_pop);
si (ALEATORIO() <CROSSOVER_PROB) {
cruce = RANDMAX(
MIN(soluciones[cur_pop][padre_1].op_count,
soluciones[cur_pop][parent_2].op_count));
} demás {
cruce = NUM_OPERACIONES;
}
para (j = 0; j < NUM_OPERACIONES; j++) {
si (j < cruce) { soluciones[new_pop][i].plan[j] =
MUTATE(soluciones[cur_pop][parent_1].plan[j]); soluciones[new_pop][i+1].plan[j] =
MUTATE(soluciones[cur_pop][parent_2].plan[j]);
} demás {
soluciones[new_pop][i].plan[j] = MUTATE(soluciones[cur_pop][parent_2].plan[j]);
soluciones[new_pop][i+1].plan[j] = MUTATE(soluciones[cur_pop][parent_1].plan[j]);
}
}
soluciones[new_pop][i].op_count = soluciones[cur_pop][parent_1].op_ contar;
soluciones[new_pop][i+1].op_count = soluciones[cur_pop][parent_2].op_ contar;
}
devolver nuevo_pop;
}
```

La función select_parent proporciona el algoritmo de selección de la rueda de la ruleta (ver Listado 7.4). Esta función recorre la población actual y prueba a cada miembro con una función de probabilidad. Si se selecciona un número aleatorio que es menor que la aptitud del miembro sobre la suma

de todos los miembros, entonces este miembro se selecciona como padre y se devuelve.
La idea es que los miembros con mayor condición física se seleccionen con más
frecuencia, pero ocasionalmente, se permite que se propague un miembro con menor
condición física. En realidad, esto es deseable porque aumenta la diversidad de la
población en general. Si se marca toda la población y no se selecciona ningún miembro,
se devuelve un miembro aleatorio de la población.

Listado 7.4: Selección de una solución principal con selección de rueda de ruleta.

```
int select_parent( int cur_pop)
{
int i = RANDMAX(POPULATION_SIZE);
recuento int = POPULATION_SIZE; doble selección=0.0;
mientras (cuenta--) {
seleccionar = soluciones[cur_pop][i].fitness;
si (RANDOM() < (seleccionar / suma)) devuelve i; si (++i >= POPULATION_SIZE) i =
0;
}
retorno( RANDMAX(POPULATION_SIZE) );
}
```

Finalmente, veamos la función de aptitud (compute_fitness). Esta función la utiliza
Compute_population_fitness, que simplemente realiza Compute_fitness en toda la
población
y recopila las estadísticas necesarias. El flujo básico de esta función es primero inicializar
la simulación de las Torres de Hanoi (clavijas, contenido de clavijas y recuentos de
discos).
Luego, la solución miembro se itera ejecutando cada comando y realizando el movimiento
del disco especificado. Si el movimiento es ilegal (no hay ningún disco en la clavija de
origen o se intenta mover un disco grande sobre un disco más pequeño), entonces se
incrementa un contador ilegal_moves, pero el movimiento no se realiza para mantener

una configuración de clavijas válida.

Cuando se han iterado todos los movimientos de la solución, se calcula y se devuelve la aptitud. En este ejemplo, calculamos la aptitud otorgando una puntuación de 25 a cada disco que esté en la clavija correcta. Luego restamos de esto el número de movimientos ilegales
que se intentaron. El propósito de esto es desarrollar soluciones que sean óptimas (sin intentos de movimientos ilegales).

Listado 7.5: Cálculo de la idoneidad de una solución potencial.

```
doble cálculo_fitness ( int cur_pop, int miembro, int rastro)
{
int i, desde, hasta, disco=3; int movimientos_ilegales = 0; movimiento int;
doble aptitud;
/* Inicializa las clavijas */ para (yo = 0; yo < 3; yo++) {
clavijas[0].peg[i] = disco--; clavijas[1].peg[i] = 0; clavijas[2].peg[i] =

*/ move = movimientos[soluciones[cur_pop][miembro].plan[i]] ; /
* Encuentra la clavija de origen */ from = (move >> 4) & 0xf; if (clavijas[de].count ==
0)
{ movimientos_ilegales++; } else { /
* Encuentra la
clavija de destino */ to = move & 0xf; /* Asegúrese de que sea
un movimiento legal */ if ((pegs[to].count == 0) || (pegs[from].peg[pegs[from].count-1]
< pegs[to].peg[pegs [to].count-1])) { /* Realizar el movimiento, actualizar la
configuración de clavijas */ pegs[from].count--; clavijas[a].peg[clavijas[a].count]
= clavijas[desde].peg[clavijas[desde].count];
clavijas[de].peg[clavijas[de].count]    =    0;    clavijas[a].count++;    }    else    {
movimientos_ilegales++; } } }
/* Calcular la aptitud */ aptitud
= (double)(pegs[2].count*25) - (double)illegal_moves; si (aptitud física
```

< 0,0) aptitud = 0,0; volver a estar en forma; }

Veamos ahora la aplicación en acción. El Listado 7.6 muestra el resultado de la aplicación (usando una probabilidad de mutación de 0,01 y una probabilidad de cruce de 0,07).

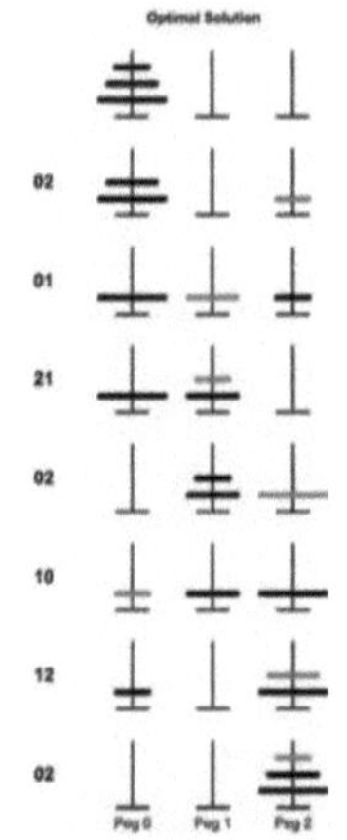

FIGURA 7.14. La solución óptima para las Torres de Hanoi para tres discos.

## PROGRAMACIÓN GENÉTICA (GP)

Como analizamos al principio de este capítulo, la programación genética es la evolución de inspiración biológica de programas informáticos que resuelven una tarea predefinida. Por esta razón, GP no es más que un algoritmo genético aplicado a la evolución del programa problema. Los primeros sistemas de médicos de cabecera utilizaban LISP Expresiones S (como se muestra en la Figura 7.4), pero más recientemente, los sistemas de programación genética lineal se han utilizado para desarrollar secuencias de instrucciones para resolver tareas de programación definidas por el usuario. [Banzhaf 1998]

### Algoritmo de programación genética

El algoritmo de programación genética utiliza el mismo flujo fundamental que el algoritmo genético tradicional. La población de soluciones potenciales se inicializa

238

aleatoriamente y luego se calcula su aptitud (mediante una simulación de instrucciones ejecutadas con la pila). La selección de miembros que pueden propagarse a la siguiente generación puede ocurrir entonces mediante una selección proporcional a la aptitud. Con este método, cuanto mayor sea el ajuste del individuo, mayor.

| Instruction | Description | Code |
| --- | --- | --- |
| PUSH Pi | PUSH PI onto the stack | 0 |
| PUSH 2 | PUSH 2 onto the stack | 1 |
| PUSH 3 | PUSH 3 onto the stack | 2 |
| DUP | Duplicate the top element of the stack | 3 |
| SWAP | Swap the first two elements of the stack | 4 |
| MUL | Multiply the first two elements of the stack | 5 |
| DIV | Divide the first two elements of the stack | 6 |
| ADD | Add the first two elements on the stack | 7 |

**FIGURA 7.15.** Ejemplo de codificación del conjunto de instrucciones para el ejemplo de programación genética lineal.

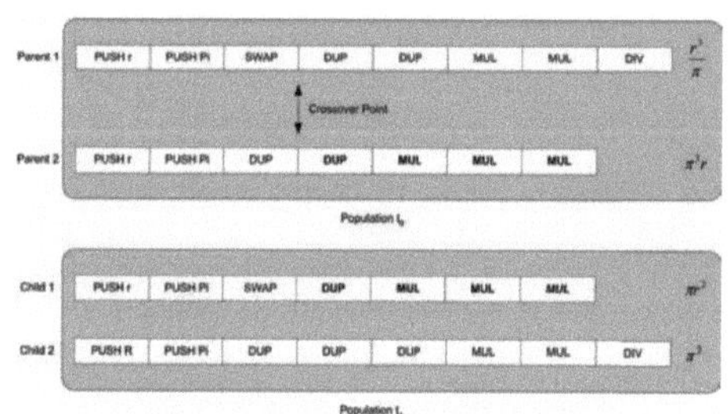


**FIGURA 7.16.** Demostración del operador genético cruzado en dos programas lineales simples.

mayor será la probabilidad de que sean seleccionados para la recombinación en la próxima generación.

El cromosoma, o programa a evolucionar, está formado por genes o instrucciones individuales. El cromosoma también puede tener diferentes longitudes, asignarse en el momento de la creación y luego heredarse durante la evolución. Usaremos un conjunto de instrucciones simple definido para el problema particular, como se muestra en la Figura 7.15.

Con esta cantidad mínima de instrucciones, respaldaremos el cálculo de varios tipos diferentes de funciones (como ecuaciones de volumen y área para objetos bidimensionales y tridimensionales). Cada una de las instrucciones opera en la pila, ya sea empujando un número a la pila o manipulando la pila de alguna manera.

Continuando con el algoritmo GP, una vez seleccionados dos padres, las soluciones se recombinan con una pequeña probabilidad utilizando las operaciones de cruce y mutación. Este proceso se muestra a continuación en la Figura 7.16.
En la Figura 7.16, vemos cómo dos programas no relacionados se pueden combinar para producir un programa para calcular el área de un círculo (niño 1).

La arquitectura simulada aquí para GP se denomina arquitectura de "dirección cero". Lo que hace que esta arquitectura sea única es que se trata de una arquitectura centrada en la pila: no hay registros disponibles. Todos los argumentos y el procesamiento se producen en la pila. Esto hace que el conjunto de instrucciones sea muy simple, lo que es ideal para desarrollar secuencias de instrucciones para operaciones complejas.

Veamos un ejemplo final para comprender completamente el funcionamiento de estos programas lineales usando una máquina de pila (consulte la Figura 7.17). En este ejemplo, tenemos un programa simple de cuatro instrucciones (que calcula el cubo del valor en la parte superior de la pila). La parte superior de la figura representa el estado inicial antes de que se ejecute el programa. Las instrucciones se muestran a la derecha, con un puntero a la última instrucción ejecutada (la instrucción se muestra en negrita). La pila se muestra en la configuración inicial con el valor que se va a elevar al cubo (y un puntero al siguiente elemento que se puede escribir).

La instrucción DUP toma el elemento superior de la pila y lo duplica (de modo que los dos primeros elementos de la pila serán iguales). La instrucción MUL
multiplica los dos primeros elementos de la pila y luego devuelve el resultado a la pila

(pero consumiendo los dos valores iniciales). El resultado cuando se han ejecutado todas las instrucciones es el cubo del valor inicial, almacenado en la parte superior de la pila.

Recuerde que la representación es muy importante y se debe tener mucho cuidado al diseñarla para el problema en cuestión. Dado que ejecutaremos muchos de estos programas durante la fase de evaluación del algoritmo (población grande, muchas iteraciones de verificación), debe ser simple y eficiente. Profundicemos ahora en la implementación para ver cómo funciona.

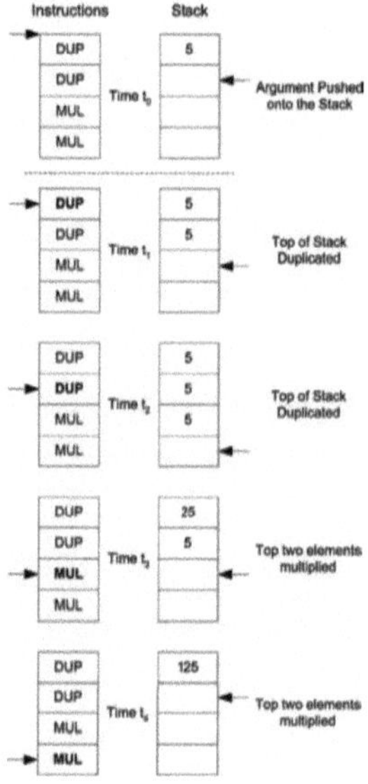


**FIGURA 7.17.** Ejemplo de secuencia de instrucciones y pila para el programa 'cubo'.

## Implementación de programación genética

Investiguemos una implementación de programación genética lineal para evolucionar la secuencia de instrucciones para resolver una ecuación de volumen específica. Gran parte de la implementación se comparte con nuestra fuente de algoritmo genético existente, por lo que aquí nos centraremos en las diferencias principales en la implementación (la representación cromosómica y la función de cálculo de aptitud).

El cromosoma (solución potencial del programa) está representado por la estructura programas_t. Contiene el número de instrucciones en el programa (op_count) y el programa en sí (programa). La aptitud es la medida de aptitud actual del programa (de las instrucciones op_count). Las dos poblaciones de soluciones de programas se representan como una matriz de programas bidimensionales. Es bidimensional porque necesitamos representar la generación actual y la próxima (para todo el tamaño de la población).

norte t h Y D

oh

Finalmente, en el Listado 7.7, se encuentra la lista de instrucciones legales. La Figura 7.15 muestra el significado de estas instrucciones y la Figura 7.17 ilustra su uso en un programa de muestra.

Listado 7.7: Representación de programa y población para el ejemplo de programación genética lineal.

#definir NUM_INSTRUCCIONES 20
estructura typedef {

En t
recuento_op;

programa de caracteres sin firmar[NUM_INSTRUCTIONS]; doble aptitud;
} programas_t;

#definir POPULATION_SIZE
programas_t programas[2][POPULATION_SIZE];

2000

#definir PUSH_PI        0

```
#definir PUSH_2        1
#definir PUSH_3        2
#definir DUP           3
#definir SWAP          4
#definir MUL           5
#definir DIV           6
#definir AGREGAR 7
#definir MAX_OPERACIONES 8
```

Al definir un conjunto de instrucciones para programación genética, diseñe el conjunto de instrucciones en torno al problema, si es posible. Especifique las instrucciones que pueden contribuir a la solución, en lugar de aumentar la complejidad con una gran cantidad de instrucciones que simplemente nublan el espacio de la solución.

Ahora veamos las diferencias con nuestro ejemplo de algoritmo genético anterior. La primera diferencia es el método mediante el cual se seleccionan los cromosomas originales para su recombinación. En el ejemplo anterior, utilizamos la selección de la rueda de la ruleta, pero en este ejemplo modificaremos select_parent para proporcionar una forma de selección elitista (consulte el Listado 7.8). Comenzamos con un miembro aleatorio y luego trabajamos con toda la población buscando un miembro cuya condición física sea superior al promedio. Cuando encontramos uno, simplemente lo devolvemos (sin selección probabilística, excepto comenzar en una ubicación aleatoria).

Una ventaja de este enfoque es que podemos establecer altas probabilidades de cruce y mutación (para cubrir una mayor parte del espacio de búsqueda) sin preocuparnos mucho por perder buenas soluciones existentes.

Listado 7.8: Elección de padres mediante un algoritmo de selección elitista.

```
int select_parent( int cur_pop)
{
int i = RANDMAX(POPULATION_SIZE);
recuento int = POPULATION_SIZE; doble selección=0.0;
/* Recorrer cada uno de los miembros de la población */ mientras (cuenta--) {
```

seleccionar = programas[cur_pop][i].fitness;
/* Seleccione este padre si su aptitud es superior al promedio */
si (seleccione >= promedio) devuelve i;
/* Comprueba el siguiente miembro de la población */ si (++i >= POPULATION_SIZE)
i = 0;
}
/* No se encontró nada mayor que el promedio, devuelve un miembro aleatorio */ retorno(
RANDMAX(POPULATION_SIZE) );
}


Finalmente, veamos la función de fitness. Esta función proporciona la simulación del conjunto de instrucciones simples. También dentro de esta función se encuentra el objeto de la pila desde el cual operarán las instrucciones (ver Figura 7.9).

Listado 7.9: Función de aptitud para el ejemplo de programación genética lineal.

doble cálculo_fitness ( int cur_pop, int miembro)
{
int i, instrucción;
iteración int = MAX_ITERACIONES; doble aptitud=0,0;
doble esperado, d; pila_t pila;
mientras (iteración--) {
d = (doble)RANDMAX(100)+RANDOM();
esperado = (PI * (d * d * d)) / 4,0; pila.index = 0;
EMPUJAR(pila, d);
para (i = 0; i <programas[cur_pop][miembro].op_count; i++) {
/* Obtiene el movimiento real de la matriz de movimientos */ instrucción = programas[cur_pop][miembro].programa[i]; cambiar (instrucción) {
caso PUSH_PI:
si (!IS_FULL(pila)) { EMPUJAR(pila,PI);
}
romper;

caso PUSH_2:

si (!IS_FULL(pila)) { EMPUJAR(pila,2.0);

}

romper;

caso PUSH_3: if (!

IS_FULL(pila)) { PUSH(pila,3.0); }

romper; caso DUP: if (!

IS_EMPTY(pila))

{ doble temperatura = POP(pila); PUSH(pila, temperatura); PUSH(pila, temperatura); }

romper;

CAMBIO DE CASO:

if (pila.index >= 2) { double

temp1 = POP(pila); doble temp2 = POP(pila); EMPUJAR(pila,temp1);

EMPUJAR(pila,temp2); } romper; caso MUL:

if (pila.index >= 2) { double

temp1 = POP(pila); doble temp2 = POP(pila); PUSH(pila, (temp1*temp2)); } romper;

caso DIV:

if (pila.index >= 2) { double

temp1 = POP(pila); doble temp2 = POP(pila); PUSH(pila, (temp1/temp2)); } romper;

caso AÑADIR:

if (pila.index >= 2) { double

temp1 = POP(pila); doble temp2 = POP(pila); EMPUJAR(pila, (temp1+temp2)); }

romper;

Considerando la ecuación y algún conocimiento del funcionamiento del máquina apiladora, una solución sencilla y artesanal al problema es:

EMPUJE 2, EMPUJE 3, MUL, INTERCAMBIO, DUP, DUP, MUL, MUL, EMPUJE PI, MUL, DIV

lo cual es una solución razonable al problema, pero la evolución no sabe nada sobre la ecuación y hace un mejor trabajo al encontrar soluciones (eliminando una instrucción). A continuación se muestran otras soluciones desarrolladas por el programador genético lineal:

DUP, DUP, EMPUJE 2, EMPUJE 3, MUL, EMPUJE PI, DIV, MUL, MUL, MUL

DUP, INTERCAMBIO, DUP, EMPUJE PI, MUL, MUL, EMPUJE 3, EMPUJE 2, MUL, DIV,

INTERCAMBIO, DIV
DUP, DUP, MUL, MUL, EMPUJE 2, DIV, EMPUJE 3, MUL, EMPUJE PI, DIV
DUP, DUP, PRESIONAR 3, DUP, INTERCAMBIAR, AGREGAR, DIV, DIV, PRESIONAR PI, DIV, MUL

Tenga en cuenta que en el segundo ejemplo hay una instrucción superflua (SWAP, que se muestra en cursiva). Esta instrucción no ayuda a resolver la ecuación, pero tampoco hace daño. La presencia de esta instrucción tiene cierta plausibilidad biológica, que conviene mencionar. Los biólogos moleculares han descubierto lo que se llama ADN "basura" (o secuencias de ADN no funcionales) que se denominan intrones. Los investigadores en algoritmos genéticos han descubierto que la introducción de intrones puede mejorar la capacidad de los algoritmos genéticos para resolver problemas complejos. [Levenick 1991]

La programación genética, en este caso la programación genética lineal, es una metáfora útil de la evolución de secuencias de instrucciones para funciones simples a moderadamente complejas. No sólo es útil para desarrollar funciones altamente optimizadas para problemas específicos, sino que también puede ser útil para estudiar formas nuevas y novedosas de resolver problemas.

## ESTRATEGIAS EVOLUTIVAS (ES)

Las estrategias evolutivas (ES) son uno de los algoritmos evolutivos más antiguos y siguen siendo bastante útiles. Es muy similar al algoritmo genético, pero en lugar de centrarse en cadenas binarias (como lo hacía el algoritmo genético original), las estrategias evolutivas se centran en la optimización de parámetros de valor real.

El algoritmo de estrategias evolutivas fue desarrollado (en paralelo a los algoritmos genéticos) durante la década de 1960 en la Universidad Técnica de Berlín (TUB), Alemania, por Rechenberg y Schwefel. Las estrategias evolutivas se diseñaron inicialmente para resolver problemas de dinámica de fluidos mediante simulaciones. Sus experimentos iniciales utilizaron una población de uno (padre + descendencia, eligiendo lo mejor para propagarse más), ya que la optimización se realizó manualmente, sin acceso a una computadora para simular los experimentos. Incluso con este enfoque simple (que luego evolucionó hasta convertirse en una técnica basada en la población), sus resultados fueron exitosos.

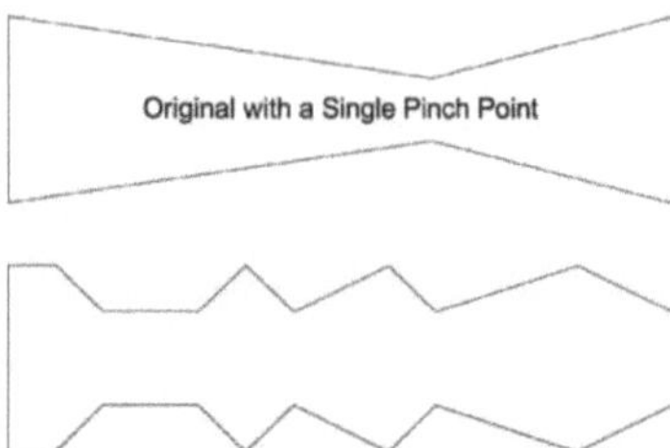


**FIGURA 7.18**. Método de Schwefel para la optimización de boquillas mediante estrategias evolutivas.

A medida que se seguía desarrollando la estrategia evolutiva, Schwefel la utilizó con éxito para optimizar la forma de una boquilla intermitente supersónica de dos fases. [EvoNews 1999] Para optimizar la forma de las boquillas, Schwefel utilizó una codificación que definía el diámetro de la boquilla en varios puntos a lo largo del tubo (ver Figura 7.18). La estrategia evolutiva original utilizó un solo padre y produjo un solo hijo. Esto se llama estrategia (1 + 1) (un padre produce una única descendencia). En términos generales, estas estrategias se definen a medida que se, dónde seleccionan los padres y resulta la descendencia. En esta estrategia, toda la población de miembros compite por la supervivencia. Se hace referencia a otro enfoque donde a como, se seleccionan los padres y resulta la descendencia. Sólo los descendientes compiten en la siguiente generación, los padres son completamente reemplazado en la próxima generación.

## Algoritmo de estrategias evolutivas

Uno de los aspectos únicos del algoritmo de estrategias evolutivas, y lo que hace que el algoritmo sea útil hoy en día, es que es relativamente sencillo de implementar. Tradicionalmente, el algoritmo no es tan sencillo de entender como el algoritmo genético, pero el enfoque que se explorará aquí proporcionará los conceptos básicos y un par de simplificaciones de mutaciones propuestas por el propio Schwefel.

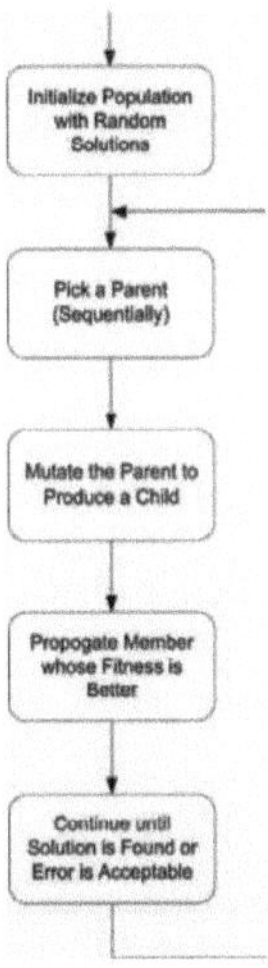


**FIGURA 7.19.** El algoritmo de estrategias evolutivas fundamentales.

El flujo del algoritmo de estrategias evolutivas se muestra en la Figura 7.19.
Primero recorreremos el flujo de alto nivel y luego exploraremos los detalles.
El proceso comienza con la inicialización de la población. Cada uno de los miembros de la población consta de un vector de valores reales que representan el problema mismo.

El algoritmo de estrategias evolutivas se denomina algoritmo fenotípico, mientras que el algoritmo genético es un algoritmo genotípico. Un algoritmo fenotípico representa parámetros del sistema como solución, mientras que un algoritmo genotípico representa una abstracción de la solución. Tomemos, por ejemplo, el modelado del comportamiento de un sistema. En el enfoque fenotípico, las soluciones representarían el parámetro del comportamiento en sí, pero en el enfoque genotípico, la solución representaría una representación intermedia del comportamiento.

El siguiente paso es producir la próxima generación mediante la selección de soluciones parentales y descendencia. Exploraremos el caso más simple de selección en ES donde cada padre tiene el potencial de pasar a la siguiente generación. Cada padre es seleccionado y se genera una descendencia dada una mutación. Luego se comparan los padres y el niño, y el que tiene mejor aptitud física pasa a la siguiente generación. Este proceso continúa para cada miembro de la población actual. El algoritmo puede entonces terminar (si se descubre una solución) o continuar durante un cierto número de generaciones.

Exploremos ahora lo que significa mutar a un padre para crear una descendencia. Cuando creamos números aleatorios (por ejemplo, con nuestra función RANDOM()), es tan probable que el número sea pequeño como grande (distribuido uniformemente).

Lo que realmente queremos son principalmente números aleatorios pequeños, con un número aleatorio mayor ocasionalmente. Esto permite que los números aleatorios pequeños "modifiquen" la solución, y que los números aleatorios más grandes extiendan la solución en el panorama de aptitud. Estos tipos de números aleatorios se denominan de distribución normal con una tasa esperada de cero. Para producir estos números aleatorios, primero calculamos dos números aleatorios distribuidos.

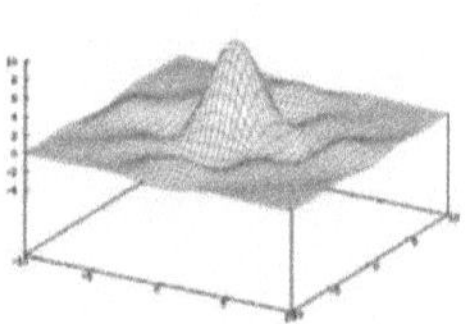

**FIGURA 7.20.** Gráfico de la función muestral que la estrategia evolutiva maximizará.

Listado 7.11: El bucle principal de la estrategia evolutiva

```
int principal ( vacío)
{
intcur_pop = 0; int yo = 0; RANDINIT();
inicializar_población( cur_pop ); computar_población_fitness( cur_pop ); para (i = 0; i <
MAX_ITERACIONES; i++) {
seleccionar_y_recombinar( cur_pop, i ); cur_pop = (cur_pop == 0)? 1: 0;
computar_población_fitness( cur_pop ); printf("%g %g %g\n", mínimo, promedio,
máximo);
}
buscar_y_emitir_mejor( cur_pop );
devolver 0;
}
```

El núcleo de la estrategia evolutiva está en la selección y recombinación de soluciones
candidatas (consulte la función select_and_recombine, Listado 7.12). Esta función
primero determina qué índice de población es la próxima generación (new_pop) y el
multiplicador actual, que se utiliza para escalar cualquier cambio.

Listado 7.12: Creando la próxima generación de la población

```
void select_and_recombine ( int pop, int iteración)
{
int i, nuevo_pop; doble multiplicador;
doble u1, u2, z1, z2, aptitud;
/* Averiguar qué índice de población es la próxima generación */ new_pop = (pop == 0)?
1: 0;
/* Ecuación 7.4 */
multiplicador = ((doble)MAX_ITERACIONES - (doble)iteración) /
(doble)MAX_ITERACIONES; para (i = 0; i < MAX_POPULATION; i++) {
u1 = ALEATORIO(); u2 = ALEATORIO();
```

/* Ecuación 7.2 */

z1 = (sqrt(-2.0 * log(u1)) * sin( (2.0 * PI * u2))) * multiplicador;

/* Ecuación 7.3 */

z2 = (sqrt(-2.0 * log(u1)) * cos( (2.0 * PI * u2))) * multiplicador;

/* Crea el hijo como padre mutado */

soluciones[new_pop][i].x   =   enlazado(   soluciones[pop][i].x   +   z1   );

soluciones[new_pop][i].y   =   enlazado(   soluciones[pop][i].y   +   z2   );   fitness   =   Compute_Fitness ( &soluciones [new_pop] [i]);

/* Si el niño está menos en forma que el padre, mueve el padre al niño */ if (fitness < soluciones[pop][i].fitness) {

soluciones[new_pop][i].x   =   soluciones[pop][i].x;   soluciones[new_pop][i].y   =   soluciones[pop][i].y;

}

}

devolver;

}

Tenga en cuenta que en el Listado 7.12, la función ligada se utiliza para vincular los valores de

-20 a 20 tanto para x como para y.

Finalmente, presentamos la función para calcular la aptitud de un candidato determinado.

solución. Utilizando la ecuación 7.5, la función se evalúa, almacena y devuelve.

Listado 7.13: Calcular la idoneidad de una solución candidata.


doble cálculo_fitness( solución_t *sol_p )

{


## EVOLUCIÓN DIFERENCIAL (DE)

La evolución diferencial (DE) es un método evolutivo estocástico basado en la población más reciente (introducido por Storn y Price en 1996). Sigue el flujo del algoritmo evolutivo estándar (mutación, recombinación, selección), pero tiene algunas diferencias significativas en cómo se realiza la mutación y la recombinación.

La idea fundamental detrás de DE es el uso de diferencias de vectores (elegir dos vectores seleccionados al azar y luego tomar su diferencia como un medio para perturbar el vector y sondear el espacio de búsqueda). Luego, la diferencia de vectores se agrega a un tercer vector seleccionado al azar, lo que hace que el enfoque se autoorganice.

DE también incluye dos parámetros ajustables, F (el factor de ponderación) y CR (la probabilidad de cruce). El factor de ponderación se aplica al vector de diferencia. La probabilidad de cruce especifica la probabilidad de que se produzca un cruce multipunto para el vector inicial y el vector objetivo resultante.

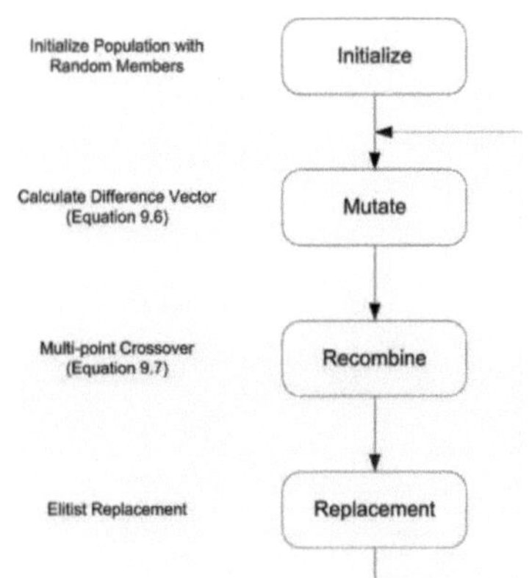


**FIGURA 7.21**. Flujo de alto nivel del algoritmo de evolución diferencial con diferencias notadas para DE.

Algoritmo de evolución diferencial

El algoritmo de evolución diferencial es simple, pero tiene algunas complejidades adicionales en la cantidad de actividades que ocurren para la recombinación.

Comencemos con una visión general del algoritmo DE y luego exploremos los detalles de la mutación y la recombinación.

El flujo de alto nivel para DE se muestra en la Figura 7.21. Este es el flujo del algoritmo evolutivo fundamental, pero los detalles difieren en cuanto a mutación, recombinación y reemplazo.

Hay varias variaciones para DE, pero aquí nos centraremos en el enfoque nominal. Después de la inicialización, cada uno de los miembros de la población sufre mutación y recombinación. Una vez que se produce la recombinación, el nuevo miembro se compara con el antiguo y el que tenga mejor aptitud se traslada a la siguiente generación (política de reemplazo).

Con nuestro miembro en la generación actual (xi,G) seleccionamos tres miembros uniformemente aleatorios de la generación actual que son únicos (xi,G != xr1,G != xr2,G != xr3,G). Usando estos vectores miembro, creamos lo que se conoce como un vector mutante, o vector donante, (vi,G+1) en la próxima generación usando la diferencia ponderada de dos de los vectores (r2 y r3) sumados con el tercer vector (r1). ). Esto se muestra en la ecuación 7.2.

$$(vi,G + 1 = xr1,G + F(xr2,G - xr3,G) \quad \text{(Ecuación 7.2)}$$

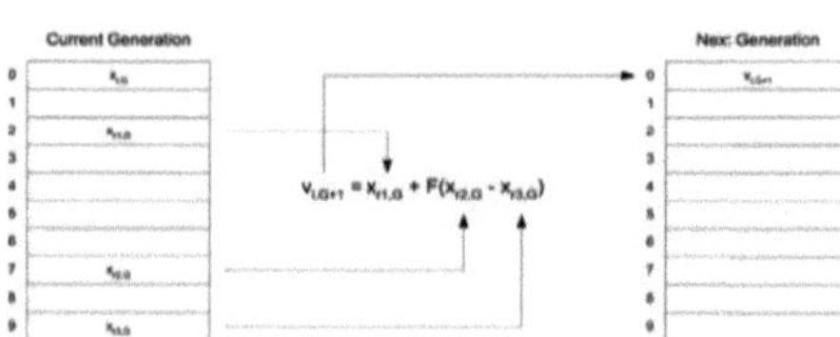

FIGURA 7.22: Proceso de mutación en evolución diferencial.

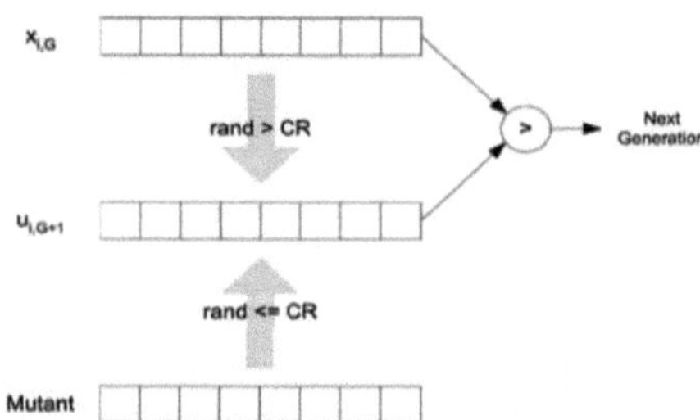


**FIGURA 7.23.** El proceso de cruce y reemplazo de DE.

## Implementación de Evolución Diferencial

Comencemos con una discusión de cómo se representarán los objetos DE en un programa (ver Listado 7.15). El tipo de vector fundamental (vec_t) se utilizará para representar los vectores de valores reales que se van a optimizar. Esto está integrado en nuestro objeto miembro (member_t), que también incluye la medida de aptitud.

Tenga en cuenta que la población tiene un tamaño bidimensional. La primera dimensión representa la generación (se usan dos porque implementaremos una generación de ping-pong, donde en cualquier momento, el índice representa la generación actual y el índice opuesto representa la siguiente generación).

También mantenemos un mejor miembro_t que mantiene al mejor miembro encontrado. hasta ahora (para fines de limpieza).
También definimos aquí los parámetros ajustables, F (el factor de mutación) y CR (la probabilidad de cruce). Estos parámetros se pueden ajustar para el problema particular en cuestión, pero son razonables en sus niveles actuales para este problema de optimización.

Listado 7.15: Tipos y simbólicos de DE.

```
#define MAX_ELEMENTS  2
typedef doble vec_t[MAX_ELEMENTS]; #definir MAX_POPULATION 10
#definir MAX_ITERACIONES 100 estructura typedef {
vec_t argumentos;
doble aptitud;
} miembro_t;
member_t población[2][MAX_POPULATION]; miembro_t mejor = {{0.0,0.0},0.0};
#definir F ((doble)0.5)
#definir CR ((doble)0.8)
```

El bucle principal para DE se muestra en el Listado 7.16. Esta función implementa el bucle externo del algoritmo DE. Comienza inicializando el actual.
población (cur_pop), y luego inicializando el generador de números aleatorios. Luego, la población se inicializa con una llamada a init_population, que no solo inicializa los

vectores para cada miembro, sino que también calcula sus valores de aptitud iniciales (con una llamada a Compute_fitness).

Una vez completada la inicialización, ingresamos al algoritmo DE. No proporcionaremos ningún criterio de salida y, en su lugar, simplemente ejecutaremos el algoritmo durante un número máximo de iteraciones (MAX_ITERACIONES). Cada
iteración consiste en realizar el algoritmo central DE (select_and_recombine) y luego emitir el mejor miembro encontrado hasta el momento (almacenado en la mejor estructura).

Listado 7.16: El bucle principal DE .

```
int principal()
{
ent i; intcur_pop = 0; RANDINIT();
población_init( cur_pop);
para (i = 0; i < MAX_ITERACIONES; i++) {
cur_pop = seleccionar_y_recombinar ( cur_pop);
printf("Mejor estado físico = %g\n", mejor.estado físico);
}
devolver 0;
}
```

El núcleo del algoritmo DE se implementa en select_and_
función de recombinación (ver Listado 7.17). Comenzamos determinando el índice de la próxima generación (next_pop) y luego inicializamos la mejor aptitud estructural a cero (para encontrar el mejor miembro actual de la población).

El siguiente paso es recorrer cada uno de los miembros de la población para crear una nueva solución candidata. Guardamos en caché el índice actual en el miembro de próxima generación (mutante) para aumentar la legibilidad del código. A continuación, creamos tres números aleatorios (r1, r2 y r3) que son todos únicos y difieren entre sí y con el índice de miembro actual (i).

El vector mutante se crea a continuación utilizando la ecuación 7.6. Utilizando los tres miembros de la población actual (según lo definido por nuestros tres números aleatorios), se crea el vector mutante. Con la ecuación 7.7, el proceso de cruce se realiza utilizando el miembro actual de la generación actual y el vector mutante.

Cuando se completa, la aptitud se calcula con una llamada a Compute_fitness.

Listado 7.17: El proceso DE de mutación, recombinación y reemplazo

```c
int select_and_recombine (int pop)
{
int next_pop = (pop == 0)? 1: 0; int i, j;
miembro_t *mutante;
ent r1, r2, r3; mejor.fitness = 0,0;
para (i = 0; i < MAX_POPULATION; i++) {
/* Almacenar en caché el vector de destino en la próxima generación */
mutante = &población[next_pop][i];
/* Calcula tres números aleatorios (r1, r2, r3) que son todos
* único.
*/
hacer {
r1 = RANDMAX(MAX_POBLACIÓN);
} mientras (r1 == i);
hacer {
r2 = RANDMAX(MAX_POBLACIÓN); r3 = RANDMAX(MAX_POBLACIÓN);
} mientras ((r3 == r2) || (r3 == r1) || (r2 == r1) || (r3 == i)
|| (r2 == i));
/* Dado el miembro candidato y nuestros miembros aleatorios, forman un * 'miembro
mutante' (Ecuación 7.6). */
para (j = 0; j < MAX_ELEMENTS; j++) {
mutante->args[j]  =  población[pop][r1].args[j]  +  (F  *  (población[pop][r2].args[j]  -
```

población[pop]

[r3].args[j] ));

}

/* Realizar cruce del vector 'mutante' con la generación actual

* miembro (Ecuación 7.7)

*/

for (j = 0; j < MAX_ELEMENTS; j++) { if

(RANDOM() < CR) mutante->args[j] = población[pop][i].args[j]; } mutante-

>fitness = Compute_Fitness ( mutante); /* Si el

miembro original tiene mayor aptitud que el mutante, copie * el miembro original sobre

el mutante en la siguiente generación. */ if (población[pop]


[i].fitness > mutante->fitness) { for (j = 0 ; j < MAX_ELEMENTS ; j++) { mutante-

>args[j] =

población[pop][i].args [j]; } mutante->fitness = población[pop][i].fitness; }

/* Limpieza - salvar al mejor miembro */ if (mutante-

>fitness > best.fitness) { for (j = 0; j < MAX_ELEMENTS; j++) { best.args[j] =

mutant->args[j] ; } mejor.fitness = mutante->fitness; } } devuelve


next_pop; }


Finalmente, la función Compute_fitness se utiliza para calcular la aptitud de un miembro de la población. Se pasa el puntero al miembro actual (de tipo member_t) y se extraen las coordenadas para mejorar la legibilidad. Vinculamos las coordenadas a las restricciones de la función (el área que pretendemos maximizar) y luego usamos la ecuación 7.5 para calcular y devolver la aptitud.


Listado 7.18: Cálculo de la aptitud de un miembro DE.


double Compute_fitness( miembro_t *miembro_p ) { doble x,y; doble

aptitud; /*

Almacenar en caché las coordenadas simplemente para la función. */ x = miembro_p->args[0]; y = miembro_p->args[1];

/* Vincula la ubicación de la partícula */ si ((x < -10,0) || (x > 10,0) || (y < -10,0) || (y > 10,0)) aptitud = 0,0;

demás {

/* Ecuación 7.5 */ aptitud =

(sin(x)/x) * (sin(y)/y) * (doble)10,0;

}

volver a estar en forma;

La implementación del algoritmo de evolución diferencial se puede encontrar en el CD-ROM en ./ software/ch7/de.c.


El algoritmo hace un muy buen trabajo al converger rápidamente hacia una solución. El Listado 7.19 muestra una ejecución de muestra de la implementación DE. En muy poco tiempo, el algoritmo pasa de soluciones pobres a una solución casi óptima (10.0).


Listado 7.19: Ejecución de muestra de la implementación DE.

$ ./es.exe

Mejor condición física = 0,662495 Mejor condición física = 0,662495 Mejor condición física = 0,963951 Mejor forma física = 3,66963 Mejor forma física = 4,8184

Mejor forma física = 4,8184 Mejor forma física = 5,54331 Mejor forma física = 5,54331

Mejor forma física = 7,48501 Mejor forma física = 7,48501 Mejor forma física = 9,78371

Mejor forma física = 9,78371 Mejor forma física = 9,97505 Mejor forma física = 9,97505

Mejor forma física = 9,97505 Mejor forma física = 9,99429 Mejor forma física = 9,99429

Mejor forma física = 9,99429 Mejor forma física = 9,99429

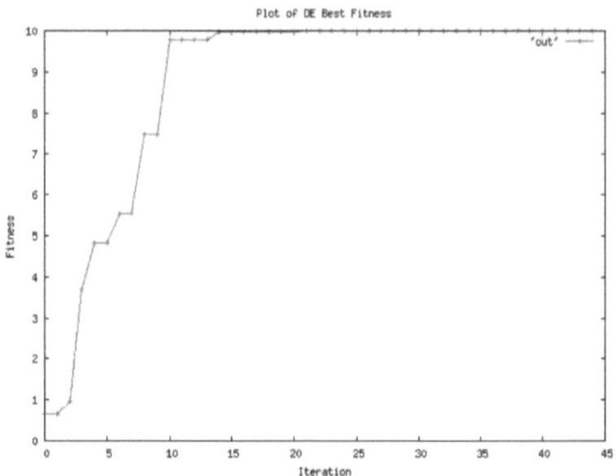

**FIGURA 7.24.** Gráfico de mejor aptitud para la implementación de la evolución diferencial (tamaño de población 100)

La ejecución anterior se muestra gráficamente en la Figura 7.24. Como se muestra, el algoritmo puede converger rápidamente y luego ajustar el resultado a la solución casi óptima.

Si bien aún no existe una prueba de convergencia para el algoritmo DE, se ha demostrado que es eficaz en una amplia gama de problemas de optimización. Los autores originales también encontraron en un estudio que el algoritmo DE era más eficiente que el algoritmo genético y el recocido simulado.

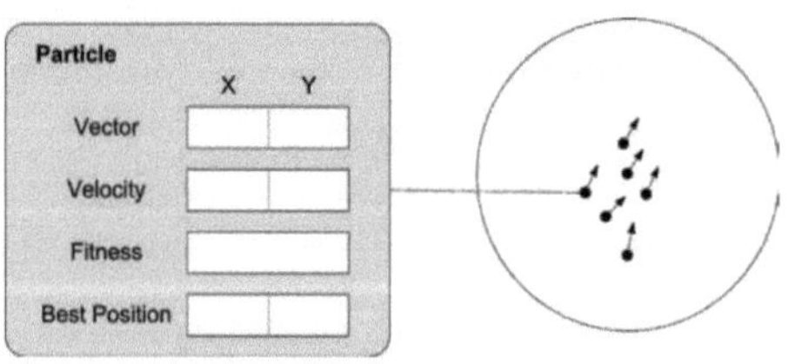


**FIGURA 7.25.** Anatomía de una partícula en una tormenta más grande.

259

# OPTIMIZACIÓN DE ENJAMBRE DE PARTÍCULAS (PSO)

El último algoritmo basado en población que exploraremos en este capítulo se llama Optimización de enjambre de partículas (o PSO). PSO simula una colección de partículas que pululan entre sí dentro de un espacio N-dimensional (donde N es el tamaño del vector de solución). Se utiliza un conjunto muy simple de ecuaciones para implementar un comportamiento de flocado, lo que le da a las partículas cierta libertad para buscar en el espacio de búsqueda N-dimensional, pero también algunas restricciones para exhibir un comportamiento de flocado al rastrear la partícula que tiene el mejor rendimiento actual.

Una partícula dentro del enjambre existe como un objeto que contiene un vector (con la misma dimensionalidad que el espacio de solución), una velocidad (para cada elemento del vector de dimensionalidad, lo que da como resultado la velocidad del vector), la aptitud (para el vector actual) , y un vector que representa la mejor posición encontrada hasta el momento (ver Figura 7.25).

Las partículas del enjambre están influenciadas por dos factores únicos. La primera es la mejor posición (vector) de la propia partícula y la segunda es la mejor posición global encontrada por cualquier partícula del enjambre. Por lo tanto, una partícula está influenciada por su mejor posición, y también por la mejor posición del enjambre. La cantidad de influencia de cada uno es controlable, como veremos en la discusión del algoritmo en sí.

Profundicemos ahora en el algoritmo PSO para comprender cómo pululan las partículas y las ecuaciones para la influencia de los enjambres.

## Algoritmo de enjambre de partículas

El algoritmo de optimización del enjambre de partículas es muy sencillo de entender, pero también es bastante eficaz para una variedad de problemas de optimización. Esta sección explorará el algoritmo PSO con suficiente detalle para implementar un maximizador de función general.

El uso de enjambres de partículas como técnica de optimización es reciente en comparación con otros algoritmos evolutivos discutidos hasta ahora. El comportamiento social de las bandadas de aves y los bancos de peces inspiró a Eberhart y Kennedy a crear lo que ellos llaman inteligencia de enjambre.

El flujo básico de la OSP es el siguiente. Primero, se crea una población de vectores y velocidades aleatorios como enjambre de partículas. Inicialmente, estas partículas se colocan aleatoriamente y cada una se mueve en direcciones aleatorias, pero a medida que se ejecuta el algoritmo, surge un comportamiento de enjambre a medida que las partículas exploran la superficie multidimensional.

Con nuestro conjunto aleatorio de partículas, la aptitud de cada una se evalúa y almacena como la aptitud actual. También realizamos un seguimiento de la mejor partícula global que tiene la mejor condición física general. Esta partícula, hasta cierto punto, es el centro del enjambre. Tenga en cuenta que también realizamos un seguimiento del mejor vector personal de la partícula, que se almacena como la mejor posición (consulte la Figura 7.20). En este punto se podrían aplicar criterios de terminación. Si se encuentra una solución satisfactoria, o se ha realizado un número máximo de iteraciones, el algoritmo podría salir, emitiendo la mejor solución global actual encontrada hasta el momento.

Si el algoritmo aún no ha alcanzado su criterio de terminación, se actualiza la velocidad de las partículas y luego se actualiza la posición de cada partícula (dada su posición actual y su velocidad actual). Luego, el proceso continúa evaluando la idoneidad de cada partícula y verificando nuestros criterios de terminación.

En la ecuación 7.8 se muestra el cálculo de la siguiente posición de una partícula de N dimensiones. Cada elemento vectorial (Xn ) de la partícula (P) acumula el elemento de velocidad (Vn ) escalado por el intervalo de tiempo (t) durante el cual la partícula debe moverse.

$$P_{X_n} = P_{X_n} + P_{V_n} * \Delta t \qquad \text{(Ecuación 7.8)}$$

Recuerde que también actualizamos la velocidad después de que se mueve la partícula. Como se muestra en la ecuación 7.9, existen dos influencias independientes sobre el cambio de velocidad, la mejor partícula global actual (definida como GXn) y la mejor marca personal para esta partícula (PBXn). Para cada término, existe lo que se llama una constante de aceleración (c1 , c2 ), que se utiliza para determinar cuánta influencia tiene la mejor solución global o personal sobre la ecuación de velocidad.

Para agregar algo de variabilidad a la ecuación, también incluimos dos números aleatorios uniformes (R1 , R2 ), que se aplican a los términos. La forma en que se generan estos números aleatorios uniformes proporciona cierto énfasis a un término sobre otro (mejor global versus mejor personal). El objetivo es sondear el espacio de soluciones con mayor variabilidad.

Pvn = Pvn +(C1 * R1* (Gxn - Pxn )) + (c2 * R2* (PBvn - Pxn ))   (Ecuación 7.9)

Usando estas ecuaciones muy simples (Ec. 7.8 para movimiento de partículas y Ec. 7.9 para ajuste de velocidad), el algoritmo PSO es capaz de minimizar o maximizar funciones con una eficiencia similar a los algoritmos genéticos o estrategias evolutivas.

## Implementación de enjambre de partículas

Como se muestra en la discusión del algoritmo, la implementación de la optimización del enjambre de partículas es simple. Comencemos nuestra discusión con una descripción de la representación de partículas y el enjambre en el software.

En esta implementación, codificaremos una solución como un objeto bidimensional, con la aptitud definida como la función de los argumentos vectoriales (dos en este ejemplo, que representan los argumentos xey). Para la función de aptitud, usaremos la función que se muestra en la Figura 7.20 (como lo demuestra el algoritmo de estrategias evolutivas).

El Listado 7.20 proporciona los tipos y símbolos fundamentales para la implementación de la optimización del enjambre de partículas. El tipo más fundamental es vec_t, que define nuestro vector (en este ejemplo, especifica una coordenada xey). Este tipo de vector se utiliza para representar la posición de las coordenadas (coord), la velocidad actual y las mejores coordenadas del vector personal (best_coord). La estructura partícula_t los reúne como un solo objeto para representar la partícula completa. El enjambre de partículas (de número MAX_PARTÍCULAS) está representada por las partículas de la matriz. El tipo partícula_t también se utiliza para representar el mejor global actual (gbest).

Listado 7.20: Tipos y simbología de enjambres de partículas.

estructura typedef { doble X;
doble y;
} cosa_t; estructura typedef {
coord vec_t;
velocidad vec_t; doble aptitud; vec_t mejor_coord;
doble aptitud_mejor;
} partícula_t;
#definir MAX_PARTICLES 10
#definir MAX_ITERACIONES      30
partícula_t partículas[MAX_PARTICLES]; partícula_t gbest;
El flujo del algoritmo de enjambre de partículas se implementa en la función principal (ver Listado 7.21). Esto inicializa y genera el generador de números aleatorios (RANDINIT) e inicializa la población de partículas con ubicaciones y velocidades aleatorias. Luego, el bucle itera hasta alcanzar el número máximo de iteraciones (MAX_ITERACIONES). Para cada iteración, cada partícula del enjambre se actualiza mediante una llamada a update_particle. Una vez actualizadas todas las partículas del enjambre, se emite la mejor partícula global

actual (gbest) para que se pueda seguir el progreso del enjambre.
Listado 7.21: El bucle principal de optimización del enjambre de partículas.

int principal()
{

```c
int i, j;
RANDINIT();
init_población();
para (i = 0; i < MAX_ITERACIONES; i++) { para (j = 0; j < MAX_PARTICLES; j++)
{
update_particle( &partículas[j]);
}
printf("Mejor actual: %g/%g = %g\n", gbest.coord.x, gbest.coord.y, gbest.fitness);
}
devolver 0;
}
```

El núcleo del algoritmo de optimización del enjambre de partículas se proporciona en la función update_particle (ver Listado 7.22). La función proporciona una serie de capacidades, pero comienza con la actualización de la posición de la partícula usando la ecuación 7.6. Con el cambio de ubicación de la partícula, calculamos la nueva aptitud de la partícula con una llamada a Compute_Fitness. A continuación, utilizando la ecuación 7.7, se actualiza el vector de velocidad de la partícula (dada la mejor posición personal de la partícula y la posición de la mejor posición global).

Finalmente, la función realiza algunas tareas de limpieza para mantener las mejores posiciones. Primero comprobamos si la aptitud de la partícula es mejor que la mejor aptitud personal. Si es así, lo almacenamos dentro de la partícula. Si se ha actualizado la mejor marca personal de la partícula, comprobamos si es mejor que la mejor posición global. Si es así, lo almacenamos en la partícula gbest.

Listado 7.22: Actualización de posiciones y velocidades de partículas.

```c
void update_particle( partícula_t *particle_p ) { /* Actualiza la posición de la partícula
(Ecuación 7.8) */
partícula_p->coord.x  += (particle_p->velocity.x  *  dt);  partícula_p->coord.y  +=
```

(partícula_p->velocidad.y * dt); /* Evaluar la aptitud de la partícula */
partícula_p->fitness = Compute_fitness( &particle_p->coord ); /* Actualizar el vector de
velocidad (Ecuación 7.9) */
partícula_p->velocity.x +=
( (c1 * RANDOM() * (gbest.coord.x - partícula_p->coord.x)) + (c2 * RANDOM() *
(partícula_p->mejor_coord.x - partícula_p->coord.x))

); partícula_p->velocidad.y +=
( (c1 * RANDOM() * (gbest.coord.y - partícula_p->coord.y)) + (c2 * RANDOM() *
(particle_p->best_coord.y - partícula_p-> coord.y))

); /* Si la condición física es mejor que la mejor marca personal, guárdela. */ if
(particle_p->fitness > partícula_p->fitness_best) { partícula_p-
>fitness_best = partícula_p->fitness; partícula_p-
>mejor_coord.x = partícula_p->coord.x; partícula_p-
>mejor_coord.y = partícula_p->coord.y; /* Si la aptitud es
mejor que la mejor global, guárdela. */ if (particle_p->fitness_best > gbest.fitness) {
gbest.fitness = partícula_p->fitness_best;
gbest.coord.x = partícula_p->coord.x; gbest.coord.y
= partícula_p->coord.y; } } devolver; }

La función de aptitud (compute_fitness) acepta una entrada vectorial y extrae los
elementos del vector para utilizarlos en la ecuación 7.5 (consulte la discusión anterior
sobre el algoritmo de estrategias evolutivas). Tenga en cuenta que los límites de la función
se establecen entre -10 y 10 para ambos ejes. En caso de que la posición quede fuera
de este cuadro, se devuelve una aptitud cero (consulte el Listado 7.23).
Listado 7.23: Cálculo de la aptitud de una partícula.

doble cálculo_fitness( vec_t *vec_p )
{
doble x,y; doble aptitud;
/* Almacenar en caché las coordenadas simplemente para la función. */

```
x = cosa_p->x; y = vec_p->y;
/* Vincula la ubicación de la partícula */ si ((x < -10,0) || (x > 10,0) ||
(y < -10,0) || (y > 10,0)) aptitud = 0,0;
demás {
/* Ecuación 7.5 */ aptitud =
(sin(x)/x) * (sin(y)/y) * (doble)10,0;
}
volver a estar en forma;
}
```

Listado 7.24: Ejemplo de salida de la implementación del enjambre de partículas.

```
$ ./ps
Mejor actual: -9,13847 -1,40457 0,216992
Mejor actual: 0,9244 1,22842 6,62169
Mejor actual: 0,0934527 1,17927 7,82673
Mejor actual: 0,10666 1,17463 7,83906
Mejor actual: 0,119866 1,16999 7,85087
Mejor actual: 0,133073 1,16535 7,86217
Mejor actual: 0,14628 1,16071 7,87295
Mejor actual: 0,159487 1,15607 7,8832
Mejor actual: 0,172693 1,15143 7,89293
...
Mejor actual: -0,0890025 0,0432563 9,98369
Mejor actual: -0,0890025 0,0432563 9,98369
```

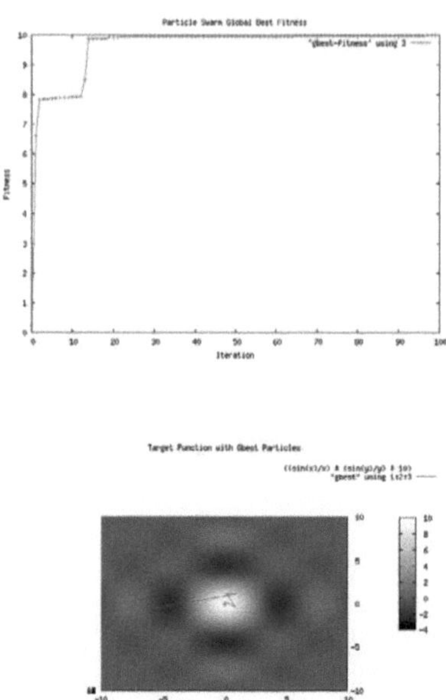


**FIGURA 7.26 y 7.27.** Función objetivo con las mejores partículas globales superpuestas.

Como se muestra en la Figura 7.26, la mejor aptitud global converge muy rápidamente hacia una solución (alrededor de 70 iteraciones). El enjambre de partículas es capaz de encontrar una buena solución con bastante rapidez, pero luego tiende a orbitar esta posición debido a su alta velocidad. Pero a medida que las ecuaciones de velocidad ralentizan el enjambre de partículas, las partículas pueden ajustarse para encontrar una mejor solución.

Podemos visualizar mejor este proceso observando la superficie de la función objetivo con las mejores partículas globales superpuestas (ver Figura 7.27). En esta figura vemos la aptitud de la superficie funcional (cuanto más claro sea el color, mejor será la aptitud). La partícula muestra una convergencia muy rápida hacia una solución razonable y luego realiza ajustes en este pico para encontrar la mejor solución. Tenga en cuenta que lo que se muestra aquí es la mejor partícula global (encontrada por todo el enjambre de partículas) y no el enjambre de partículas en sí.

El algoritmo se puede ajustar mediante los dos parámetros de aceleración ($c_1$ y $c_2$). Estos parámetros determinan cuánta influencia tienen el mejor vector personal y el mejor vector global sobre la trayectoria de la partícula. Recuerde que la ecuación de velocidad se usa para cambiar la velocidad hacia la mejor posición de la partícula, o la mejor posición global.

La optimización del enjambre de partículas es otro método de optimización útil que es muy plausible desde el punto de vista biológico. Como la mayoría de los otros métodos evolutivos, el PSO.

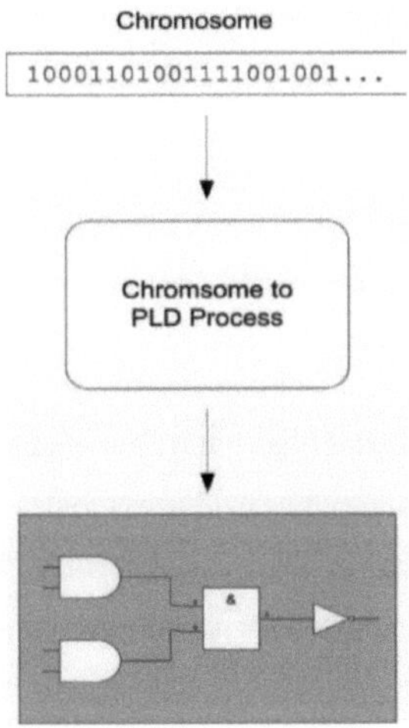


**FIGURA 7.28.** Demostración del proceso de evolución desde el cromosoma hasta el PLD.

## HARDWARE EVOLUTIVO

El uso de algoritmos evolutivos para generar hardware se ha utilizado de manera similar a como se utiliza GP para evolucionar el software. La evolución del hardware abarca desde el diseño de circuitos simples (como los filtros analógicos) hasta productos más complejos, como la evolución de la arquitectura de matrices lógicas programables (PLA, o dispositivo lógico programable, PLD).

Las soluciones de hardware en evolución se han limitado a los problemas de los juguetes, pero la investigación en esta área es prometedora. Sin embargo, la evolución del hardware tiene sus problemas. Por ejemplo, la evolución de circuitos hacia problemas tiende a dar lugar a soluciones que son difíciles o imposibles de entender.

La evolución no comprende la estética ni la legibilidad, y la evolución comúnmente encuentra atajos que dificultan su comprensión. Es posible que los circuitos encontrados a través de la evolución no siempre sean tolerantes al ruido o la temperatura, lo que dificulta su implementación. Al final, el uso de diseños que evolucionan comúnmente requiere mayores pruebas para garantizar que se haya explorado toda la variabilidad en el diseño resultante.

## RESUMEN DEL CAPÍTULO

Si bien los algoritmos evolutivos no son nuevos, hoy en día se siguen investigando e incluso se están desarrollando nuevos algoritmos (por ejemplo, evolución diferencial e inteligencia de enjambre). Los algoritmos evolutivos toman prestados conceptos de la selección natural darwiniana como un medio para desarrollar soluciones a los problemas, eligiendo entre individuos más aptos para propagarlos a las generaciones futuras. En este capítulo exploramos una serie de algoritmos evolutivos y de inspiración biológica.

Después de una introducción a los algoritmos evolutivos, presentamos el algoritmo genético que es el núcleo de la mayoría de los algoritmos evolutivos. A continuación, exploramos la programación genética, un medio evolutivo para generar secuencias de códigos. Luego revisamos uno de los métodos evolutivos originales, las estrategias evolutivas. A continuación, revisamos el nuevo método de evolución diferencial y terminamos con una revisión de la optimización del enjambre de partículas (un método de optimización biológicamente plausible).

# REFERENCIAS

[Banzhaf 1998] Banzhaf, W., Nordin, P., Keller, RE, Francone, FD, Programación genética: una introducción: sobre la evolución automática de los programas informáticos y sus aplicaciones, Morgan Kaufmann, 1998.

[EvoNews 1999] "El profesor Hans-Paul Schwefel habla con EvoNews". 1999. Disponible en línea en: http://evonet.lri.fr/evoweb/news_events/news_features/artículo.php?id=5

[Fogel 1966] Fogel, LJ, Owens, AJ, Walsh, MJ Inteligencia artificial a través de la evolución simulada. Wiley, Nueva York, 1966.

[Levenick 1991] Levenick, James R. "La inserción de intrones mejora la tasa de éxito de los algoritmos genéticos: siguiendo el ejemplo de la biología". Actas de la Cuarta Conferencia Internacional sobre Algoritmos Genéticos, 1991.

[Rechenberg 1965] Rechenberg, I. "Ruta de solución cibernética de un problema experimental". Traducción de la biblioteca de informes técnicos n.° 1122, Royal Aircraft Establishment, Farnborough, Hants., Reino Unido, 1965.

# RECURSOS

Higuchi, Testuya; Liu, Yong; Yao, Xin (Eds.) Hardware evolutivo, computación genética y evolutiva Springer, 2006.

Otros, Hitoshi; Iwata, feliz; Higuchi, Testuya "Enfoque de aprendizaje automático para hardware evolucionable a nivel de puerta", 1996.

Koza, JR (1990), Programación genética: un paradigma para la reproducción genética de poblaciones de programas informáticos para resolver problemas, informe técnico del Departamento de Ciencias de la Computación de la Universidad de Stanford STAN-CS-90-1314.

Sitio web de optimización de enjambre de partículas
Disponible en línea en: http://www.swarmintelligence.org/

[Price, et al 1997] Price, K. y Storn, R. "Evolución diferencial", Dr. Diario de Dobb, págs. 18-24, 1997.

# EJERCICIOS

1. Describe el primer uso de un algoritmo evolutivo y cómo funcionó.

2. Describe tres de los algoritmos evolutivos y compáralos y contrastelos.

3. Describir el flujo fundamental del algoritmo genético (cada uno de las etapas).

4. Describa la hipótesis básica tal como se define para los algoritmos genéticos.

5. Describe las diferencias entre la selección de la ruleta y la elitista.
selección.

6. Describe los operadores de mutación y cruce del algoritmo genético.

¿Qué efecto proporcionan en el espacio de búsqueda local?

7. Describe el operador de inversión introducido por Holanda.

8. ¿Qué es un criterio de rescisión?

9. Definir la convergencia prematura y luego las formas de combatirla.

10. ¿Qué otros problemas de planificación de secuencias podrían aplicarse al algoritmo genético? Describe uno y luego discute cómo implementarías esto para la evolución con el AG.

11. ¿Cómo se utilizó inicialmente el algoritmo de programación genética (qué tipos de programas se desarrollaron)?

12. ¿Cuáles son los problemas fundamentales de la programación genética?

13. La implementación de la programación genética en este libro se centró en un conjunto de instrucciones simple (dirección cero). ¿Qué valor existe para simplificar el conjunto de instrucciones y qué problemas podrían surgir con un conjunto más grande y complejo?

14. ¿Por qué la implementación del médico de cabecera realiza el programa candidato varias veces para registrar un valor de aptitud?

15. La implementación de GP encontró numerosas soluciones al problema candidato (incluso con el conjunto de instrucciones simple). ¿Qué dice esto sobre la viabilidad de este algoritmo?

16. ¿Cuál es la diferencia básica entre las estrategias evolutivas?

¿Algoritmo y algoritmo genético?

17. ¿A qué problema se aplicó con éxito el algoritmo de estrategias evolutivas tempranas?

18. Describe las diferencias básicas entre un algoritmo fenotípico y un algoritmo genotípico .

19. ¿Qué es un número aleatorio distribuido uniformemente?

20. Describe el proceso de equilibrio puntuado.

21. Describe el proceso básico del algoritmo de evolución diferencial. ¿Cuáles son los procesos de mutación, cruce y reemplazo?

22. ¿Qué efecto tienen los parámetros sintonizables F y CR en el algoritmo de evolución diferencial?

23. En tus propias palabras, describe el proceso básico del enjambre de partículas. Algoritmo de optimización.

24. ¿Cuál es la definición de partícula en un algoritmo de enjambre de partículas?

25. Para una partícula dada en un enjambre, defina las dos influencias que especifican cómo debería moverse en el espacio de la solución.

# Capítulo 8

**NEURAL REDES I**

Que están modelados conceptualmente a partir del cerebro. el neural

Las rednte. informáticos individuales (que imitan neuronas) que colectivamente pueden usarse para resolver problemas interesantes y difíciles. Una vez entrenadas, las redes neuronales pueden generalizarse para resolver diferentes problemas que tienen características simi

Este capítulo presentará los conceptos básicos de las redes neuronales y presentará una serie de algoritmos de aprendizaje supervisado. En el Capítulo 11, continuaremos nuestra exploración de las redes neuronales y revisaremos algunas variantes que pueden usarse para resolver diferentes tipos de problemas y, en particular, los de algoritmos de aprendizaje no supervisados.

**BREVE HISTORIA DE LAS REDES NEURALES**

La historia de las redes neuronales es interesante porque, al igual que la propia IA, es una historia de grandes visiones, eventuales decepciones y, finalmente, adopción silenciosa. En 1943, McCulloch y Pitts desarrollaron un modelo de red neuronal basado en su comprensión de la neurología, pero los modelos generalmente se limitaban a simulaciones lógicas formales (simulando operaciones binarias). A principios de la década de 1950, Los investigadores en redes neuronales trabajaron en modelos de redes neuronales con el apoyo de neurocientíficos.

Pero no fue hasta finales de la década de 1950 que empezaron a surgir modelos prometedores.

El modelo Perceptron, desarrollado por Rosenblatt, fue construido con el propósito de comprender la memoria y el aprendizaje humanos. El perceptrón básico constaba de una capa de entrada (para el estímulo) y una capa de salida (resultado) que estaban completamente interconectadas. A cada conexión se le asignó un peso que se aplicó al estímulo de entrada (al que estaba conectado en la capa de entrada). Ajustando los pesos de las conexiones, se podría formar una salida deseada para una entrada determinada. Esto permitió que el perceptrón aprendiera a reconocer patrones de entrada.

En la década de 1960, Widrow y Hoff, de la Universidad de Stanford, surgieron otro modelo de aprendizaje llamado ADALINE, o Elemento Lineal Adaptativo. Este algoritmo en particular utilizó mínimos cuadrados medios para ajustar los pesos de la red, pero este modelo en particular podría implementarse en el mundo físico utilizando componentes electrónicos analógicos.

En 1969, la creciente popularidad de las redes neuronales se detuvo.
Marvin Minsky y Seymour Papert escribieron un libro titulado "Perceptrones" en el que se discutían las limitaciones de los perceptrones de una sola capa, pero luego se generalizaban a modelos multicapa más potentes. El resultado fueron graves reducciones en la financiación de la investigación de redes neuronales y la correspondiente reducción en el esfuerzo aplicado al campo.

Afortunadamente, varios investigadores continuaron investigando modelos de redes neuronales y definieron con éxito nuevos modelos y métodos de aprendizaje. En 1974, Paul Werbos desarrolló el algoritmo de retropropagación, que permitió un aprendizaje exitoso en redes neuronales multicapa.

Desde la década de 1970, la investigación y los resultados exitosos en el diseño de redes neuronales han atraído a los científicos nuevamente al campo. Han surgido muchos artículos teóricos y tratamientos prácticos de las redes neuronales, y ahora se pueden encontrar redes neuronales fuera del laboratorio y en aplicaciones reales como el reconocimiento y la clasificación de patrones.

Para soportar grandes redes neuronales, se han desarrollado circuitos integrados para acelerar la operación y el entrenamiento en aplicaciones de producción.

# MOTIVACIÓN BIOLÓGICA

En 1943, McCulloch y Pitts utilizaron sus conocimientos de neurología para construir una nueva estructura de procesamiento de información. El elemento de procesamiento de una red neuronal sigue el modelo de una neurona, que se considera el elemento de procesamiento fundamental en nuestro propio cerebro.

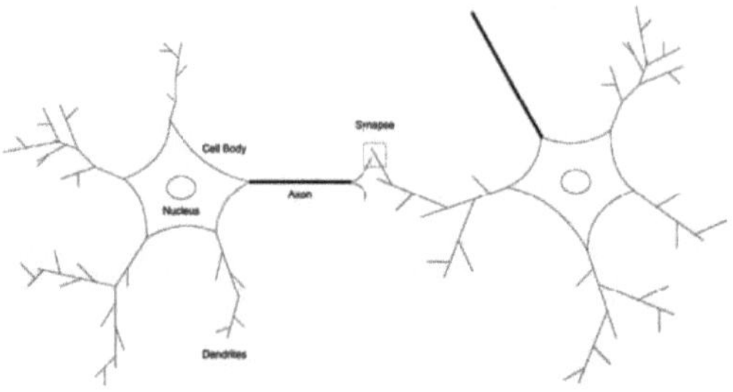

**FIGURA 8.1.** La célula neuronal con entradas (dendritas) y salidas (axones).

La neurona es un dispositivo de procesamiento simple que tiene entradas (conocidas como dendritas) y salidas (conocidas como axones). El axón se divide en su extremo en miles de ramas, cada una de las cuales influye potencialmente en otras neuronas en una sinapsis. (un pequeño espacio que separa axones y dendritas). Cuando una neurona recibe entradas excitadoras que exceden sus entradas inhibidoras, se transmite una señal por su axón a otras neuronas. Este proceso continúa en otras neuronas, creando una red masivamente paralela de neuronas en un estado excitado o inhibido.

Si bien las redes neuronales se modelan a partir de nuestra comprensión de la forma en que funciona nuestro cerebro, sorprendentemente se sabe poco sobre cómo funciona realmente nuestro cerebro. A través de varios tipos de inspección, podemos ver nuestro cerebro en funcionamiento, pero debido a la enorme cantidad de neuronas y a las interconexiones entre ellas, cómo funciona sigue siendo un misterio (aunque existen muchas teorías).

## FUNDAMENTOS DE LAS REDES NEURALES

Comencemos con una exploración de las aplicaciones de las redes neuronales, los conceptos fundamentales detrás de las redes neuronales, y luego comencemos una investigación sobre una serie de modelos de redes y algoritmos de aprendizaje.

Puede encontrar redes neuronales en una gran variedad de aplicaciones, desde tareas de clasificación (como evaluación de riesgo crediticio), tareas de procesamiento de datos (procesamiento adaptativo de señales) y aproximación de funciones arbitrarias (modelado y predicción de series temporales). En este capítulo, exploraremos las redes neuronales para la clasificación (reconocimiento de caracteres y clasificación de datos).

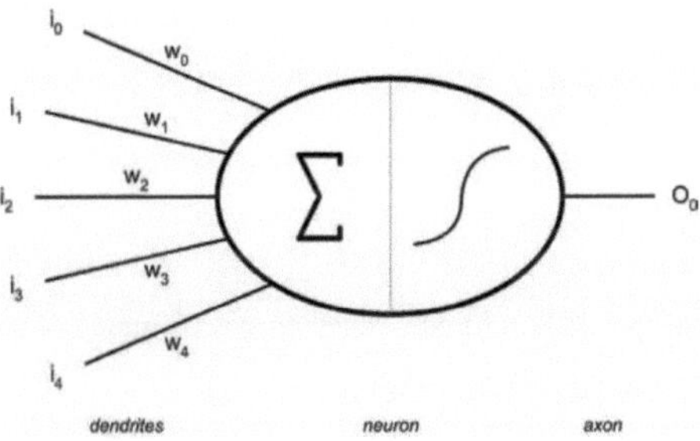


**FIGURA 8.2.** Neurona simple con equivalentes biológicos

Una red neuronal está formada por una o más neuronas, que es el elemento básico de procesamiento. Una neurona tiene una o más entradas (dendritas), cada una de las cuales tiene un peso individual. Una neurona tiene una o más salidas (axones) que se ponderan cuando se conectan con otras neuronas. La propia neurona incluye una función que incorpora sus entradas (mediante suma) y luego normaliza su salida mediante una función de transferencia (ver Figura 8.2).

Para cada entrada de la Figura 8.2, se aplica un peso. Estas entradas ajustadas luego se suman y se aplica una función de transferencia para determinar la salida.

La ecuación 8.1 proporciona la ecuación para esta neurona simple.

$$O_0 = f(\sum_{j=0}^{n}(i_j w_j)) \qquad \text{(Ecuación 8.1)}$$

## Perceptrones de una sola capa (SLP)

Los perceptrones de capa única (o SLP) se pueden usar para emular funciones lógicas como NOT, NOR, OR, AND y NAND, pero no se pueden usar para emular la función XOR (se requieren dos capas de neuronas para esta función). Exploraremos este problema en breve.

Minsky y Papert documentaron la limitación XOR de los perceptrones de una sola capa, que finalmente resultó en una gran reducción en la función de la red neuronal durante la década de 1970.

También se suele aplicar un sesgo a cada neurona, que se suma a la suma ponderada de las entradas antes de pasar por la función de transferencia. También se suele aplicar una ponderación al sesgo. El sesgo determina el nivel.

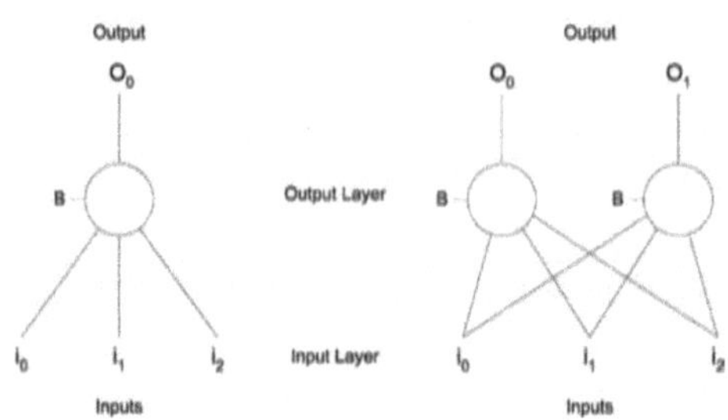


FIGURA 8.3. Ejemplos de perceptrones de una sola capa (SLP).

El sesgo suele establecerse en uno, pero también existe un peso para el sesgo que puede ajustarse mediante el algoritmo de aprendizaje.

Un SLP no debe confundirse con una sola neurona. Considere la red de la Figura 8.3. Este también es un SLP, porque consta de una sola capa. Para problemas de mayor dimensionalidad, debemos utilizar los MLP, o Perceptrones Multicapa.

Representar SLP es bastante simple. Como las entradas y los pesos tienen una correspondencia uno a uno, es fácil calcular la salida. Considere el código simple del Listado 8.1.

Listado 8.1: Código de muestra que ilustra la representación SLP.

```
#definir NUM_INPUTS 3
/* Nota: +1 aquí para tener en cuenta la entrada de sesgo */ pesos dobles [ NUM_INPUTS+1 ];
entradas dobles [ NUM_INPUTS+1 ]; int step_function( doble entrada)
{
si (entrada > 0.0) devuelve 1;

de lo contrario, devuelve -1;
}
int calc_output( vacío)
{
ent i;
doble suma = 0,0;
/* Establecer el sesgo (se puede hacer una vez al inicio) */
```

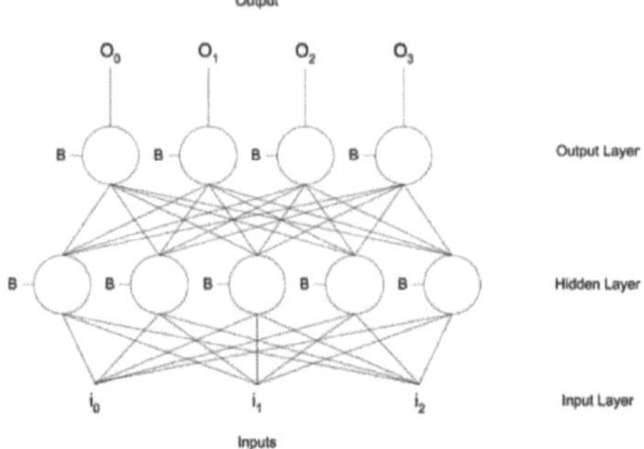



**FIGURA 8.4.** Ejemplo de un perceptrón de capas múltiples (MLP).

entradas[NUM_INPUTS] = 1,0;

/* Calcular la salida (Ecuación 8.1) */ para (i = 0; i < NUM_INPUTS+1; i++) {

suma += (pesos[i] * entradas[i]);

}

/* Pasar la salida a través de la función de paso (activación) */ devolver función_paso(

suma);

}

## Perceptrones multicapa (MLP)

Como revelaron Minsky y Papert en su libro "Perceptrones", los perceptrones de una sola capa tienen la desventaja de que sólo pueden usarse para clasificar datos linealmente separables. Pero lo que se descubrió poco tiempo después es que al apilar los perceptrones de una sola capa en perceptrones de múltiples capas (ver Figura 8.4), se podía lograr teóricamente la capacidad de resolver cualquier problema de clasificación. El MLP puede modelar prácticamente cualquier función de complejidad arbitraria, donde el número de entradas y el número de capas ocultas determinan la complejidad de la función.

Las neuronas de un MLP tienen los mismos atributos básicos que el SLP (sesgo, etc.). Pero con varias capas, la salida de una capa se convierte en la entrada de la siguiente. La implementación del MLP es un poco más complicada, pero sigue siendo sencilla (consulte el Listado 8.2). Tenga en cuenta aquí el uso de una función de activación tanto para el nodo oculto como para el de salida. La función sigmoidea se puede utilizar para reducir la salida de la neurona entre 0,0 y 1,0.

Listado 8.2: Código de muestra que ilustra la representación de MLP.

```c
#define NUM_INPUTS 4 #define NUM_HIDDEN_NEURONS 4 #define
NUM_OUTPUT_NEURONS 3 typedef mlp_s
{ /* Entradas al MLP (+1 por sesgo) */ entradas
dobles[NUM_INPUTS+1]; /* Pesos de la capa oculta a la de entrada (+1 por sesgo) */
double
w_h_i[NUM_HIDDEN_NEURONS+1][NUM_INPUTS+1]; /* Capa oculta */
double oculta[NUM_HIDDEN+1]; /* Pesos de salida a capa oculta (+1 por sesgo) */
double
w_o_h[NUM_OUTPUT_NEURONS]
[NUM_HIDDEN_NEURONS+1];      /*    Salidas    del    MLP    */    double
salidas[NUM_OUTPUT_NEURONS]; } mlp_t; void feed_forward( mlp_t *mlp ) { int i,
h, out; /* Alimenta
las entradas a la capa oculta a
través de los pesos ocultos para ingresar. */ for ( h = 0 ; h <
NUM_HIDDEN_NEURONS ; h++ ) { mlp-
>hidden[h] =
0.0; for ( i = 0 ; i < NUM_INPUT_NEURONS+1 ; i++ ) { mlp->hidden[h] += ( mlp-
*
>inputs[i] * mlp-
>w_h_i[h][i] ); } mlp->oculto[h] = sigmoide( mlp->oculto[h] ); }
/* Alimentar las activaciones de la capa oculta a la capa de salida * a través de la salida a
los pesos
ocultos. */ for( salida = 0 ; salida < NUM_OUTPUT_NEURONS ; salida++ ) { mlp-
>salida[salida] = 0.0; for ( h = 0 ; h <
NUM_HIDDEN_NEURONS ; h++ ) { mlp->salidas[salida] += ( mlp->oculto[h]
* mlp->w_o_h[salida][h] ); } mlp->salidas[salida] = sigmoide( mlp->salidas[salida] );
```

El Listado 8.2 implementa la red neuronal MLP que se muestra en la Figura 8.5. Este MLP tiene cuatro celdas de entrada, cuatro celdas ocultas y tres celdas de salida. Las celdas de sesgo se implementan como celdas de entrada y ocultas, pero tienen un valor constante de 1,0 (aunque los pesos se pueden ajustar para modificar su efecto).

Observe el flujo en el Listado 8.2. Primero, calculamos la salida de las celdas ocultas (usando las celdas de entrada y los pesos entre las celdas ocultas y de entrada) y luego calculamos la siguiente capa, que en este caso son las celdas de salida.

Podemos pensar en las redes neuronales como sistemas informáticos paralelos. Cada neurona es un elemento de procesamiento que toma una o más entradas y genera una salida. Las entradas y salidas pueden considerarse mensajes. En las arquitecturas MLP, las salidas se pueden enviar a muchos otros elementos del proceso para su posterior procesamiento. La naturaleza paralela de las redes neuronales entra en juego con múltiples neuronas en una capa. Cada una de estas neuronas puede procesar sus entradas al mismo tiempo, lo que hace que las redes neuronales con una gran cantidad de neuronas en una capa sean más rápidas en arquitecturas multiprocesamiento.

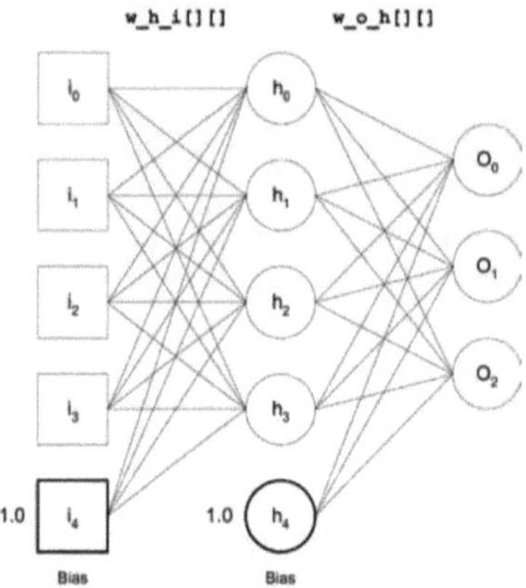


**FIGURA 8.5.** Red gráfica implementada en el listado 8.2

## Algoritmos de aprendizaje supervisados y no supervisados

Hay dos categorías básicas de algoritmos de aprendizaje para redes neuronales: aprendizaje supervisado y aprendizaje no supervisado.

En el paradigma del aprendizaje supervisado, la red neuronal se entrena con datos que conocen respuestas correctas e incorrectas. Al calcular la salida de la red neuronal y compararla con la salida exceptuada para los datos de prueba dados, podemos identificar el error y ajustar los pesos en consecuencia.

Ejemplos de algoritmos de aprendizaje supervisado incluyen el algoritmo de aprendizaje Perceptron, el aprendizaje de mínimos cuadrados medios y la retropropagación (cada uno de los cuales se explorará en este capítulo).

Los algoritmos de aprendizaje no supervisados son aquellos en los que no se da ninguna respuesta en los datos de la prueba. En cambio, lo que hacen estos algoritmos es analizar los datos para comprender sus similitudes y diferencias. De esta manera, se pueden encontrar relaciones en los datos que tal vez no hayan sido evidentes antes.

Ejemplos de algoritmos de aprendizaje no supervisados incluyen el algoritmo de agrupamiento de k-Means, la teoría de la resonancia adaptativa (ART) y los mapas autoorganizados de Kohonen.

## Entradas y salidas binarias versus continuas

Las redes neuronales pueden funcionar con una combinación de tipos de entrada. Por ejemplo, podemos utilizar entradas binarias (-1, 1) y salidas binarias. Exploraremos esto en nuestros dos primeros ejemplos de SLP. Para otros usos, como aplicaciones de audio o vídeo, necesitaremos entradas continuas (como datos de valor real). También es posible utilizar combinaciones, como entradas continuas y salidas binarias (para problemas de clasificación).

# EL PERCEPTRON

Un perceptrón es una red neuronal de una sola neurona que fue introducida por primera vez por Frank Rosenblatt a finales de los años cincuenta. El perceptrón es un modelo simple para redes neuronales que se puede utilizar para una determinada clase de problemas simples llamados problemas lineales separables (también llamados discriminantes lineales). A menudo se utilizan para clasificar si un patrón pertenece a una de dos clases (consulte la Figura 8.6).

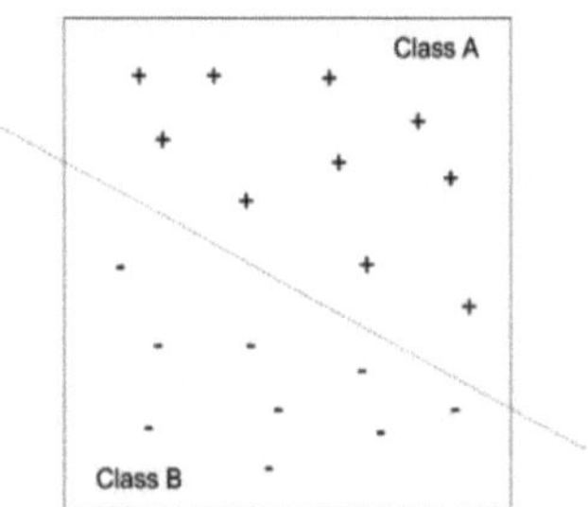


**FIGURA 8.6.** Se puede utilizar un discriminante lineal para clasificar patrones de entrada en dos clases.

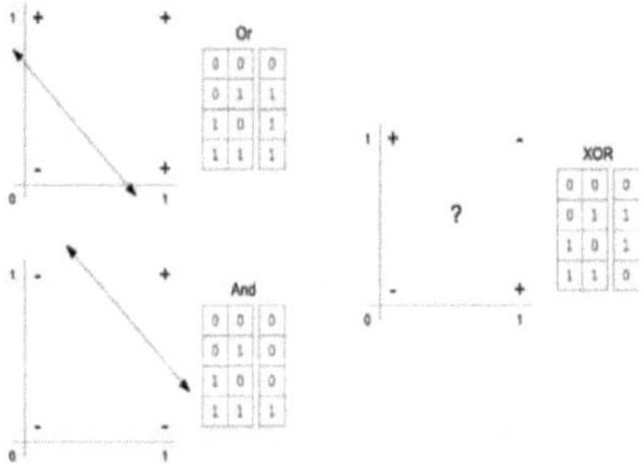


**FIGURA 8.7.** Visualización del discriminante lineal para funciones booleanas simples.

Entonces, dado un conjunto de entradas que describen un objeto (a veces llamado vector de características), un perceptrón tiene la capacidad de clasificar los datos en dos clases si los datos son linealmente separables. Dado el conjunto de posibles entradas, la tarea entonces es identificar los pesos que clasifican correctamente los datos (linealmente separados) en dos clases.

## Otro nombre para el perceptrón es Unidad Lógica Umbral, o TLU.

La TLU es un discriminador lineal que dado un umbral (si la suma de características es mayor que el umbral o menor que el umbral).

El perceptrón puede clasificar con precisión las funciones booleanas estándar, como AND, OR, NAND y NOR. Como se muestra en la Figura 8.7, las funciones AND y OR pueden separarse linealmente mediante una línea (en el caso de dos entradas, o un hiperplano para tres entradas), pero la función XOR es linealmente inseparable.

Un componente de polarización proporciona el desplazamiento de la línea desde el origen. Si no existiera sesgo, la línea (o hiperplano) estaría restringida para pasar por el origen y los pesos solo controlarían el ángulo del discriminante.

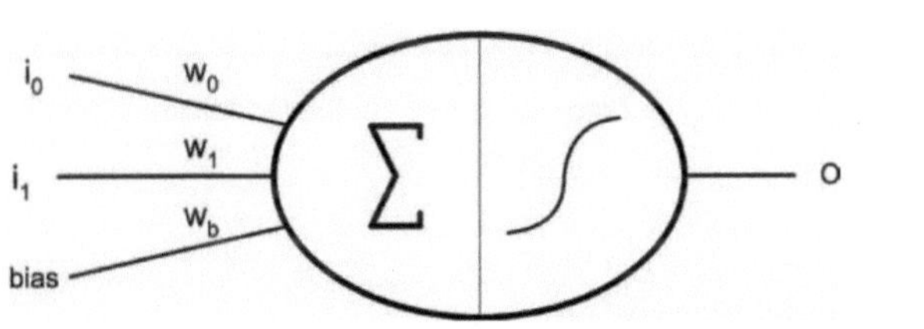


**FIGURA 8.8.** Perceptrón simple utilizado para la clasificación de funciones binarias.

Un resultado del trabajo de Rosenblatt sobre perceptrones fue el perceptrón Mark I en el Laboratorio Aeronáutico de Cornell. La Mark I era una computadora analógica basada en el perceptrón que tenía una retina de 20 por 20 y aprendía a reconocer letras.

## Algoritmo de aprendizaje del perceptrón

El aprendizaje de perceptrones es un algoritmo de aprendizaje supervisado y es un procedimiento simple en el que se ajustan los pesos para clasificar el conjunto de entrenamiento. Cada muestra del conjunto de entrenamiento se aplica al perceptrón y el error (resultado esperado menos el resultado real) se usa para ajustar los pesos. También se aplica una tasa de aprendizaje (un número pequeño entre 0 y 1) para minimizar los cambios que se aplican en cada paso.

Usaremos el perceptrón que se muestra en la Figura 8.8 para ilustrar el algoritmo de aprendizaje del perceptrón. Los pesos del perceptrón inicialmente se pondrán a cero. Hay dos entradas con dos pesos correspondientes y también un sesgo con un peso. El sesgo se establecerá en uno, pero el peso del sesgo se ajustará para alterar su efecto. Luego se puede definir el cálculo de la salida del perceptrón.

La función de paso simplemente lleva el resultado a 1,0 si supera un umbral; de lo contrario, el resultado es -1,0.

Dado un conjunto de entrenamiento para nuestro perceptrón, aplicamos cada uno de los elementos del conjunto de entrenamiento al perceptrón y para cada muestra, ajustamos los pesos en función del error. El error se define como el resultado esperado menos el resultado real (llamada Regla del Perceptrón).

## Implementación del perceptrón

La implementación del algoritmo de aprendizaje del perceptrón es muy simple (ver Listado 8.3). En esta implementación, el perceptrón se entrena con un conjunto de entrenamiento (una función booleana) y después de calcular el error (del resultado deseado frente al real), los pesos se ajustan según la ecuación 8.3. El cálculo de la salida del perceptrón se muestra en la función de cálculo. Esta función implementa la ecuación 8.2. El proceso de entrenamiento continúa durante un número máximo de iteraciones y, cuando se completa, se emite la tabla de verdad para la función booleana.

Listado 8.3: Implementación del aprendizaje del perceptrón.

```
#definir MAX_TESTS 4
datos_entrenamiento_t conjunto_entrenamiento[MAX_TESTS]={
{-1,0, -1,0, -1,0}, {-1,0,
1,0, 1,0}, {1,0, -1,0,
1,0}, {1,0, 1,0, 1,0} };
cálculo doble (prueba int)
{
doble resultado;
/* Ecuación 8.2 */
resultado = ((conjunto_entrenamiento[prueba].a * pesos[0]) + (training_set[test].b *
pesos[1]) + (1.0 * pesos[2]) );
/* Recortar el resultado */
si (resultado > 0,0) resultado = 1,0;
de lo contrario resultado = -1,0;
}
int principal()
{
int i, prueba; doble salida; cambio interno;
/* Inicializa los pesos del perceptrón */
para (i = 0; i < NUM_WEIGHTS; i++) pesos[i] = 0,0;
/* Entrena el perceptrón con el conjunto de entrenamiento */ cambio = 1;
mientras (cambiar) { cambio = 0;
para (prueba = 0; prueba <MAX_TESTS; prueba++) {
/* Prueba en el perceptrón */ salida = calcular ( prueba);
/* Algoritmo de aprendizaje supervisado por perceptrón */
si ((int)conjunto_entrenamiento[prueba].esperado!= (int)salida) {
/* Utilice la ecuación 8.3 */
pesos[0] += ALPHA *
```

conjunto_entrenamiento[prueba].esperado

*       conjunto_entrenamiento[prueba].a;

pesos[1] += ALPHA *

conjunto_entrenamiento[prueba].esperado

*       conjunto_entrenamiento[prueba].b;

pesos[2] += ALPHA * conjunto_entrenamiento[prueba].esperado; cambio = 1;

}

}

}

/* Comprobar el estado del Perceptron */ para (i = 0; i < MAX_TESTS; i++) {

printf(" %g O %g = %g\n",

conjunto_entrenamiento[i].a, conjunto_entrenamiento[i].b, computar(i));

}

devolver 0;

}


## APRENDIZAJE DE MÍNIMO CUADRADO MEDIO (LMS)

El algoritmo LMS recibe varios nombres, incluida la regla de Widrow-Hoff y también la regla Delta (LMS fue introducido originalmente por Widrow y Hoff en 1959). LMS es un algoritmo rápido que minimiza el error cuadrático medio (MSE). Recuerde del aprendizaje del perceptrón que el algoritmo opera hasta que clasifica correctamente todo el conjunto de entrenamiento.

Otro enfoque consiste en entrenar el perceptrón utilizando otro criterio de terminación. Entonces, en lugar de entrenar el perceptrón hasta que se encuentre una solución, otro criterio es continuar entrenando mientras el MSE sea mayor que un cierto valor. Esta es la base del algoritmo LMS.

El aprendizaje del LMS se basa en el descenso de gradiente, donde el mínimo local del error se logra ajustando los pesos proporcionalmente al negativo del gradiente. Además, los pesos se ajustan con una tasa de aprendizaje ($\rho$) para permitir que se establezca en una solución y evitar oscilar alrededor del MSE.

Primero, exploremos el MSE. El MSE es simplemente el promedio de los suma ponderada del error para N muestras de entrenamiento (ver Ec. 8.1).

Norte EEM $=\sum(R - Cj) 2j=1$norte     (Ecuación 8.1)

En la ecuación 8.4, R es la salida del perceptrón dado el conjunto actual de pesos multiplicados por las entradas de prueba actuales (Cj ).

## Algoritmo de aprendizaje LMS

Para entrenar el perceptrón usando LMS, iteramos a través del conjunto de prueba, tomando un conjunto de entradas, calculando la salida y luego usando el error para ajustar los pesos. Este proceso se realiza aleatoriamente para el conjunto de prueba o para cada prueba del conjunto en sucesión.

## Implementación del LMS

Al igual que el algoritmo del perceptrón, el LMS también es muy simple (ver Listado 8.4).

Inicialmente, el vector de pesos se inicializa con pequeños pesos aleatorios. Luego, el bucle principal selecciona aleatoriamente una prueba, calcula la salida de la neurona y luego calcula el error (resultado esperado menos el resultado real). Usando el error, se aplica la ecuación 8.5 a cada peso en el vector (tenga en cuenta que el peso [2] es el sesgo y su entrada es siempre 1,0). Luego, el ciclo continúa, donde verificamos el MSE para ver si ha alcanzado un valor aceptable y, de ser así, salimos y emitimos la tabla de verdad calculada para la neurona.

Recuerde que los modelos de una sola neurona solo pueden clasificar los datos de entrenamiento en dos conjuntos. En este caso, la función AND es separable, por lo que la neurona se puede entrenar con éxito. Los conjuntos de entrenamiento no separables darán como resultado que el algoritmo nunca converja en una solución.

Listado 8.4: Algoritmo de aprendizaje LMS.

```
pesos dobles[NUM_WEIGHTS]; #definir MAX_TESTS 4
const formación_datos_t conjunto_formación[MAX_TESTS]={
/* ab esperado */
{-1,0, -1,0, -1,0}, {-1,0,
1,0, -1,0}, {1,0, -1,0,
-1,0}, {1,0, 1,0, 1,0} };

doble salida_calculada ( prueba)
{
doble resultado;
resultado     =      ((conjunto_entrenamiento[prueba].a     *     pesos[0])     +
(conjunto_entrenamiento[prueba].b * pesos[1]) +
* pesos[2]) );
 clasificar ( int
prueba) { doble resultado; resultado
= calcular_salida ( prueba); si (resultado>
0.0) devuelve 1; de lo contrario,
devuelve -1; } doble MSE ( vacío) { int
prueba; doble suma = 0.0; /* Ecuación 8.4 */ for
(prueba   =   0;   prueba   <   MAX_TESTS;   prueba++)   {   suma   +=   sqr(
conjunto_entrenamiento[prueba].esperado
-
salida_calculada(prueba) } retorno (suma /
(doble)MAX_TESTS); } int main() { int i, prueba;
resultado doble, error; RANDINIT() /* Elija pesos aleatorios para el perceptrón
*/ for ( i = 0 ; i < NUM_WEIGHTS ; i++ ) { pesos[i] = RAND_PESO; }
/* Entrena el perceptrón con el conjunto de entrenamiento */ while
```

(MSE() > 0.26) { test =

RANDMAX(MAX_TESTS); /* Calcular la salida (suma ponderada) */ result = Compute_output(test); /*

Calcular el error */ error = Training_set[test].expected

- result; /* Algoritmo de aprendizaje de la regla delta (Ecuación 8.5) */weights[0]e+r=ro(rRHO * *training_set[test].a); pesos[1] += (RHO * * conjuenrtroo_rentrenamiento[prueba].b); pesos[2] += (RHO * error);

printf("mse = %g\n", MSE());

}

para (i = 0; i < MAX_TESTS; i++) { printf(" %g Y %g = %d\n",

conjunto_entrenamiento[i].a, conjunto_entrenamiento[i].b, clasificar(i));

}


## APRENDIZAJE CON RETROPAGACIÓN

Investiguemos ahora cuál puede considerarse el más popular de los algoritmos de aprendizaje de MLP: la retropropagación. El algoritmo de retropropagación se puede definir sucintamente de la siguiente manera. Para un conjunto de prueba, propague una prueba a través del MLP para calcular la salida (o salidas). Calcular el error, será la diferencia entre el valor esperado y el valor real.

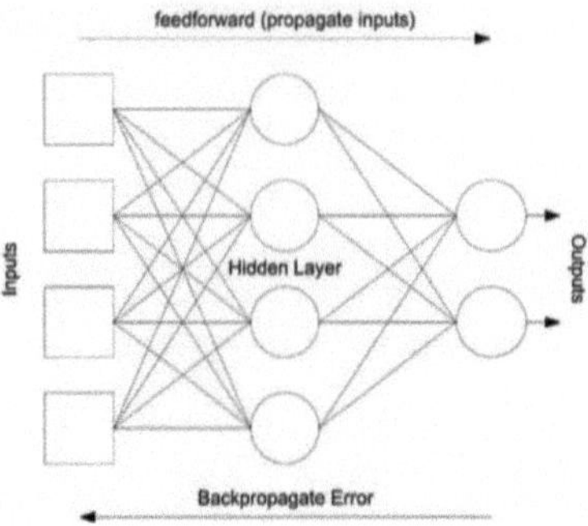


**FIGURA 8.9.** Red simple que ilustra la propagación hacia adelante y la propagación de errores hacia atrás.

Finalmente, propague hacia atrás este error a través de la red ajustando todos los pesos; comenzando desde los pesos hasta la capa de salida y terminando en los pesos hasta la capa de entrada (ver Figura 8.9).

Al igual que el aprendizaje de LMS, la retropropagación ajusta los pesos en una cantidad proporcional al error de la unidad dada (oculta o de salida) multiplicado por el peso y su entrada. El proceso de entrenamiento continúa hasta que se alcanza algún criterio de terminación, como un error cuadrático medio predefinido o un número máximo de iteraciones.

La retropropagación es uno de los algoritmos de aprendizaje más populares y se utiliza para entrenar redes neuronales para una variedad de aplicaciones. Primero veremos los detalles del algoritmo y luego exploraremos una red neuronal que puede reconocer números de un formato de mapa de bits estándar de 5 por 7 caracteres.

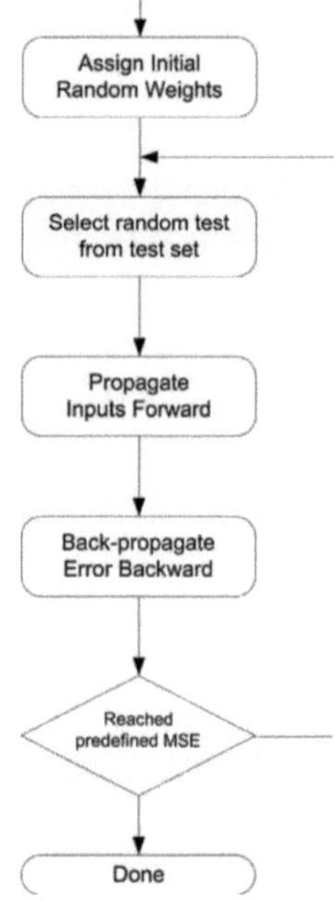


**FIGURA 8.10.** Un flujo simplificado de retropropagación.

## Algoritmo de retropropagación

El algoritmo de retropropagación es un algoritmo de aprendizaje supervisado típico, donde las entradas se proporcionan y se propagan hacia adelante para generar una o más salidas. Dada la salida, el error se calcula utilizando la salida esperada.

Luego, el error se utiliza para ajustar los pesos (ver Figura 8.10). La propagación de las entradas hacia adelante se exploró previamente en el Listado 8.2.

Es importante tener en cuenta que existen dos tipos de funciones de error para la propagación hacia atrás. La primera función de error (Ec. 8.2) se usa para celdas de salida y la segunda se usa solo para celdas ocultas (Ec. 8.3).

$$E_O = (Y_i - u_i)g'(u_i) \qquad \text{(Ecuación 8.2)}$$

$$E_h = (\sum_{i=1}^{i<n}(w_{h,i}E_O))g(u_h) \qquad \text{(Ecuación 8.3)}$$

Tenga en cuenta que en ambas ecuaciones, u es la salida de la celda dada, también conocida como su activación. Y es el resultado esperado o correcto. Finalmente , representa todos los pesos (del 1 al n) que conectan la celda oculta a todas las celdas de entrada (en una red completamente conectada).

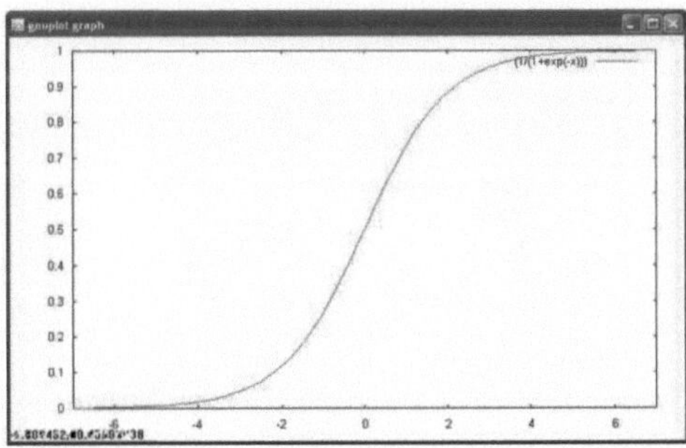

FIGURA 8.11. La función de aplastamiento sigmoideo.

## Implementación de retropropagación

Las redes neuronales son una gran herramienta para clasificar un conjunto de entradas en un conjunto de salidas. Veamos un ejemplo muy visual de redes neuronales del dominio del reconocimiento de patrones. Considere las imágenes de caracteres de mapa de bits en la Figura 8.12. Entrenaremos una red neuronal para que tome las celdas de esta imagen como entrada (35 celdas independientes) y activemos una de las diez celdas de salida que representan el patrón reconocido. Si bien cualquiera de las celdas de salida podría activarse, tomaremos la activación más grande como la celda a usar en un estilo llamado el ganador se lo lleva todo.

Dado que podríamos implementar de manera muy simple un clasificador de comparación para reconocer el patrón (buscando el patrón específico en la entrada), introduciremos ruido en el patrón cuando probemos la red neuronal. Esto hará que el problema de clasificación sea más difícil y pondrá a prueba la generalización.

## Características de la red neuronal.

La generalización es una de las mayores características de las redes neuronales.
Esto significa que después de entrenar una red neuronal con un conjunto de datos de entrenamiento, puede generalizar su entrenamiento para clasificar correctamente datos que no ha visto antes. La generalización se puede entrenar a partir de una red neuronal entrenando.

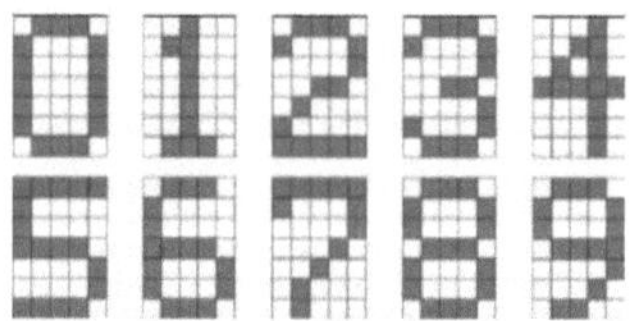

**FIGURA 8.12.** Mapas de bits de muestra para entrenar la red neuronal de reconocimiento de números.

La red durante demasiado tiempo con un conjunto de datos. Cuando esto sucede, la red sobreajusta los datos y no puede generalizar para datos nuevos invisibles.

La red neuronal que usaremos se llama red en la que el ganador se lo lleva todo , en la que tenemos varios nodos de salida y seleccionaremos el que tenga la mayor activación. La activación más grande indica el número que fue reconocido. La Figura 8.13 muestra la red neuronal que se utilizará para el problema de reconocimiento de patrones. La capa de entrada consta de 35 celdas de entrada (por cada píxel de la imagen de entrada), con 10 celdas en la capa oculta. La capa de salida consta de 10 celdas, una para cada clasificación potencial. La red está completamente interconectada, con 350 conexiones entre la capa de entrada y la capa oculta, y otras 350 conexiones entre la capa oculta y la capa de salida (para un total de 700 pesos).

Para nuestra implementación, analicemos primero la representación de la red neuronal (consulte el Listado 8.5). Mantendremos tres vectores que contienen los valores de entrada, las activaciones actuales de la capa oculta y las activaciones actuales de la capa de salida.

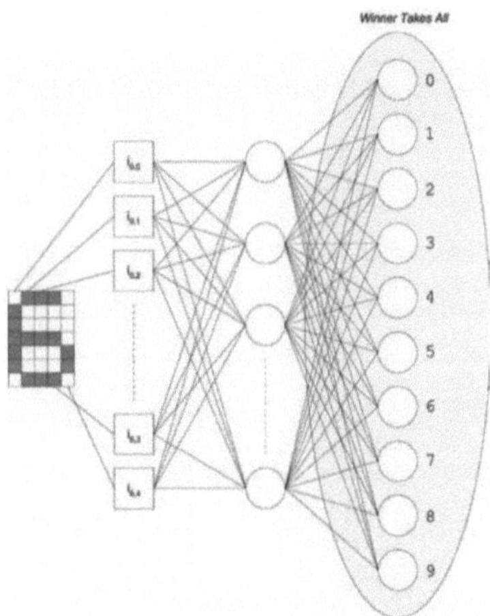


**FIGURA 8.13**. Topología de red neuronal para el problema de reconocimiento de patrones.

Listado 8.5: Representación de redes neuronales (entradas, activaciones y pesos). #definir

```
INPUT_NEURONS 35
#definir NEURONAS_OCULTAS 10
#definir  SALIDA_NEURONS  10  entradas  dobles[INPUT_NEURONS+1];  doble
oculto[HIDDEN_NEURONS+1]; salidas dobles[OUTPUT_NEURONS];
doble          w_h_i[HIDDEN_NEURONS][INPUT_NEURONS+1];          doble
w_o_h[OUTPUT_NEURONS][HIDDEN_NEURONS+1];
```

Calcular las activaciones de las celdas de salida es muy sencillo (ver Listado 8.6).
Tenga en cuenta el uso de la función sigmoidea para aplastar las activaciones en el rango
de 0 a 1.

Listado 8.6: Calculando las activaciones de salida con la función feed_forward .

```
void feed_forward( void )
{
int i, j;
/* Calcular las salidas de la capa oculta */ para (i = 0; i <NEURONAS_OCULTAS; i++)
{
oculto[i] = 0,0;
para (j = 0; j < ENTRADA_NEURONAS+1; j++) {
oculto[i] += (w_h_i[i][j] * entradas[j]);
}
oculto[i] = sigmoide( oculto[i] );
}
/* Calcular salidas para la capa de salida */ para (i = 0; i <SALIDA_NEURONAS; i++)
{
salidas[i] = 0,0;
para (j = 0; j <NEURONAS_OCULTAS+1; j++) {
salidas[i] += (w_o_h[i][j] * oculto[j]);
}
```

salidas[i] = sigmoide( salidas[i] );

Listado 8.7: Actualización de los pesos dado el algoritmo de retropropagación.

void backpropagate_error( int prueba) {int fuera, escondido,

entrada; doble error_out[OUTPUT_NEURONS]; doble err_hid[HIDDEN_NEURONS];

/* Calcular

el error para los nodos de salida (Ecuación 8.6) */ for (out = 0 ; out < OUTPUT_NEURONS ; out++) { err_out[out] =

((double)tests[test].output[out] - outputs[out ]) * sigmoid_d(salidas[salida]);


}

/* Calcular el error para los nodos ocultos (Ecuación 8.7) */ for (hid = 0 ; hid < HIDDEN_NEURONS ; hid++) { err_hid[hid] = 0.0; /* Incluir contribución de error

para todos los nodos de salida */ for (out = 0 ; out < OUTPUT_NEURONS ; out++) { err_hid[hid] += err_out[out] * w_o_h[out][hid]; } err_hid[oculto] *= sigmoid_d(oculto[oculto]); }


/* Ajustar los pesos desde la capa oculta a la de salida (Ecuación 8.9) */ for (out = 0 ; out < OUTPUT_NEURONS ; out++) { for (hid = 0 ; hid < HIDDEN_NEURONS ; hid++) { w_o_h[out][hid] += RHO * err_out[out] * oculto[oculto]; } }


/* Ajustar los pesos de la entrada a la capa oculta (Ecuación 8.9) */ for (hid = 0 ; hid < HIDDEN_NEURONS ; hid++) { for (inp = 0 ; inp < INPUT_NEURONS+1 ; inp++) { w_h_i[hid][ entrada] += RHO * err_hid[hid] * entradas[entrada]; }


Listado 8.8: El bucle de entrenamiento y prueba (función principal).


int main( void )


{ doble mse, noise_prob; prueba int, i, j; RANDINIT();

```
init_network(); /*
Bucle de entrenamiento
*/
do { /* Elija una prueba al azar
*/ test = RANDMAX(MAX_TESTS); /* Tomar imagen de entrada (sin ruido) */
set_network_inputs( test, 0.0 ); /* Avanza este conjunto de datos */ feed_forward(); /*
Propagación hacia atrás del error
*/ backpropagate_error( prueba ); /
* Calcular el MSE actual */ mse = calcular_mse( prueba ); }
mientras (mse > 0,001); /
* Ahora, probemos la red con cantidades crecientes de ruido */ test =
RANDMAX(MAX_TESTS); /* Comienza
con un 5% de probabilidad de ruido y termina con un 25% (por píxel) */ noise_prob =
0.05;
for (i = 0; i < 5; i++)
{ set_network_inputs( prueba, noise_prob ); feed_forward();
si ((j % 5) == 0) printf("\n");
printf("%d", (int)entradas[j]);
}
printf( "\nclasificado como %d\n\n", clasificador() ); problema_ruido += 0,05;
}
devolver 0;
}
```

El último paso de la función principal (Listado 8.8) es la prueba de la red neuronal. Esta
prueba verifica las capacidades de generalización de la red neuronal induciendo ruido en
la imagen de entrada. Comenzamos seleccionando una de las pruebas (un número para
reconocer) y luego agregamos cantidades crecientes de ruido a la imagen.

Una vez que se agrega el ruido (como parte de la llamada a set_network_inputs), se
calculan las activaciones de salida (feed_forward) y luego se emite la clasificación (a
través de una llamada al clasificador). Esta función clasificadora inspecciona cada una de

las activaciones de salida y elige la más grande de manera que el ganador se lo lleva todo. La Figura 8.14 ilustra gráficamente las capacidades de generalización de la red entrenada mediante retropropagación de errores. En ambos casos, una vez que la tasa de error alcanza el 20%, la imagen ya no es reconocible.

Lo que se muestra en principal es un patrón común para el entrenamiento y uso de redes neuronales. Una vez que se ha entrenado una red neuronal, los pesos se pueden guardar y utilizar en la aplicación determinada.

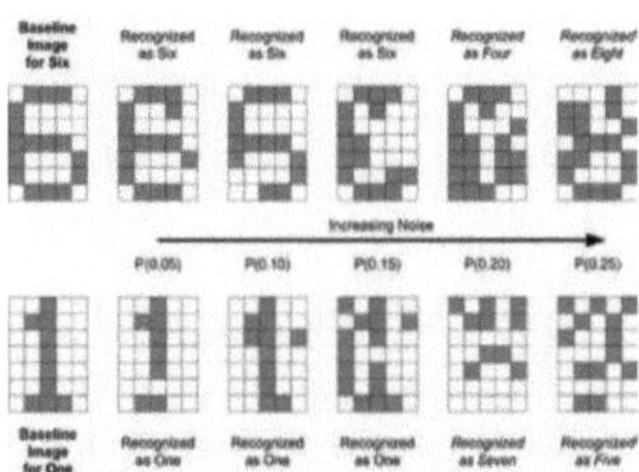

FIGURA 8.14. Las capacidades de reconocimiento de patrones de la red neuronal multicapa.

## Ajuste de la retropropagación

La retropropagación es una gran técnica para entrenar una red neuronal para una tarea de clasificación. Pero hay una serie de cosas que se pueden hacer para ajustar el algoritmo, ya sea para una mejor generalización o para un entrenamiento más rápido. Exploraremos algunas de estas técnicas aquí.

## Variantes de entrenamiento

Uno de los problemas que se pueden crear en la capacitación es lo que se llama "sobreaprendizaje" o "sobreajuste". El deseo de la red neuronal es proporcionar un mapeo correcto de los datos de prueba, pero mantener la capacidad de generalizar datos aún por ver. Esto es difícil de cuantificar, pero los resultados del sobreaprendizaje pueden ser muy evidentes en la etapa de prueba.

Hay una serie de cosas que se pueden hacer para evitar el aprendizaje excesivo. Uno de los más simples se llama parada anticipada. Como sugiere el nombre, entrenamos durante un tiempo limitado. En la práctica, podemos entrenar hasta que el conjunto de entrenamiento esté clasificado correctamente e ignorar el MSE. De esta manera, no hemos optimizado la red neuronal para el conjunto de datos y sus capacidades de generalización deberían permanecer intactas.

Otro método para evitar el sobreaprendizaje es incorporar ruido al entrenamiento. En lugar de simplemente proporcionar el conjunto de pruebas palabra por palabra a la red neuronal, se pueden inducir pequeñas cantidades de ruido para mantener cierta flexibilidad en la capacidad de generalización de la red. La adición de ruido evita que la red se centre únicamente en los datos de prueba.

La red también podría entrenarse con un subconjunto de los datos de entrenamiento disponibles. De esta manera, la red se entrena inicialmente con el subconjunto y luego se prueba con el resto de los datos de prueba para garantizar que se generalice correctamente. La disponibilidad de una gran cantidad de datos de entrenamiento también puede ayudar a generalizar y evitar el sobreajuste.

Finalmente, se podrían mantener las capacidades de generalización minimizando los cambios realizados en la red a medida que avanza el tiempo. Se pueden minimizar los cambios reduciendo la tasa de aprendizaje. Al reducir los cambios a lo largo del tiempo, reducimos la posibilidad de que la red se centre en el conjunto de entrenamiento.

En última instancia, no existe una solución milagrosa. Lo que se puede hacer es experimentar con topologías de red, número de capas ocultas, número de nodos ocultos por capa, tasa de aprendizaje, etc., para encontrar la mejor combinación que funcione para el problema en cuestión.

## Variantes de ajuste de peso

Con la retropropagación, existen otras estrategias de ajuste de peso que se pueden aplicar
y que pueden acelerar el aprendizaje o evitar convertirse en atrapado en mínimos locales.
El primero implica un término de impulso en el que una parte del último cambio de peso
se aplica a la ronda de ajuste de peso actual.

## REDES NEURALES PROBABILÍSTICAS (PNN)

Una arquitectura de red neuronal útil con diferencias fundamentales con respecto a la
retropropagación se denomina red neuronal probabilística (o PNN). Esta arquitectura es
similar a la propagación hacia atrás en el sentido de que es de naturaleza anticipada, pero
difiere mucho en la forma en que se produce el aprendizaje. Tanto la retropropagación
como el PNN son algoritmos de aprendizaje supervisados, pero el PNN no incluye pesos
en su capa oculta.

Como se muestra en la Figura 8.15, el PNN consta de una capa de entrada, que representa
el patrón de entrada (o vector de características).

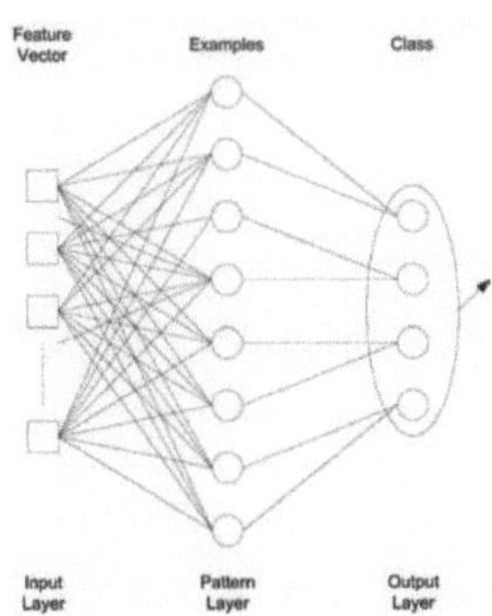



**FIGURA 8.15.** PNN de muestra que ilustra las tres capas del modelo de red.

## Implementación de PNN

Construir un PNN es bastante simple una vez que las estructuras están en su lugar para representar el conjunto de datos de entrenamiento (que fundamentalmente define los pesos entre la capa oculta y la capa de entrada). Comencemos con una breve discusión del conjunto de datos.

Para este ejemplo, implementaremos un clasificador bidimensional para poder visualizarlo gráficamente. El conjunto de datos representa puntos en un mapa bidimensional que han sido preclasificados en tres clases. Cada punto es un vector de características representado por el tipo example_t.

```
#define DIMENSIONALIDAD      2
estructura typedef ejemplo_s {
característica int[DIMENSIONALIDAD];
} ejemplo_t;
```

Luego, un conjunto de datos se define como una colección de ejemplos. Tendremos un conjunto de datos

por clase, que se define fácilmente como:

```
#define EJEMPLOS   10
typedef struct data_set_s {
ejemplo_t ejemplo[EJEMPLOS];
} conjunto_datos_t;
#definir CLASES      3
data_set_t conjunto de datos[CLASES] = {
/* Clase 0 */
{ { {{13, 1}},
{{11, 2}},
...
{{13, 10}} } },
/* Clase 1 */
{ { {{36, 4}},
{{34, 5}},
...
```

{{37, 11}} } },
/* Clase 2 */
{ { {{24, 27}}.
{{22, 29}},
..
};
{{22, 38}} } }

Ahora tenemos una colección de puntos de datos que se dividen en ejemplos para nuestras tres clases. Veamos ahora cómo el algoritmo PNN los utiliza para clasificar un punto de datos invisible.

El Listado 8.9 proporciona la función pnn_classifier. El único propósito de esta función es tomar un vector de características (ejemplo) e identificar la clase a la que pertenece. La función comienza con un bucle externo que recorre cada una de las clases del conjunto de datos. Para cada clase, se itera cada uno de los ejemplos, calculando la suma del vector de características y los productos del vector de ejemplo.

Finalmente, la matriz de salida (vector de clase) se pasa a una función llamada ganador_takes_all, que devuelve la clase con la mayor activación.
Esta es la clase que el PNN clasificó como vector de características de ejemplo.

Listado 8.9: Implementación de la función clasificadora PNN simple
```
int pnn_classifier ( vacío)
{
int c, e, d; doble producto;
doble salida[CLASES];
/* Calcula la suma de clases del ejemplo multiplicada por cada uno de * los vectores de
características de la clase.
*/
para (c = 0; c < CLASES; c++) { salida[c] = 0,0;
for (e = 0; e < EJEMPLOS; e++) {
```

```
producto = 0,0;
/* Ecuación 8.13 */
for (d = 0; d < DIMENSIONALIDAD; d++) {
producto +=
(ESCALA(ejemplo[d]) * ESCALA(conjunto de datos[c].ejemplo[e].característica[d]));
}
/* Ecuación 8.14 -- parte 1 */
salida[c] += exp( (producto-1.0) / sqr(SIGMA) );
}
/* Ecuación 8.14 -- parte 2 */
salida[c] = salida[c] / (doble)EJEMPLOS;
}
devolver ganador_se lleva todo (salida);
}
```

Usemos ahora el clasificador PNN para clasificar todo el espacio bidimensional en el que existen nuestros vectores de características de ejemplo. En este ejemplo, se itera el espacio bidimensional para identificar la clase a la que pertenece cada punto. Esta clasificación se emite, con espacio para los vectores de características de ejemplo (ver Listado 8.10).

Listado 8.10: Salida del clasificador PNN en un espacio bidimensional de tres clases.

```
$ ./pnn
0000000000000000000000001111111111111111111111111 0000000000000
000000000001111111111111111111111111 00000000000 00000000
0000011111111111111111111111111 00000000000000
0000000001111111111111111111111111
000000000 00000000000000111111111111 1111111111111 000000000000
00000000000011111111111 111111111111111 00000000000 00 00000
0001111111111111 1 11111111111111
0000000000000000000000001111111111111111111111111111 0000000000000000
00000011111111111 11 1111111111111 00000000000 00000000
```

00011111111111 11111111111111 0000000000000
000000001111111111111111111111111111 0000000000000000000000001111111111
11 1111 11111111 000000000000000000002211111111111111111111111111
000000000000000000002222211111111111111111111111111 0000000000000
0000022222222111111111111111111111111

00000000000000002222222222111111111111111111111111
000000000000000222222222222211111111111111111111111
0000000000000222222 2222222222221111111111111111111
00000000000022222222222222222222222221111111111111111
0000000002222222222222222222222222221111111111111111
000000002222222222 22222222222222222221111111111111
00000022222222222222222222222222222221111111111111
000022222222222222222222222222222222221 11111111
00222222222222222222222222222222222222221111111
022222222222222222222222222222222222222211111 222222222222
22222222222222222222222222222111
2222222222222222222222222222222222222222221
222222222222222222222 222222222 222222222222222
22222222222222222222222222222222222222222222222222222222
222222222222222222222 22222222222222222222222222
22222222222222222222 22222222222222222222222222
2222222222222222222 2222 2222222222222222222222222
22222222222222222222222222222222222222222222222222
222222222222222222 2 222222222222222222222222222
22222222222222222 2222 222222222222222222222222222
222222222222222222222222222222222222222222222222
222222222222222222 2222222222222222222222222222222
222222222222222222 222 222222222222222222222222222
222222222222222222222 222222222222222222222222222
2222222222222222222222222222222222222222222 22222222
22222222222222222222222222222222222222222222222222

22222222222222222222222222222222222222222222222
222222222222222222 222222222222222222222222222222
222222222222222222222222222222222222222222222222
222222222222222222222222222222222222222222222222
222222222222222222 2222222222222222222222222222222
222222222222222222222222222222222222222222222222
222222222222222222222222222222222222222222222222
222222222222222222 222222222222222222222222222222
2222222222222222222222222222222222222222222222222 $

El ejemplo que se muestra en el Listado 8.10 ilustra las capacidades de agrupamiento del PNN aplicadas a este simple problema. Los PNN se han aplicado a problemas complejos como el reconocimiento de voz independiente del hablante y muchas otras aplicaciones.

## OTRAS ARQUITECTURAS DE REDES NEURALES

Además de los perceptrones de una o varias capas, existen variaciones de arquitecturas de redes neuronales que pueden soportar diferentes tipos de problemas.

Veamos dos arquitecturas de redes neuronales que admiten sistemas de retroalimentación y procesamiento de series temporales (o señales) (o aquellos con memoria).

### Arquitectura de procesamiento de series temporales

Considere la serie de tiempo que se muestra en la Figura 8.16. Esta señal podría ser una parte de un discurso, un latido fetal o el precio de las acciones de una empresa. La señal se puede muestrear a una frecuencia determinada y usarse como entrada a una red neuronal para predecir un valor futuro. La red neuronal también podría usarse para filtrar la señal de entrada para cancelar el ruido.

Además de muestrear puntos de la serie temporal, la red neuronal puede operar sobre una ventana de la serie temporal mediante el uso de una ventana deslizante.

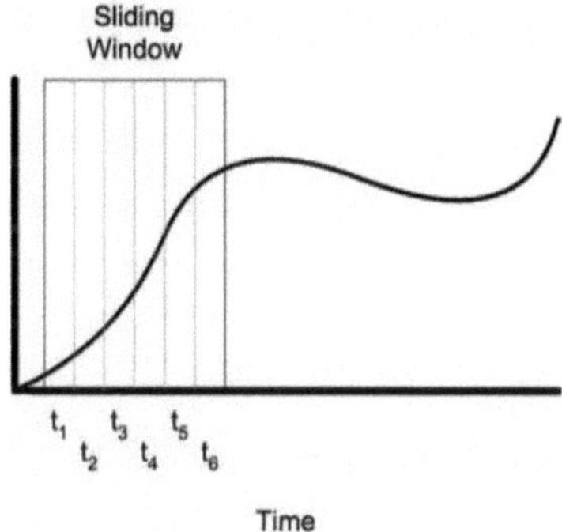

FIGURA 8.16. Ejemplo de serie temporal con ventana deslizante.

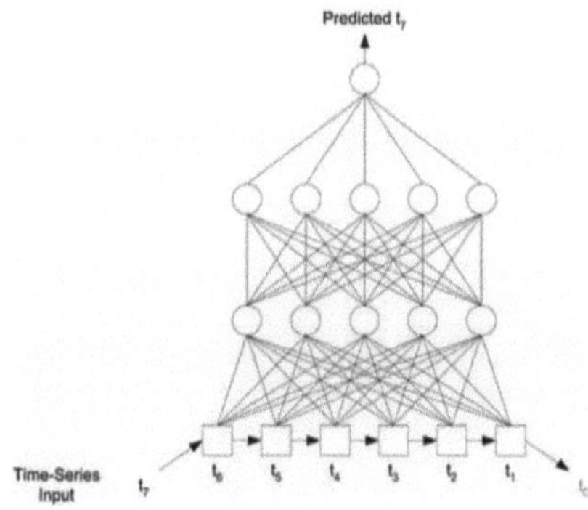

FIGURA 8.17. Ejemplo de una red neuronal multimayer para predicción de series temporales.

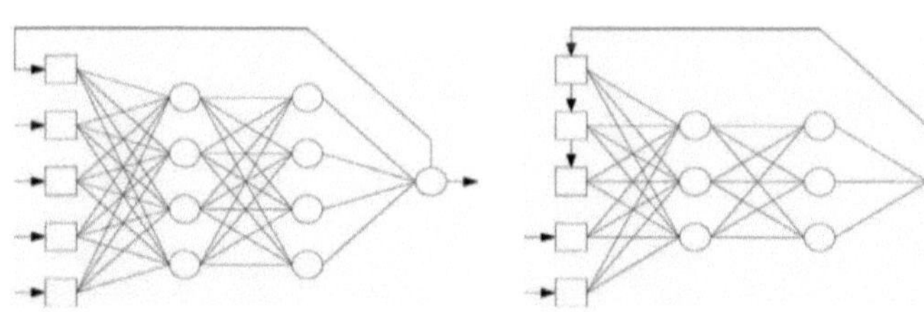

FIGURA 8.18: Un ejemplo de red neuronal recurrente (retroalimentación).

FIGURA 8.19: Una red neuronal recurrente con memoria a más largo plazo

La figura 8.17 ilustra un perceptrón multicapa de cuatro capas para el procesamiento de series temporales. A medida que se adquieren muestras de entrada, el contenido de los nodos de entrada se desplaza hacia la derecha (perdiendo el valor más a la derecha) y luego se inserta el nuevo valor en el nodo más a la izquierda. Luego, la red se retroalimenta, lo que da como resultado una activación de salida (en este modelo, predice el siguiente valor de la serie temporal).

Esta red en particular podría entrenarse con retropropagación en una serie de tiempo de muestra utilizando el valor conocido y el valor predicho para determinar el error que se va a propagar hacia atrás para el ajuste de peso.

yes
# I want morebooks!

Buy your books fast and straightforward online - at one of world's fastest growing online book stores! Environmentally sound due to Print-on-Demand technologies.

Buy your books online at
**www.morebooks.shop**

¡Compre sus libros rápido y directo en internet, en una de las librerías en línea con mayor crecimiento en el mundo! Producción que protege el medio ambiente a través de las tecnologías de impresión bajo demanda.

Compre sus libros online en
**www.morebooks.shop**

Printed by Books on Demand GmbH, Norderstedt / Germany